药用资源
在化妆品开发中的应用

张俊清　编

中国健康传媒集团
中国医药科技出版社

内 容 提 要

本书系统地介绍了药用资源化妆品的研发、申报与审批、试验研究、质量控制与管理等技术要领，以及药用资源化妆品研发的现状与发展；列举了国际化妆品原料目录中可用于研发化妆品的动植物资源的相关内容，还展示了药用资源化妆品研发的实例，这些实例已成功走入销售市场，取得较好经济与社会效益。为化妆品专业的本科生、研究生以及从事化妆品研发的科技工作者，提供了一部非常实用的药用功效性化妆品研发参考书籍。

图书在版编目（CIP）数据

药用资源在化妆品开发中的应用 / 张俊清编 .— 北京：中国医药科技出版社，2020.10

ISBN 978-7-5214-1970-2

Ⅰ.①药… Ⅱ.①张… Ⅲ.①药用植物—植物资源—化妆品—研究 ②药用动物—动物资源—化妆品—研究 Ⅳ.① TQ658

中国版本图书馆 CIP 数据核字（2020）第 155948 号

美术编辑 陈君杞

版式设计 也 在

出版 **中国健康传媒集团** | 中国医药科技出版社

地址 北京市海淀区文慧园北路甲 22 号

邮编 100082

电话 发行：010-62227427 邮购：010-62236938

网址 www.cmstp.com

规格 787 × 1092 mm 1/16

印张 11 3/4

字数 260 千字

版次 2020 年 10 月第 1 版

印次 2023 年 8 月第 2 次印刷

印刷 三河市万龙印装有限公司

经销 全国各地新华书店

书号 ISBN 978-7-5214-1970-2

定价 41.00 元

获取新书信息、投稿、为图书纠错，请扫码联系我们。

前　言

随着我国经济的飞速发展，美容和健康理念已经深入人心，绿色天然化妆品越来越受到消费者的关注。市场上原有以化工原料为主的化妆品已不能解决人们皮肤出现的各种问题，人们期待通过药用资源的功效治疗或改善以达到预期的理想值，这些尝试早在十几年前就已起步，近几年来有了飞跃式的发展。从以人参提取物为主要原料的“丁家宜”到以玫瑰等各种植物提取物为原料的“茱丽蔻”，人类对于功效性化妆品的探索无论功能还是产品形式都取得了质的飞跃。以药用资源为原料开发化妆品迎来了历史性的发展机遇，开发功效性的化妆品将成为健康产业发展的重要支柱。

以药用资源为原料开发功效性化妆品可以充分发挥药用资源的功效优势，有目的地解决人们皮肤出现的诸如松弛、暗斑、青春痘、眼袋等问题，延缓衰老，提升美丽。然而，不是所有的药用资源都可用于化妆品的研发，化妆品的研发必须严格执行国内国际法规以保障市场销售畅通无阻，需要通过探索研究出合理的制备工艺以发挥其预期的功效，必须制定出质量控制的可行手段以确保质量可靠安全，只有这样才能使利用药用资源研发的功效性化妆品在市场上保持旺盛的生命力。

本书根据利用药用资源研发功效性化妆品的探索与认识获得的经验，概括了有关化妆品研发的法规与研发技术要领，收集了符合法规的药用资源共 163 种，其中药用植物资源 154 种、药用动物资源 9 种，有些药用资源属于中药。目的是为今后从事以药用资源为原料研发功效性化妆品的科技工作者提供指导，以推动我国药用资源的开发利用，丰富我国现有化妆品市场，改变进口化妆品基本独占我国化妆品市场的现状，为中国的健康产业与经济发展作贡献。

张俊清

2020 年 6 月

目录

第一章
含药用资源化妆品开发的技术要领

随着美容和健康理念的深入人心，绿色天然化妆品越来越受到消费者的关注，通过药用资源的功效可以治疗或改善人们皮肤出现的相关问题，达到人们预期的目标。以药用资源为原料开发化妆品迎来了历史性的发展机遇。

第一节　含药用资源化妆品的研发要领

一、含药用资源化妆品的概念与分类

根据《化妆品卫生规范》的定义，化妆品是以涂擦、喷洒或其他类似方法，散布于人体表面任何部位（皮肤、毛发、指甲、趾甲、唇齿等），以达到清洁、消除不良气味、护肤、美容和修饰目的的日用化学工业产品。功效性化妆品是化妆品的一种类型，是以药用资源（单味或多味药用资源组成的复方）为主要原料，按照化妆品制备规范制成的符合国家相关标准的化妆品，是迎合解决许多问题或皮肤疾病而产生的功能性化妆品。含药用资源化妆品的开发应符合国家化妆品的开发规范，化妆品功效的开发可以传统中医药理论为指导。含药用资源化妆品可按照如下方法分类。

（一）按照使用部位

1. 含药用资源皮肤化妆品　指用于面部或身体皮肤的功效性化妆品，主要包括面霜、面膜、沐浴露等产品。

2. 含药用资源毛发化妆品　指用于毛发的功效性化妆品，包括洗发水、染发剂等产品。

3. 含药用资源芳香祛味化妆品　指具有芳香气味的用于遮盖不良气味的功效性化妆品，包括香水、花露水等产品。此类芳香祛味化妆品因人而异，不一定为每人所必需。

4. 含药用资源牙齿化妆品　指用于口腔清洁和保护的功效性化妆品，主要包括牙膏、漱口水、口腔清洁剂等产品。

（二）按照使用目的

1. 含药用资源清洁类化妆品　主要用来清洁皮肤、毛发、牙齿等器官的功效性化妆品，如清洁霜、洗面奶、洗发剂、牙膏等产品，此类清洁类化妆品基本为人体每天所必需。

2. 含药用资源基础护理化妆品　为化妆前，对面部、毛发做基础处理的功效性化妆品。此类化妆品一般都具有保湿的功效，可以保持皮肤角质层的含水量，如面霜、乳液、化妆水等产品。

3. 含药用资源美容化妆品　指用来美化面部和身体皮肤、毛发的功效性化妆品。此类化妆品多具有一定的颜色，如胭脂可以改善面部颜色，口红可以增加唇部的色彩，眼影可以改进眼周围的面貌，染发剂可以提高毛发的外观。此类美容化妆品因人而异，不一定为每人所必需。

4. 含药用资源其他用途化妆品　指除以上种类外的其他用途功效性化妆品，如除臭、祛斑、防晒类产品。该类化妆品上市生产前一般都需要做人体试用试验，一般为特殊人群所需。

（三）按照使用功效

1. 含药用资源美白祛斑类化妆品 美白祛斑是含药用资源化妆品的重要功效之一，包括美白洗面奶、美白爽肤水、美白乳液、美白面霜、美白面膜等多种功效性化妆品，在市场上占有较大份额，是含药用资源化妆品的重要类型之一。由于含药用资源美白祛斑化妆品在皮肤停留时间短，化妆品载药剂量低，一般需要长期使用方可见效。此类美白祛斑类化妆品因人而异，不一定为每人所必需。

2. 含药用资源抗衰老、抗皱类化妆品 抗衰老和抗皱也是含药用资源化妆品的重要功效之一，该类化妆品的产品类型涵盖洁面类、爽肤水、面霜、眼霜、精华素、面膜等多种形式，是功效性化妆品优势产品之一。其中，洁面类产品作用时间短，主要作用为温和洗去一些老化的角质层，促进皮肤更新；面膜可防止皮肤内及角质层水分蒸发，促进面部皮肤的吸收，实现减少皱纹的目的；乳液、面霜、眼霜、精华素等产品在面部皮肤停留时间长，由于其中含有的活性成分也较多，抗衰老的功效也较强。

由于衰老是一个长期的过程，使用含药用资源抗衰老化妆品时要保持一个积极的心态，不可急于求成，坚持长期使用方可达成满意效果。在使用含多肽类抗衰老化妆品时，要采用局部先试用的方式，防止多肽过敏事件发生。此类抗衰老、抗皱类产品主要为中老年人群所需，有些眼部产品中青年也喜欢使用。

3. 含药用资源抗粉刺类化妆品 是指对粉刺具有一定防治效果的化妆品，主要包括爽肤水、保湿液及面膜等功效性化妆品。该类产品多具有减少皮肤油脂分泌，减少粉刺发生的作用。由于粉刺的形成存在干燥、毛孔粗大等问题，在选择抗粉刺化妆品产品形式时，应优先选用具收敛作用的爽肤水，可减少皮脂的过量分泌，使粗糙的皮肤更加紧致。也可选用含有具抗炎、收敛中药的药用面膜，可有助于保持皮肤含水量，有效预防粉刺和辅助治疗。此类抗衰老、抗皱类产品主要为青春期人群所需。

4. 含药用资源保湿化妆品 为具有保湿功效的化妆品，包括保湿化妆水、精华液、乳液、凝胶、面膜等产品。该类产品使用后可以使皮肤角质层保存一定的含水量，有助于肌肤保持光泽和弹性。其中化妆水、精华液和面膜等主要作用是补充水分，乳液和乳霜等主要作用是补充油脂和水分。此类保湿类化妆品主要依据使用者个人皮肤的干湿度情况选择性进行使用。

5. 含药用资源防晒类化妆品 防晒化妆品包括化学防晒产品、物理防晒产品和天然防晒产品等，属于天然防晒化妆品的范畴。此类防晒类产品在夏季需求量大。

6. 含药用资源美体化妆品 属于特殊用途的化妆品，须具有特殊用途的批号。该类功效性化妆品在使用前要进行过敏测试，连续 3~5 日在前臂内侧少量涂抹，皮肤不出现潮红、红斑或瘙痒等现象才可继续使用。此类美体类产品为越来越多的健身运动者所需求。

7. 含药用资源美乳类化妆品 应具有促进乳房血液循环的作用，使用前需要进行过敏性测试，一般连续 3~5 日在前臂内壁涂抹少量，检查皮肤有无过敏反应，当皮肤不出现潮红、红斑或瘙痒等现象时方可继续使用。此类美乳类产品为越来越多的女性美乳爱好者所青睐。

二、中医药理论与技术在含药用资源化妆品中的指导作用

药用资源中绝大多数被《中华本草》《时珍国医国药》等医药书籍所收载，并作为传统中药在我国几千年药用史对人类疾病医治发挥疗效，形成了宝贵的中医理论与配伍经验，值得人们参照指导药妆化妆品的研发。

1. 气血理论 气血是中医对饮食和氧气在脏腑协同作用下生成的对人体有濡养作用和温煦、激发、防御作用的“精微物质”及其功能的一种定义。气血是人体生长发育与保持健康美容的物质基础，气血化生以后，借助遍布全身的经络系统上荣皮毛。气血上荣是中医美容的基础，气血微循环与祛斑美白、抗衰老存在一定的关系。因此，在开发功效性化妆品时应重视行气活血类药用资源在化妆品中的应用，至今已有黄芪、红花及当归等不少补气活血类中药用作化妆品原料，实践证明可以改善皮肤血液微循环。虽然《化妆品标识管理规定》明确规定化妆品功效中禁用“活血”等与血相关的医用术语，值得注意的是科学研究与最后的功效宣称并不冲突。

2. 阴阳理论 天地之理，以阴阳两仪化生万物；肌肤之道，以阴阳二气平衡本元。阴阳失衡，就会引发皮肤出现许多问题，只有阴阳平衡，注重调理，才能巩固肌肤之本。结合气血理论，可同时将两种理论运用于化妆品研发原料。日属阳，以活气血药用资源作为化妆品配伍原料（添加剂）可提高皮肤血液微循环，提高皮肤新陈代谢，焕发肌肤活力；夜属阴，以养气血药用资源作为化妆品配伍原料可调理皮肤气血，可为肌肤注入养分，修复肌肤日间所造成的损伤。“日活夜养”深刻阐述了阴阳学说所蕴含丰富的哲学意蕴，提炼出了阴阳学说的核心思想——平衡。

3. 五行理论 五行学说是中国古代一种朴素的唯物主义哲学思想。五行学说用木、火、土、金、水五种物质说明万物的起源与多样性的统一。自然界的一切事物和现象都可按照木、火、土、金、水的性质和特点来归纳。自然界各种事物和现象的发展变化，就是这五种物质不断运动和相互作用的结果。天地万物的运动秩序都要受五行生克制化法则的统一支配。

五行理论作为一种哲学思想，通过它的相生相克，必然与自然界及人体存在一定关联（表 1）。

表 1　五行与自然界的关系

五行	五音	五味	五色	五化	五气	五方	五季
木	角	酸	青	生	风	东	春
火	徵	苦	赤	长	暑	南	夏
土	宫	甘	黄	化	湿	中	长夏
金	商	辛	白	收	燥	西	秋
水	羽	咸	黑	藏	寒	北	冬

以五行理论为基础亦可开发一系列创新型化妆品，将五行与五季、五色结合起来。首先，春属木，一年护肤之际在于春，五色中对应“青”，可选择绿茶提取物作为化妆

品添加剂，其主要功效成分表没食子儿茶素没食子酸酯（EGCG）能赋予化妆品延缓光老化、美白、祛痘、收敛、保湿等多重功效。其次，夏属火，五色中对应“赤”，可选择具有美白防晒功效的红景天提取物作为化妆品添加剂。长夏属土，此时天气炎热而多湿，体内湿热会造成皮肤油腻而产生痤疮，五色中对应“黄”，结合五行与五季、五色可选择具有控油祛痘功效的黄芩提取物作为化妆品添加剂。再者，秋属金，此时天气燥，五色中对应“白”，选择“润”药，结合五行与五季、五色可选择具有补水保湿功效的银耳提取物作为化妆品添加剂。最后，冬属水，天气寒冷代谢水平低，选择滋阴系列的药材，五色中对应“黑”，结合五行与五季、五色可选择具有滋阴功效的女贞子提取物作为化妆品添加剂。这就是五行理论在功效性化妆品研发中的具体应用。

4.“君臣佐使”组方理论 为中医方剂学说的组方原则，传承并应用至今。结合皮肤特性，对于化妆品外用美容中药方剂而言，“君臣佐使”的科学配伍思想具体如下。

（1）君药 即对处方的主证或主病起主要治疗作用的药物，它体现了处方的主攻方向，其力居方中之首，是方剂组成中不可缺少的药物。化妆品中的君药是指起到美白、抗衰老和保湿等功效，即起到主要作用的药用资源。如桑白皮、桂皮、蔓荆子、当归、乌梅、夏枯草、山茱萸和白头翁等中草药可抑制酪氨酸酶活性，美白肌肤；甘草有抗自由基作用而起到美白功效；益母草叶具有活血作用，可增加面部的血液循环，具有祛斑美白功效。

（2）臣药 指辅助君药治疗主证，或主要治疗兼证的药物。化妆品中的臣药指可以辅助君药达到相应功效，即促进透皮吸收的药物，使药达病所。如果不能透皮吸收，再好的物质也达不到预期效果。有促进透皮吸收作用的药用资源有很多，归纳为辛凉解表类如薄荷；活血化瘀类如川芎、当归；温里类如肉桂、丁香；芳香类如小豆蔻。此外，还有依据皮脂膜的特性选择脂溶性的药用资源物质如桉叶油等。

（3）佐药 指配合君臣药治疗兼证，或抑制君臣药的毒性，或起反佐作用的药物。针对止痒、抗敏、脱屑和刺激等不同的问题肌肤，需要佐以相应的药用资源以达到兼证，如金盏花、牡丹皮和龙葵具有天然抗菌和抗过敏等作用，外用可抗过敏和止痛；仙人掌可以舒缓受到刺激的皮肤细胞；黄芩对被动性皮肤过敏、全身性过敏显示很强的抑制活性，其抗被动性皮肤过敏的机制是具有强烈的抗组胺和乙酰胆碱的作用；杏仁可抗过敏、抗刺激。金缕梅具消炎、舒缓作用；枳实可抗过敏并具祛斑美白、防晒和抗菌杀菌作用。应依据不同的功效目标选择具不同功效的佐药配伍。

（4）使药 可引导诸药直达病变部位，或调和诸药使其合力祛邪。化妆品中的使药指具营养与代谢作用的中药。灵芝、黄芪和沙棘等中药对人体具有多种营养功能，对皮肤具有增加营养、恢复弹性和促进代谢的作用，这些中药资源可根据组方的功效目标，作为使药，广泛应用于功效性化妆品中。

“君臣佐使”是一个科学配伍的组方思想，不仅仅适用于传统中药资源的配伍，也适用于各种药用资源的配伍。科学地运用“君臣佐使”的组方原则来组合药用资源进行化妆品研发的科学实践，可以研发出不同功效的功效性化妆品，为人类造福。

三、含药用资源化妆品开发的一般程序

随着我国经济的发展，人民生活水平的逐步提升，人们对自身的美容健身需求也越来越强烈，药用资源化妆品作为绿色天然的典范，在我国化妆品产业中的份额会逐步提升，越来越将成为化妆品开发的主流和热潮。同时，含药用资源化妆品作为一个市场上的产品，必将面对激烈的市场竞争，必须符合市场经济的需求。在进行含药用资源化妆品的开发时，一般要经过以下程序。

1. 可行性分析 在开发含药用资源化妆品之前，首先要对市场进行调研，包括产品可能的目标人群、市场容量、同类竞争产品情况及定价等。优先选择具有较好功效的产品，以提升产品的市场竞争力和生命周期。在保证产品功效的前提下，应选择市场需求大、竞争产品少且利润空间大的品种进行开发。

2. 产品立项 在对含药用资源化妆品种类进行详细论证后，下一步进行立题分析，按照化妆品研究规范和政策，组织科研团队合理分工，确定研究内容和技术方案，落实研究经费和试验设备等条件。

3. 完成立项申请书和试验方案 根据拟立项开发化妆品研究项目的经费支持机构不同，撰写相应的项目申请书和试验方案。要先参考前人的文献，结合团队的专业知识，依据化妆品的审评要求，确定处方筛选、制备工艺、质量标准、稳定性研究的技术方案，制定详细的试验方法和时间安排，确定各时间节点的考核指标，以使研究工作高效有序进行。

4. 项目实施 完成试验方案后，开发化妆品的研究就进入实际实施阶段，该阶段重点关注以下方面的内容：试验经费要有步骤、分阶段及时发放，以推动研究工作顺利进行；研究阶段衔接紧密，研究人员的研究结果要及时总结、分析，确保研究工作紧密有序进行；试验操作应规范，试验记录应准确可追溯、试验结果应真实可靠，应符合化妆品申报技术要求。同时，在研究期间，要紧密跟踪国家最新化妆品注册规定，如有技术改进或法规修改时，要及时修改研究内容。

四、含药用资源化妆品开发的生产设计

含药用资源化妆品的生产工艺设计，应根据产品的剂型不同选择合适的生产工艺。常见的化妆品生产工艺有乳剂类化妆品生产工艺、水剂类化妆品生产工艺、凝胶膏剂类化妆品生产工艺、粉剂化妆品生产工艺及面膜化妆品生产工艺等。

1. 乳剂类化妆品生产工艺 包括各类膏剂、霜剂和乳液等类型。由于膏、霜等脂溶性物质在水中的溶解性较低、黏度大，一般制成水包油型乳剂。制备工艺如下：

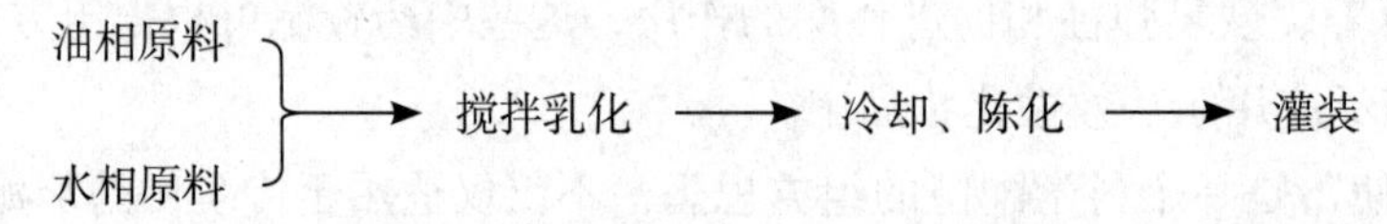

油相原料处理：将油、蜡、乳化剂等油性成分加入夹层锅，加热搅拌溶解。

水相原料处理：将去离子水加入夹套锅中，加入水溶性成分（丙二醇、甘油、山梨

醇等乳化剂），加热搅拌溶剂（解）。

乳化：是将油相或水相按照一定的次序，加入乳化锅进行乳化的过程。在进行乳化工艺选择时，原料加入次序（油相加入水相或水相加入油相）、加入速度、搅拌条件、温度和时间均需进行考察，以选择最佳条件。配方里若含有较多香料、热敏性物质时，乳化温度要酌情降低，以减少该类物质的挥发和变性。

陈化：经过乳化后的化妆品原料，在贮存设备中陈化 1 天或几天，以达到香气均匀、质量稳定。

灌装：是工艺的最后一步，通常对产品检验合格后再进行灌装。

2. 水剂类化妆品生产工艺　水剂化妆品包括花露水、化妆水等，该类化妆品通常要求保存清澈透明，香气纯洁，无沉淀及杂质。主要的制备流程如下：

水溶性成分
药用资源醇溶性成分
→ 混合、过滤 → 灌装

花露水工艺相对比较简单，配料也较少，将一种或几种药用资源提取液加入乙醇溶解，过滤，灌装即得。

化妆水一般都含有较多的保湿剂和水溶性成分，在生产工艺设计时，首先将甘油、聚乙二醇等保湿剂用水溶解，然后将某种药用资源提取物、香精等脂溶性成分用乙醇溶解，混合后过滤不溶性杂质，再进行灌装。

3. 凝胶膏剂类化妆品生产工艺　凝胶是一种高分子物质，具有澄清透明、黏度大的特点，该类化妆品制备流程如下：

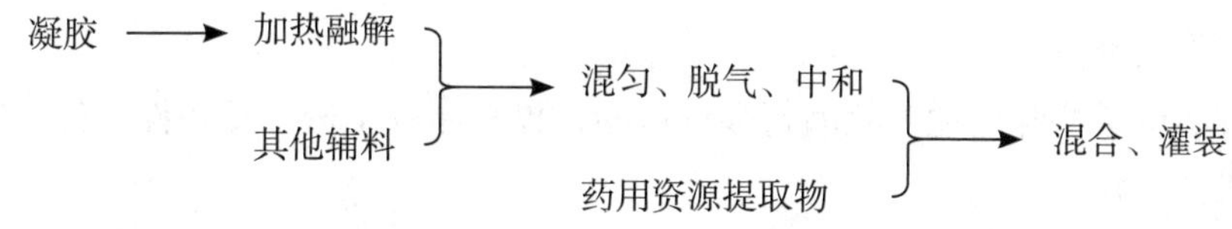

凝胶剂制备过程中，首先将凝胶加水溶胀，加热搅拌使其溶解，然后与其他辅料（保湿剂等）混合，形成凝胶化妆品基质，再加入药用资源提取物或香料等物质，混合灌装即得。

4. 粉剂化妆品生产工艺　粉剂化妆品是一种用于面部美容的产品，具有与肤色相匹配的质感，是以极细的粉末涂覆于面部，起到遮盖皮肤瑕疵的效果。该类化妆品的常规制备流程如下：

原料（碳酸镁等）→ 粉碎、过筛
药用资源（提取物）→ 粉碎、过筛
→ 混合均匀 → 压饼或散剂

粉类化妆品制备时，将碳酸镁、滑石粉、氧化锌等基质原料粉碎过筛。同时，将药用资源药材或提取物粉碎过筛，混合后，压饼或制成散剂。

5. 面膜化妆品生产工艺　面膜是常用的面部美容保湿化妆品之一，根据面膜载体材料的不同，可以分为泥浆面膜、啫喱面膜、无纺布面膜及蚕丝面膜等。常规制备方法如下：

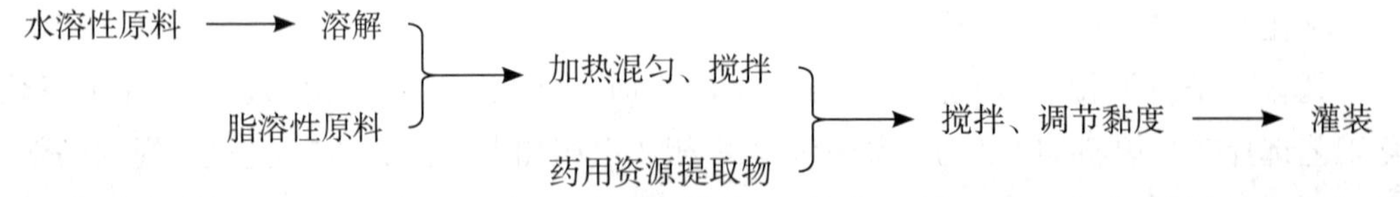

面膜的主要制备流程为：水溶性原料溶解后，与脂溶性原料混合，再添加药用资源提取物、香料等原料，最后调节黏度后灌装。

第二节　含药用资源化妆品的申报与审批要领

含药用资源化妆品的研究工作完成后，要及时整理研究资料，根据项目类别向化妆品审批单位提出申报请求。其中特殊用途化妆品须向国家药品监督管理局申报，普通化妆品只进行备案管理，不进行技术审评。与化妆品申报有关的管理机构主要有以下几个。

审批办公室：省级药品监督管理部门药品化妆品注册处负责化妆品生产卫生条件审核，并出具生产卫生条件审核意见。

评审委员会：国家药品监督管理局评审委员会对申报的化妆品进行技术审评。

国家药品监督管理局：药品化妆品注册管理司化妆品处对审核通过的产品进行上报和批准，对批准的特定化妆品发放批准文号。

对申报特殊用途化妆品资料的要求如下。

一、申请化妆品行政许可

应提交下列资料。

（1）首次申请特殊用途化妆品行政许可的，提交原件 1 份、复印件 4 份，复印件应清晰并与原件一致。

（2）申请备案、延续、变更、补发批件的，提交原件 1 份。

（3）除检验报告、公证文书、官方证明文件及第三方证明文件外，申报资料原件应由申请人逐页加盖公章或骑缝章。

（4）使用 A4 规格纸张打印，使用明显区分标志，按规定顺序排列，并装订成册。

（5）使用中国法定计量单位。

（6）申报内容应完整、清楚，同一项目的填写应当一致。

（7）所有外文（境外地址、网址、注册商标、专利名称、SPF、PFA 或 PA、UVA、UVB 等必须使用外文的除外）均应译为规范的中文，并将译文附在相应的外文资料前。

（8）产品配方应提交文字版和电子版。

（9）文字版与电子版的填写内容应当一致。

二、申请国产特殊用途化妆品行政许可

应提交下列资料。

（1）国产特殊用途化妆品行政许可申请表。

（2）产品名称命名依据。

（3）产品质量安全控制要求。

（4）产品设计包装（含产品标签、产品说明书）。

（5）经国家药品监督管理局认定的许可检验机构出具的检验报告及相关资料。

（6）产品中可能存在安全性风险物质的有关安全性评估资料。

（7）省级药品监督管理部门出具的生产卫生条件审核意见。

（8）申请育发、健美、美乳类产品的，应提交功效成分及其使用依据的科学文献资料。

（9）可能有助于行政许可的其他资料。

另附省级药品监督管理部门封样并未启封的样品 1 件。

三、申请化妆品新原料行政许可

应提交下列资料。

（1）化妆品新原料行政许可申请表。

（2）研制报告　①原料研发的背景、过程及相关的技术资料；②原料的来源、理化特性、化学结构、分子式、分子量；③原料在化妆品中的使用目的、依据、范围及使用限量。

（3）生产工艺简述及简图。

（4）原料质量安全控制要求，包括规格、检测方法、可能存在安全性风险物质及其控制等。

（5）毒理学安全性评价资料，包括原料中可能存在安全性风险物质的有关安全性评估资料。

（6）代理申报的，应提交已经备案的行政许可在华申报责任单位授权书复印件及行政许可在华申报责任单位营业执照复印件并加盖公章。

（7）可能有助于行政许可的其他资料。

另附送审样品 1 件。

第三节　含药用资源化妆品开发的试验研究、质量控制及管理要领

一、含药用资源化妆品研发的试验研究内容

含药用资源化妆品是一类较为特殊的化妆品，多数具有一定功效。在进行含药用资源化妆品开发过程中，除了要符合普通化妆品的研究特性，还要考虑药用资源的特殊性，开展符合药用资源的特色研究，包括处方配伍、化妆品体系选择及药用资源提取方法等。

1. 处方配伍 是含药用资源化妆品技术研究的关键环节，含药用资源化妆品研究一般都具有一定的功效，如美白、保湿、抗痘等，也是含功效性化妆品区别于一般化妆品的独特之处。功效性化妆品的处方选择主要有以下来源。

（1）经典医籍的记载 我国中医药的历史源远流长，历代医家积累了浩瀚的临床有效方剂，包括包含在医学著作的"面门""面体门""生发黑发"等条目下许多疗效确切的美容方剂，如《外台秘要》记载了美容方430首，《本草纲目》收集了几百味有美容功效的中药，这些文献是进行功效性化妆品开发的宝库，为开发美容养颜的功效性化妆品提供了理论依据。

（2）文献报道 国内外期刊是含药用资源化妆品处方选择的另一个重要依据，中医药期刊有大量的美容和化妆品研究的论著，为药用资源单方或复方美容功效的试验研究开发功效性化妆品提供了技术支撑。

（3）名老中医或医院制剂的经验方 名老中医在长期的临床实践中，形成了对某些皮肤美容方面的独到认识，逐步形成了一系列疗效确切的临床经验方，这些处方临床疗效明确、开发成功率高，是功效性化妆品开发的优质处方来源。

（4）祖传秘方、民间验方 是具有多年使用效果的有效方剂，具有广泛的群众基础和临床应用史，这些处方也是功效性化妆品开发的重要宝库。

2. 含药用资源化妆品配方体系 含药用资源化妆品的配方体系一般包括乳化体系、功效体系、增稠体系、抗氧化体系、防腐体系和感官修饰体系6个体系。其中功效体系是含药用资源化妆品的特色，是通过在化妆品中添加特定的药用资源药材提取物或活性成分而使化妆品的功效性更加突显。其他5个模块体系与普通化妆品基本一致。

3. 含药用资源化妆品剂型的选择 含药用资源化妆品的剂型种类较多，包括水剂、乳剂、膏剂、油剂、粉剂及凝胶剂等。剂型选择主要依据以下几个原则。

（1）根据化妆品使用目的选择 应根据化妆品的使用需求选择剂型，如护肤类化妆品适合制成乳剂、膏剂，芳香类化妆品适合制成水剂等。

（2）根据药用资源性质选择 添加的药用资源性质不同，其溶解性等物理性质亦不同，如药用资源提取物为水溶性时，宜选择水溶性基质的化妆品剂型。

（3）根据效果选择 应选择能发挥化妆品最大效果的剂型，如具有美白功效的含药用资源化妆品选择乳剂或面霜等剂型更佳。

（4）适合生产条件、使用方面的原则 在进行含药用资源化妆品产品开发时，需要结合现有企业的生产设备来考虑，符合现有生产条件的前提下，同时考虑使用时更加方便的原则。

4. 含药用资源化妆品的功效研究 由于含药用资源化妆品多具有一定的生物学功效，因此功效性化妆品在上市前需要进行相应的生物学评价。常见的有体外生化法、细胞学法、动物实验及人体试验等评价方法。

（1）体外生物化法 通过生化反应测定化妆品对美容（白）、保湿、抗氧化等关键酶的作用。如以酪氨酸酶抑制作用评价产品的美白功效。该方法快速、便捷，可用于化妆品组分的快速筛选，但未能反应机体不同组织间的相互作用，易出现假阳性结果。

（2）细胞学法　通过化妆品组分与细胞的变化（作用），观察细胞生物学指标的变化，以评价不同组分的功效。如在进行美白产品功效评价时，可通过细胞中黑色素的变化，观察化妆品的美白效果，此方法筛选速度快、效率高，相对试验较复杂、环境要求高。

（3）动物实验　采用实验动物评价化妆品功效的方法，如评价美白效果，可用紫外线照射豚鼠以形成色素沉着，之后外涂化妆品后，观察化妆品对色素的祛除效果，由此反应化妆品的美白功效。该方法可全面反应化妆品的整体功效，缺点是造模有难度、成本较高。

（4）人体试验　通过人体试用的方法，观察化妆品的功效。该方法以志愿者为研究对象，通过与实际使用方式一致的方法观察化妆品的有效性，该方法最直接、最全面地反映了化妆品的功效，也是化妆品功效评价的最终指标。

5. 含药用资源化妆品的质量标准和稳定性研究

（1）含药用资源化妆品的质量标准　主要有卫生学指标、感官指标、理化指标和含量指标。

1）卫生学指标　包括微生物指标，主要有细菌总数、霉菌和酵母菌总数、大肠埃希菌、金葡菌、铜绿假单胞菌等。有毒物质限量指标包括铅、镉、汞等。

2）感官指标　包括外观、色泽、香气、膏体结构等。

3）理化指标　包括温度、pH、密度、活性物质等指标。

4）含量指标　对关键性活性成分进行定量分析的指标，主要为 GC 或 HPLC 法进行测定。

（2）含药用资源化妆品的稳定性　主要通过耐热试验、耐寒试验、离心试验和色泽稳定性试验等进行评价。

1）耐热试验　取两份样品，其中一份置于 40℃ ± 1℃恒温箱中放置 24 小时后取出，恢复室温后与另一份室温放置样品比较，观察是否有变稀、变色、分层、硬化的现象。

2）耐寒试验　取两份样品，其中一份置于 –15~–5℃恒温箱中放置 24 小时后取出，恢复室温后与另一份室温放置样品比较，观察是否有变稀、变色、分层、硬化的现象。

3）离心试验　将样品置于离心机中，以 2000~4000 r/min 离心 30 分钟，观察产品的分离、分层的情况。

4）色泽稳定性试验　不同化妆品的色泽稳定性试验检验方法不同，可以参照我国颁发的化妆品标准中稳定性检测的方法和指标。

6. 安全性评价　化妆品的安全性是化妆品质量的首要指标，我国化妆品管理法规规定，化妆品在完成实验室研究后，需要针对人体进行安全性试验，才能证明其安全可靠。常用的方法有人体斑贴试验和人体试用试验，安全性评价的试验需要在资质机构完成。

二、含药用资源化妆品的原料与产品质量控制

含药用资源化妆品的原料种类繁多，功能各异。根据功能和用途的不同，可以将化

妆品原料分为基质原料和辅助原料。其中，基质原料是化妆品制备的主要原料，在化妆品配方中含量较高，是起主要功能作用的原料。辅助原料是对化妆品成形、稳定起重要作用的原料，常常具有赋予化妆品色、香及特殊功能的作用，在化妆品中起辅助作用。

（一）含药用资源化妆品的原料来源

我国疆域辽阔，河流纵横，湖泊众多，气候多样，自然地理条件复杂，为生物及其生态系统类型的形成与发展提供了优越的自然条件，形成了丰富的野生动植物区系，是世界上野生植物资源最众多、生物多样性最为丰富的国家之一。我国有 20000 多种植物，仅次于世界植物最丰富的马来西亚和巴西，居世界第三位。然而并不是所有的植物资源都能用于化妆品中。

《已使用化妆品原料名称目录》是中国化妆品生产企业在生产经营化妆品时选择化妆品原料的重要参考依据。中国已使用化妆品原料清单（2003 版）中共有 3265 种原料，包括一般化妆品原料 2156 种，特殊化妆品原料（一般限用物质、防腐剂、防晒剂、色素）546 种，天然化妆品原料（含药用资源）563 种。2013 年 2 月 7 日，国家食品药品监管总局发布已批准使用的化妆品原料名称目录（第一批）中包含原料 1674 种，并且目录中录入了原料的中英文名称和 INCI 名，已批准使用的化妆品原料名称目录（第二批）于同年 5 月 10 日发布，包含了原料 411 种,《已使用化妆品原料名称目录（第三批）》（征求意见稿）中包含原料 1356 种。2014 年 6 月 30 日，国家食品药品监管总局印发《关于已使用化妆品原料名称目录的通告（第 11 号）》，列出可使用原料 8783 种，并规定现在中国化妆品只能使用此目录中的原料，目录以外的原料要按新原料进行申报和审批。为进一步完善对化妆品原料的管理，对已使用化妆品原料名录的制定和及时更新是有必要的，国家食品药品监管总局根据化妆品标准专家委员会意见于 2015 年 6 月 16 日发布通知，拟对《已使用化妆品原料名称目录》（2014 年）进行调整更新。

科学技术飞速发展，化妆品原料多种多样，规范化妆品中可使用原料的种类对保障消费者健康起着重要作用，已使用化妆品原料名录的制定和及时更新是非常有必要的。

1. 常用的油质类含药用资源化妆品原料 油质原料是化妆品的一类重要原料，主要分为两大类：天然油质原料和合成油质原料。含药用资源油质原料属于天然油质原料，主要成分为脂肪酸与甘油组成的脂肪酸甘油酯。

（1）植物来源的含药用资源油质原料 包含橄榄油、蓖麻油、月见草油等。

1）橄榄油 橄榄科植物橄榄 *Canarium album* (Lour.)Raeusch. 的果实橄榄经直接冷榨而成，含有不饱和脂肪酸、游离脂肪酸等化学成分。具有防止皮肤皱纹和粗糙，恢复皮肤弹性的作用。

2）蓖麻油 大戟科植物蓖麻 *Ricinus communis* L. 的成熟种子经榨取并精制获得的脂肪油，含顺蓖麻酸和其他棕榈酸、硬脂酸、亚油酸、亚麻酸等。蓖麻油具有消肿拔毒的功效，外用可以治疗烫伤及皮肤溃疡，促进皮肤修复。

3）月见草油 柳叶菜科植物月见草、黄花月见草等种子压制而得的脂肪油、含亚油酸、γ- 亚麻酸、油酸、棕榈酸等多种脂肪酸。月见草油具有消肿敛疮的功效，外用可以治疗疮疡、湿疹等疾病，促进皮肤伤口愈合。

（2）动物来源的含药用资源油质原料　动物来源的含药用资源油质原料主要含大量不饱和脂肪酸和饱和脂肪酸，常见水貂油、羊毛脂、卵磷脂等。

1）水貂油　鼬科动物水貂的脂肪油，特点为亲和性好，容易被皮肤吸收，广泛用于含药用资源化妆品的制备。

2）羊毛脂　是附着在羊毛上的一种分泌油脂，为淡黄色或棕黄色的软膏状物。主要成分是甾醇类、脂肪醇类和三萜烯醇类与大约等量的脂肪酸所生成的酯。质地柔软，对皮肤无刺激，广泛用于油膏、乳液等含功效性化妆品的制备。

3）卵磷脂　蛋黄、大豆中提取而来的动物性油质类成分。含磷脂酰胆碱、磷脂酰乙醇胺等成分。卵磷脂为天然乳化剂，具有较好的乳化、抗氧化和滋润皮肤的作用，广泛用于唇膏、皮肤护理产品中。

2. 常用的蜡类含药用资源化妆品原料　蜡类为高碳脂肪酸与高碳脂肪醇组成的酯，蜡在功效性化妆品中主要起到调节黏稠度、降低油腻感的作用，常见的蜡类包含棕榈蜡、蜂蜡等。

（1）棕榈蜡　是以棕榈科植物棕榈 *Trachycarpus fortunei* (Hook.f.)H.Wendl. 为原料，经过复杂的工艺过程制备而成的一种植物蜡。含有蜡酯、高级脂肪酸、高级醇等成分。在功效性化妆品制备中可以发挥增加硬度、韧性和光泽的作用，同时可以降低产品的黏性和塑性。主要用于含药用资源的唇膏、睫毛膏等产品的制备。

（2）蜂蜡　又称蜜蜡，为蜜蜂科昆虫中华蜜蜂等工蜂分泌的蜡质精制而成。蜂蜡含酯类、游离酸类、游离醇类和烃类等化学成分，具有抗菌和促进创伤愈合的作用，主要用于含药用资源的胭脂、唇膏、眼影等产品制备。

3. 具有调香功能的药用资源化妆品原料　药用资源调香剂在含药用资源化妆品中也有广泛应用，根据来源不同，药用资源调香剂可以分为植物来源调香剂和动物来源调香剂。

（1）植物来源调香剂　多为香辛料药用资源，含有较多的挥发性精油。常见的植物来源调香剂有玫瑰香油、薄荷油、香茅油、柑橘油等。一般采用水蒸气蒸馏或超临界二氧化碳提取获得。

（2）动物来源调香剂　为一类珍贵的天然香料，香气较持久。主要的动物来源调香剂有麝香、龙涎香、灵猫香和海狸香，由于价格较高，多用于高级含药用资源化妆品的制备过程中。

4. 具有美容功能的含药用资源化妆品原料

（1）人参　五加科植物人参 *Panax ginseng* C.A.Mey.，人参的根、茎、叶、果及籽油、人参皂苷、人参组织培养物均可用于含功效性化妆品的开发。人参皂苷可以促进毛细血管血液循环，调节水油平衡，促进细胞更新，研究表明是人参美白、抗衰老的主要活性成分。

（2）珍珠　珍珠贝科动物马氏珍珠贝 *Pteria martensii*（Dunker）、蚌科动物三角帆蚌 *Hyriopsis cumingii*（Lea）或褶纹冠蚌 *Cristaria plicata*（Leach）等双壳类动物受刺激

形成的珍珠。珍珠含多种人体所需氨基酸、牛磺酸和类胡萝卜素等，可以增强人体表皮细胞活力，促进新陈代谢，抑制黑色素的形成。实践证明长期使用能够保持肌肤柔嫩白皙、滋润光滑。

（3）灵芝　多孔菌科真菌赤芝 *Ganoderma lucidum*（Leyss. ex Fr.）Karst. 或紫芝 *Ganoderma sinense* Zhao，Xu et Zhang 的干燥子实体。含有三萜酸和多糖类化合物，具有抑制皮肤黑色素形成、减少人体中自由基、加速皮肤细胞更新、提高胶原蛋白含量的作用。灵芝多糖还可调节皮肤含水量、恢复皮肤弹性。

（4）茯苓　多孔菌科真菌茯苓 *Poria cocos*（Schw.）Wolf 的干燥菌核。茯苓、茯苓提取物、茯苓粉、茯苓根及茯苓菌核提取物均可用作化妆品原料。茯苓含多种蛋白质、卵磷脂、胆碱和茯苓多糖，研究表明具有延缓衰老、美容养颜、保持皮肤湿润细腻的作用。

（5）桑叶　桑科植物桑 *Morus alba* L. 的干燥叶。桑叶提取物、桑根、桑茎、桑果和皮均可用作化妆品原料。桑叶中含有多种黄酮、酚酸、生物碱类、多种氨基酸及有机酸等成分，能够改善皮肤的新陈代谢、抑制细胞中黑色素的形成，减轻面部黄褐斑，起到美白的作用。

（6）丹参　唇形科植物丹参 *Salvia miltiorrhiza* Bunge.。丹参根粉，丹参及其花、叶、根提取物，丹参油及丹参酮均为化妆品原料，用于功效性化妆品的研发。丹参中的丹参酚酸 B 具有较好的抗氧化作用，能够改善微循环、抗菌消炎、增强新陈代谢。同时，丹参具有活血行血的作用，对于血液循环不畅引起的皮肤暗红等问题具有一定的疗效。

（7）薄荷　唇形科薄荷属植物薄荷 *Mentha haplocalyx* Briq.。薄荷花、茎、叶提取物，薄荷叶、薄荷叶汁、薄荷粉、薄荷油、薄荷醇、薄荷醇 PCA 酯、薄荷醇乳酸酯、薄荷脑等均为化妆品原料目录收录，可用于功效性化妆品的研发。薄荷具有促进透皮吸收和抑制组胺释放的功效，能够减轻放射性及紫外线导致的皮肤损伤。同时，由于薄荷具有洗后清凉的感觉，广泛用于各种洗发护肤用品。但由于薄荷脑对人具有较强的麻醉作用，不可过量使用。

（8）甘草　豆科植物甘草 *Glycyrrhiza uralensis* Fisch.、胀果甘草 *Glycyrrhiza inflata* Bat. 或光果甘草 *Glycyrrhiza glabra* L.。甘草根、叶提取物、甘草根汁、根水、根粉，甘草黄酮、甘草酸、甘草酸铵、甘草酸二钠等提取物和活性成分均为化妆品原料目录收录，可用于功效性化妆品的研发。甘草具有较好的美白功效，甘草提取物对酪氨酸酶具有较好的抑制活性，减少黑色素的形成。同时，甘草还具有抗氧化，可以促进细胞增殖和胶原蛋白生成的作用，减少皱纹形成，保持肌肤健康状态，广泛用于各种洁面、护肤产品中。

（9）辛夷　木兰科植物望春花 *Magnolia biondii* Pamp.、玉兰 *Magnolia denudata* Desv. 或武当玉兰 *Magnolia sprengeri* Pamp. 的干燥花蕾。玉兰花提取物、花蕾粉、花油已在各种化妆品中广泛使用。现代研究表明，辛夷挥发油可以促进血管扩张，尤其是毛细血管的扩张，增强皮肤营养的吸收，改善面部颜色，具有一定的美白功效。

（10）白术　菊科植物白术 *Atractylodes macrocephala* Koidz. 的干燥根茎。白术根

茎、根茎提取物、白术粉均为化妆品原料，可用于功效性化妆品的开发。《药性论》记载："白术主面光悦，驻颜祛斑。"用白术蘸酒（或醋）如研墨之状，均匀涂抹脸上，可美白。现代药理学研究表明白术有助于增强免疫功能，扩张血管。对气血虚寒导致的皮肤粗糙、萎黄等具有较好的改善作用。

5. 具有抗衰老作用的含药用资源化妆品原料

（1）枸杞子　茄科植物宁夏枸杞 *Lycium barbarum* L.，枸杞果实、枸杞根提取物、枸杞籽油均为化妆品原料目录收录，可用于功效性化妆品的研发。《本草纲目》记载：枸杞，补肾生精，养肝明目安神，令人长寿。枸杞中含有大量的多糖、甾醇、黄酮、维生素类成分，可以增强巨噬细胞的吞噬能力，提高淋巴细胞的免疫功能，发挥提升免疫、减缓皮肤细胞衰老的功效，长期使用可以保持皮肤华润。

（2）蜂王浆　是幼龄工蜂头部的舌腺和上颚腺共同分泌的乳白色或淡黄色的混合物。蜂王浆、蜂王浆粉、蜂王浆提取物、水解蜂王浆蛋白为化妆品原料目录收录，可用于功效性化妆品的研发。蜂王浆含有多种氨基酸、维生素、微量元素以及酶类、脂类、糖类、激素、磷酸化合物等成分，可以促进和增强表皮细胞的生命活力，改善细胞的新陈代谢，防止代谢产物的堆积，防止胶原、弹力纤维变性、硬化，滋补皮肤、营养皮肤，使皮肤柔嫩富有弹性。

（3）何首乌　蓼科植物何首乌 *Polygonum multiflorum* Thunb. 的干燥块根。何首乌、制何首乌已列入化妆品原料目录，可用于功效性化妆品的研发。传统医学认为何首乌具有补肝肾、益精血、乌须发、壮筋骨的功效，长期使用可以改善衰老导致头发脱落变白的现象。现代研究表明何首乌含有多种蒽醌、磷脂类物质，具有抗自由基损伤，抗衰老的功效，广泛用于洗发剂的化妆品中。

（4）菟丝子　旋花科植物菟丝子 *Cuscuta chinensis* Lam. 的干燥成熟种子。菟丝子和菟丝子提取物均为化妆品原料目录收录的原料，可用于功效性化妆品的研发。《药性论》中记载：菟丝子"治男女虚冷，添精益髓，去腰疼膝冷，久服延年，去面皯，驻悦颜色"。现代研究表明菟丝子含有甾醇、三萜、多糖等多种活性物质，具有抗衰老、抗氧化及增强免疫的功效，同时，具有一定的雌激素样作用，可用于美容养颜的护肤品、洁面霜等化妆品的研发中。

6. 具有其他作用的含药用资源化妆品原料

（1）保湿润肤类含药用资源化妆品原料　保湿润肤是化妆品的重要功效之一，多种药用资源原料具有保湿润肤的作用，如人参、蜂蜜、茯苓、枸杞、桑叶、甘草等。这些化妆品原料一般含有较多的多糖类物质，在发挥美白抗衰老作用的同时，可以吸收较多的水分，在皮肤表明形成一层致密的高分子膜，减少皮肤水分的流失，保持皮肤水分。

（2）具有防晒功能的含药用资源化妆品原料　皮肤的紫外线损伤是皮肤颜色加深、晦暗的主要原因之一，防晒也是化妆品开发过程中重点开发的一种功效。具有防晒作用的芦荟、茶叶、吴茱萸等药用资源多含有黄酮类、醌类和香豆素类等天然化合物，可以吸收太阳光中紫外线，有效阻止紫外线对皮肤的伤害。

（3）具有乌发作用的含药用资源化妆品原料　乌发和防脱发是含药用资源洗发剂、

发胶等发用化妆品重点关注的功效之一，中药用于防脱发、乌发具有悠久的历史，《医方集解》记载：何首乌为“七宝美髯丹”的主要原料之一。人参、枸杞、三七、川芎等具有抗衰老的药用资源，也多具有乌发和防脱发的功效。

（4）具有祛除粉刺作用的含药用资源化妆品原料　粉刺是皮肤常见的病变之一，在青春期人群中尤为常见，因此在开发针对年轻人使用的功效性化妆品时尤其要考虑祛除粉刺的功效。具有祛除粉刺功效的多为清热解毒、活血化瘀类和雌激素样活性的药用资源，如桑叶、金银花、丹参、射干等。该类化妆品原料可以加速皮肤浅表层炎症的消退，促进毛囊上皮细胞分裂，有助于闭合性粉刺向开放性粉刺转变，并加速丘疹和结节的消退，达到尽快祛除粉刺的目标。

（二）含药用资源化妆品原料的质量控制

含药用资源化妆品的原料和产品质量控制在化妆品生产中是至关重要的，通常除原料和产品自身的功效性和安全性外，尚需对理化指标、有效成分含量的稳定性、不同批次产品间色泽、气味稳定性及防腐体系等进行控制。

1. 理化指标　水剂型产品有 pH、电导率、可溶性固形物等常规理化指标；油剂性产品有折射率、相对密度、酸值、过氧化值等常规理化指标。

2. 有效成分含量的稳定性　不同的药用资源单方或组方所含有效成分种类和含量不同，可用于控制的指标有总糖 / 多糖、黄酮、多酚、皂苷等。常用的检测方法有紫外 - 可见分光光度法、高效液相色谱法、凝胶色谱法等方法。

3. 色泽、气味稳定性　药用资源的使用部位大多存在气味重、颜色深的特点，在提取物制备和储存过程中存在活性物质可能变色、受环境因素分解与聚合等不稳定问题，造成提取物功效降低或丧失。同时，提取物在与其他物质配伍时可能会出现其他气味，影响产品使用感，这些都是需要考察的内容。

4. 色泽控制　化妆品研发过程中在保证产品功效的同时，可运用脱色、护色工艺处理，以保证产品不同批次间色泽的稳定性。目前脱色体系有：①物理吸附，通常利用活性炭特有的大孔效应，吸附有色金属离子、不稳定的杂质等；②化学脱色，通过化学反应达到脱色目的，如过氧化氢氧化还原脱色；③树脂交换，如大孔树脂洗脱，以脱除易变色的物质成分，保证产品体系色泽稳定性。

5. 气味控制　在产品开发过程中，对制备工艺过程的温度、组方间物质并存与否、吸附剂等要加以关键控制，避免受其影响改变产品气味。

6. 防腐体系　为防止化妆品原料和产品中微生物滋生，需研究原料与产品自身的体系以建立相应的防腐体系。

三、含药用资源化妆品的管理

含药用资源化妆品属于化妆品行业，在我国按照化妆品管理体系进行运行。国家对化妆品的监管法律体系主要包括两个方面：卫生监管和质量监管。我国卫生监管部门以《化妆品卫生监督条例》为基础，制定了包括《化妆品卫生监督条例实施细则》《化妆品生产企业卫生规范》及《化妆品卫生规范》等一系列规章制度对化妆品进行监管。根据自身特点和要求，其他相关政府部门制定了化妆品质量监管的办法，如《化妆品标识管理规定》《进出口化妆品监督检验管理办法》《化妆品广告管理办法》等。

我国的化妆品监管部门与美国、日本等发达国家不同。美国、日本等发达国家对化妆品的监管采用备案制，主要由一个行政部门负责管理。1989 年，我国《化妆品卫生监督条例》通过后，化妆品的监督主要由国务院卫生行政部门负责，县级以上地方各级人民政府的卫生行政部门管理本辖区内的化妆品卫生监督工作。2008 年，《国务院机构改革方案》通过后，化妆品卫生监督管理职责划入国家食品药品监督管理局（现国家药品监督管理局），原国家质量监督检验检疫总局和国家工商总局负责相应职责范围内的化妆品生产监管。因此，化妆品的监管还存在多头管理的情况。

第四节　含药用资源化妆品的现状与发展

爱美之心人皆有之，自有记载以来，人类对美的追求就从未间断过，“山顶洞人”（距今 1.1 万年前）已用赤铁矿粉妆饰自己，三星堆（距今 3000~5000 年）出土面具中，有眉施黛色、眼影涂蓝、嘴唇与鼻孔涂朱者。药用资源作为中国五千年文明的国人健康智慧结晶，人们对功效性化妆品的记载层见叠出，各种有美容作用的药用资源频繁出现在不同的医学典籍中。药用资源化妆品的发展主要经历过以下时期。

在秦汉之前是药用资源化妆品的萌芽时期，在这一时期出现了药用资源用于美容化妆的最早记载，如战国时期的《山海经》中记载：荀草等 12 种中药有美容的作用；《韩非子・显子》记载：“用脂泽粉黛则住其初，脂以染唇、泽以染发、粉以敷面、黛以画眉”，记述了药用资源在化妆品方面的最早应用。秦汉魏晋时期是功效性化妆品的充实阶段，这一时期药用资源化妆品得到一定发展，出现了较为系统介绍药用资源化妆品的著作，《神农本草经》不仅记载了众多的中药经典名方，也展示了这些药用资源在皮肤护理美容方面较系统的实践。晋代的《肘后方》中记载了 147 首美容药方，药用资源化妆品得到了长足发展。随着中医药的进一步发展，隋唐时期出现了我国第一部药用资源化妆品的专著《妆台方》，药用资源化妆品在该时期基本成形。同时，著名医学典籍《备急千金要方》中有“面药”和“妇人面药”等关于药用资源化妆品的专篇。《外台秘要》《太平圣惠方》《圣济总录》等对于药用资源美容的记载，标志着功效性化妆品已成为中医药防治疾病中不可或缺的美丽篇章。清代是中医药发展的高峰期，在此阶段形成了以李时珍《本草纲目》为代表的医药典籍，记载收集了具有美容作用的药用资源 500 余种。也是药用资源化妆品的重要发展时期。

第二次世界大战后，随着石油化工的兴起，矿物油、香料、色素等行业得到迅猛发展，化妆品中加入了越来越多的化学合成品，在改善化妆品性状同时，也造成了化妆品伤害肌肤的事件频出。20 世纪，随着生活水平进一步提高，人们对化妆品的需求越来越高，同时对化妆品的安全要求也越来越高，药用资源化妆品重新得到了行业的重视，产生了一系列药用资源提取物化妆品原料，如灵芝、珍珠、人参、芦荟、三七、罗勒等。

随着我国经济的发展，人们对美的需求也越来越高，含药用资源化妆品的研发和产业也将越来越庞大。含药用资源化妆品的研究与发展也出现了一些新动向。目前的化妆品有如下类别。

1. 传统护肤类化妆品 如洗面奶、爽肤水、面霜及精华液等传统剂型化妆品。近年来，一些药用资源悄悄作为原料掺入这些产品中。如玫瑰水、薏仁水等颇受消费者欢迎。

2. 美妆类产品 包括口红、眼影、眼线、胭脂等产品。年轻女性喜爱化妆，对于这类产品的需求量大、使用频次高。

3. 局部器官功能性化妆品 如眼部系列产品（眼部除皱霜、眼袋调理霜或乳、黑眼圈调理霜或乳）、颈部系列产品（颈部除皱霜、颈膜）、面部特护系列产品（保湿面膜、美白面膜等）、腹部系列产品（妊娠纹、减肥特殊产品）、胸部系列产品（丰乳霜等）、发部化妆品（包括洗发水、护发素及染发剂等美发产品）、足部化妆品（足浴粉、足浴油等）。这类产品的市场效益近年来逐步提升。

4. 男性化妆品 随着男性爱美意识的提升，对于洗面奶、爽肤水等化妆品使用量需求增加。由于男性体能高、油脂分泌比女性旺盛，可充分发挥一些具控油作用的药用资源用于男性化妆品的研发。

传统护肤类化妆品及美妆类产品最常用，如能采用无污染的药用植物研发这些产品可以提升产品的安全性，将是较大的利益增长点。随着人们健康意识的提升，采用药用资源进行化妆品开发应着眼于局部器官功能性化妆品的开发，将吸引更多的高端人群产生更多价值，甚至可以考虑进行该类产品私人定制服务。比如许多人从 30 多岁就开始染发，从药用资源中寻找绿色天然的染发护发美发产品蕴藏着巨大潜力。随着男性爱美意识的提升，男性化妆品的研发也将成为新的利润增长点。

第二章
适合研发化妆品的药用资源

按照《国际化妆品原料目录》的要求，用于研发化妆品的原料必须是已收载在该目录中的药用资源品种。

第一节 植物资源

阿尔泰柴胡

【拉丁名】 Bupleuri knyloviani Radix

【科属】 伞形科。

【药材性状】 根呈圆锥形，侧根2~3，根头部常有数个茎基呈指状丛生。根长4~8cm，直径0.8~1.6cm；表面黄棕色或棕褐色，质硬而木质化，不易折断，断面不整齐，纤维性，皮部黄棕色，木部浅黄色，气微香，味微苦。

【分布】 产于我国新疆。生长于海拔1200~2000m的山坡上或灌丛下，如桦木林、桧灌丛等，多生长于干旱砾质土中，分布于西伯利亚和亚洲中部。

【性味与归经】 苦，微寒。归肝、胆经。

【功能与主治】 和解表里，疏肝，升阳。用于感冒发热，寒热往来，胸胁胀痛，月经不调；子宫脱垂，脱肛。

【用法与用量】 3~9g。

【化学成分】 柴胡属植物的化学成分十分复杂，迄今为止已报道含有皂苷、木脂素、黄酮、挥发油、香豆素、甾醇、有机酸、多糖、多炔类、甾醇、有机酸、糖醇、色原酮等成分。

【药理毒理研究】

1. 抗肿瘤作用 柴胡皂苷灌服或腹腔注射对ddy系小鼠艾氏腹水癌（EAC）有抑制肿瘤生长作用，且能明显延长动物的存活时间。用柴胡代替卡介苗（BCG）以新西兰纯种白兔制备具有抗癌效应的肿瘤坏死因子（TNF），以肝癌细胞作为靶细胞，结果使细胞坏死、裂解；加入适量对癌细胞进行毒性效应试验，用Hela细胞和肺腺癌细胞做同样试验，亦获相同结果。

2. 抗炎作用 柴胡粗皂苷口服600mg/kg可抑制右旋糖苷、5-羟色胺与巴豆油引起的小鼠足肿。柴胡皂苷对许多炎症过程（包括渗出、毛细血管通透性增加、炎症介质的释放、白细胞游走和结缔组织增生等）都有影响。

3. 镇静催眠作用 柴胡的根、果实中提取的柴胡粗皂苷有明显的镇静作用，小鼠口服柴胡粗皂苷200~800mg/kg均可出现动物运动抑制作用。通过对小鼠攀登试验、睡眠延长试验及大鼠的条件回避试验，证明柴胡皂苷具有明显的镇静作用，且对咖啡因有拮抗作用。

阿江榄仁

【学名】 *Terminalia arjune* wight. et Arn.

【科属】 使君子科、诃子属落叶大乔木。

【分布】 阿江榄仁原产地的年降水量750~1800mm，适生最高温度38~48℃，最低温

度 -5~15.6℃。性喜温暖湿润、光照充足的气候环境，在原产地常见分布于河谷与水岸边，耐寒性稍好。要求疏松、湿润、肥沃的土壤条件，可耐较高的地下水位，地下水常为决定其分布的主导因素，在燥红壤、砖红壤、红黄壤的立地上都能正常生长，也耐盐碱，但在干旱瘠薄的砾土不利于生长。阿江榄仁原产于印度、斯里兰卡和马来西亚，中国、加纳和毛里求斯等国引种栽培。中国广东、福建、台湾、云南均有引种栽培，海南于 1973 年前后引入，分别种植在屯昌枫木、儋州和尖峰岭。喜温暖湿润、光照充足的气候环境，耐寒性较好。喜疏松、湿润、肥沃土壤，可耐较高地下水位。根系发达，具有较好的抗风性[1]。

【化学成分】阿江榄仁树皮含有钙盐、镁盐和糖苷。20 世纪 50 年代中期，从心材的乙醚提取物中分离出了齐墩果酸、β- 谷甾醇、鞣花酸及一种三萜酸（arjunloic acid）。

【药理毒理研究】从叶片中提取的汁液能用于治疗痢疾和耳痛。含有类似维生素 E 的抗氧化物质，有助于维持胆固醇含量在正常水平。它还能用于强化心肌，维护心脏的正常功能，还可用于治疗冠状动脉疾病、心力衰竭、咽喉炎。树皮含有利尿、调节前列腺素、防止冠状动脉硬化的物质，对治疗哮喘有较好的效果。

抗心绞痛作用：随意挑选 30 名年龄在 30~70 岁的缺血性心脏病患者，平均年龄 51.6 岁。男性 21 人，女性 9 人。患者均有心绞痛或为稳定性心绞痛，或为心绞痛伴有陈旧性透壁性梗死，或为心绞痛伴有心律不齐，排除急性心肌梗死、不稳定性心绞痛、瓣膜性心脏病及心肌病。治疗时取阿江榄仁树皮干燥后制的细粉装入胶囊，每天每公斤体重 25mg，分三次口服，用脱脂温牛奶送下。整个疗程三个月。经综合评定，50% 患者效果满意，20% 患者效果良好，10% 患者效果显著，20% 无效。治疗中未发现任何不良反应，无一例死亡。该药降低心绞痛发作次数的机制可能与该药能降低血浆儿茶酚胺含量，降低心率和血压等作用有关，并可用于心肌梗死的预防。

【参考文献】

[1] 廖富林，李信贤，杨和生. 梅州园林绿化常用植物图谱［M］. 广州：暨南大学出版社，2015：216.

阿拉伯胶树

【学名】*Acacia senegal* wilud.

【科属】合欢属，含羞草科。

【药用部位】树干中的树脂。

【分布】原产于非洲苏丹、沙特阿拉伯及印度，海拔 500m 以下，多见于平原。

【性味与归经】甘，淡，平。入肠经。

【功能与主治】润肠通便。

【用法与用量】内服：3~9g，入丸剂。外用：局部应用，肛门栓剂。

【化学成分】水溶性的多糖物质，属水合胶体一族。

【药理毒理研究】阿拉伯树胶的用途很广泛，可用作胶黏剂、保护胶剂、印花染料以及药物辅料等。如用于光学镜片、食品包装等的胶接，用作邮票、商标标贴的上胶材料。

1. 片剂 很早以前阿拉伯树胶就应用于糖衣片的制造中，现如今仍有应用。该技术首先将片芯用虫胶等包裹上一层膜，以防止片芯与糖衣液直接接触，然后再包第二层，此时应用到阿拉伯树胶的糖浆液，以及由糖粉、碳酸钙和阿拉伯树胶粉组成的混合物粉末。最后再进行包彩衣以及抛光等步骤，制成糖衣片。同样，在有些片剂的制造过程中，阿拉伯树胶通常也可代替淀粉用作黏合剂，已达到更强的黏合效果。一项由美国FDA 调查统计的资料显示，阿拉伯树胶可以应用于113 种口含片、51 种包衣片以及13 种缓释片中，用途可谓相当广泛。

2. 丸剂 阿拉伯树胶在丸剂的制备中应用非常广泛。所谓丸剂，是指制成的呈圆形、卵圆形等形状的固体制剂，通过口服以产生药效的药物剂型。在制备过程中，阿拉伯树胶通常先配成溶液，主要有两种形式：一种是质量分数为35% 的阿拉伯树胶的水溶液；一种是以质量分数为80% 的葡萄糖溶液作为溶剂配成质量分数为10% 的阿拉伯糖浆液。

3. 其他 阿拉伯树胶被广泛用作质地成构剂（texturizer）和包衣剂（coating agent)；另外，它最显著的特性是优等的乳化和稳定作用（emulsifying and stabilizing properties）。在喷雾干燥工业中，它是喷雾香精粉的乳化剂（emulsifier）和包裹剂（encapsulating agent)，能非常有效地防止成品香精中精炼香精油的氧化。

阿魏

【拉丁名】Resina Ferulae.

【别名】熏渠、哈昔泥。

【科属】伞形科。

【药用部位】新疆阿魏 *Ferula sinkiangensis* K.M.Shen 或阜康阿魏 *Ferula fukanensis* K.M.Shen 的树脂。

【药材性状】本品呈不规则的块状和脂膏状。颜色深浅不一，表面蜡黄色至棕黄色。块状者体轻，质地似蜡，断面稍有孔隙；新鲜切面颜色较浅，放置后色渐深。脂膏状者黏稠，灰白色。具强烈而持久的蒜样特异臭气，味辛辣，嚼之有灼烧感。

【分布】全世界上约有150 种，主要分布于地中海、中亚及其邻近地区。在我国主要分布于新疆，共有26 个种及1 个变种。

【性味与归经】苦、辛，温。归脾、胃经。

【功能与主治】消积、散痞、杀虫之功效。用于肉食积滞、瘀血癥瘕、腹中痞块、虫积腹痛。孕妇禁用，脾胃虚弱忌用。

【用法与用量】内服：1~1.5g，多入丸、散，不宜入煎剂。外用：适量，多入膏药。

【相关配伍】

1. 霍乱烦满，气逆腹胀，手足厥冷 不灰木、阳起石、阿魏各半两，巴豆（去心）、杏仁（去皮）各二十五个。为末，粟饭丸樱桃大，穿一孔。每服一丸，灯上烧烟尽，研末，米姜汤下，以利为度。(《圣济录》)

2. 消积破气 石碱三钱，山楂三两，阿魏五钱，半夏（皂荚水制过）一两，为末，以阿魏化醋煮糊丸服。(《摘玄方》)

【化学成分】阿魏化学成分复杂，主要含树脂、树胶和挥发油等，以倍半萜类、香豆素类和多硫化合物为主要生物活性物质。

【药理毒理研究】

1. 对细菌的抑制作用 新疆阿魏、多伞阿魏和大果阿魏根醇提取物对金黄色葡萄球菌、枯草芽孢杆菌、八叠球菌均具有较好抑菌作用，对大肠埃希菌无抑菌作用；其中，多伞阿魏根的醇提物对金黄色葡萄球菌抑制作用最强，与其他两种阿魏有显著性差异（$P < 0.05$）。三种阿魏根醇提取物对枯草芽孢杆菌的抑制作用无显著性差异（$P > 0.05$）。新疆阿魏和大果阿魏根的醇提物对枯草芽孢杆菌的抑制作用最强，与其他两种菌有显著差异。可见多伞阿魏根醇提物的抑菌效果最好[1]。

2. 阿魏根含有抗 H1N1 甲型流感病毒成分 台湾高雄医学大学张和吴确定了阿魏中的一组化学成分，这些成分对抗 H1N1 甲型流感病毒的效价高于现有对抗流感的抗病毒处方药。这项研究确定了来自阿魏的倍半萜烯香豆素，可能有望成为抗甲型 H1N1 流感病毒感染的新药开发的一种的先导成分。

【参考文献】

［1］高婷婷，余风华，谭勇，等．三种阿魏根提取物的体外抑菌作用研究［J］．北方园艺，2013（24）：156–158.

阿月浑子

【学名】*Pistacia vera* L.

【别名】开心果、绿仁果。

【科属】漆树科黄连木属。

【药用部位】树皮和种仁入药，为强壮剂。种子可榨油。

【分布】产于叙利亚、伊拉克、伊朗、苏联西南部和南欧；我国新疆有栽培。

【性味与归经】味辛，性温。

【功能与主治】温肾，暖脾。肾虚腰冷，阳痿，脾虚冷痢。

【用法与用量】内服：煎汤，9~15g。

【化学成分】其干果富含脂肪和多种营养物质，据有关测定阿月浑子种仁含油率高达 62%（质量分数，后同），脂肪 54.6%~70%、蛋白质 18%~5%、糖 9%~3%、无机盐 2.5%~3.3%、纤维素 2.6%~4.6%、水分 2.6%~7%、灰分 7.1%。每 100g 果仁含维生素 A 20μg、含酸 59μg、含铁 3mg、含磷 4403mg、含钾 9703mg、含钠 2703mg、含钙 1203mg，同时还含有烟酸、泛酸、矿物质等。阿月浑子的干果单果质量 0.7~1.5g，出仁率 43%~52%。据国外科技文献记载，阿月浑子所含蛋白质由 8 种氨基酸组成，分别为丙氨酸、苯丙氨酸、苏氨酸、缬氨酸、精氨酸、赖氨酸、谷氨酸、天门冬氨酸，其氨基酸营养组成与牛乳相似。其果仁还含有维生素 E，有抗衰老的作用。一次吃 10 粒阿月浑子相当于吃 1.5g 单不饱和脂肪酸[1]。

【药理毒理研究】

1. 由于阿月浑子果中含有丰富的油脂，因此有润肠通便的作用，有助于机体排毒。阿月浑子又是滋补食药，它味甘无毒、温肾暖脾、补益虚损，能治疗神经衰弱、浮肿、贫血、营养不良、慢性泻痢等症状。

2. 阿月浑子富含精氨酸，它不仅可以缓解动脉硬化的发生，有助于降低血脂、降低胆固醇，减少心脏病发作危险，还可缓解急性精神压力反应等。

3. 阿月浑子果含有白藜芦醇（天然抗氧化剂），可清除自由基，抑制基质过氧化反应，除保护心血管系统之外，白藜芦醇还具有提高免疫力、抗癌、抗病毒、抗衰老等多重功效。

4. 现今新疆维吾尔族民族药使用阿月浑子比较广泛，其干果可治肾炎、胃炎、肺炎、肝炎及各种传染性疾病。果外皮可治皮肤病和妇科病，并能用于内、外伤的止血。种仁具有提神醒脑、开心解郁的神奇功效。果树叶浸出液可治阴囊下湿疹[1]。

【参考文献】

[1] 阿不列孜·热合曼. 阿月浑子的三大价值及其利用 [J]. 果农之友，2018（1）：30–31.

没药

【别名】末药、明没药。

【科属】橄榄科没药属。

【药用部位】为橄榄科植物地丁树 *Commiphora myrrha* Engl. 或哈地丁树 *Commiphora molmol* Engl. 的干燥树脂。分为天然没药和胶质没药。

【药材性状】天然没药：呈不规则颗粒性团块，大小不等，大者直径长达 6cm 以上。表面黄棕色或红棕色，近半透明部分呈棕黑色，被有黄色粉尘。质坚脆，破碎面不整齐，无光泽。有特异香气，味苦而微辛。胶质没药：呈不规则块状和颗粒，多黏结成大小不等的团块，大者直径长达 6cm 以上，表面棕黄色至棕褐色，不透明，质坚实或疏松，有特异香气，味苦而有黏性。

【分布】没药原植物主要生长在非洲索马里和埃塞俄比亚的干旱地区和肯尼亚北部。

【性味与归经】味辛、苦，性平。归心、肝、脾经。

【功能与主治】散瘀定痛，消肿生肌。用于胸痹心痛、胃脘疼痛、痛经经闭、产后瘀阻、癥瘕腹痛、风湿痹痛、跌打损伤、痈肿疮疡等病症的治疗。孕妇及胃弱者慎用。

【用法与用量】3~5g，炮制去油，多入丸散用。

【相关配伍】治各种瘀血阻滞之痛症，如跌打损伤，症见伤处疼痛，伤筋动骨或麻木酸胀，或内伤瘀血，心腹疼痛，肢臂疼痛等症：没药、乳香、丹参、当归各五钱。上药全研细末，备用，亦可水泛为丸。（《医学衷中参西录》）

【禁忌】孕妇及胃弱者慎用。

【化学成分】没药中含有挥发油 2.5%~9.0%、树脂 25%~35%、树胶 57%~65%，其余为苦味质、杂质和水分。现代研究发现，没药挥发油中主要含单萜和倍半萜类化合物。

【药理毒理研究】没药具有抗肿瘤、止痛等药理作用，其挥发油既是香料的主要成分，又是没药发挥药效作用的物质基础，挥发油中含量较高的β-榄香烯、石竹烯，其分别具有抑制血栓形成和抗炎的相关活性。

1. 抗肿瘤作用 β-榄香烯对多种肝癌细胞的生长、增殖、凋亡有重要作用。

2. 止痛作用 没药提取物的强烈镇痛作用与吗啡一样作用于脑中阿片受体，但它没有吗啡成瘾的副作用。

3. 抗菌和消炎作用 没药水煎剂（1∶2）对多种致病性皮肤真菌有不同程度的抑制作用，其抗真菌作用可能与其挥发油中所含的丁香油酚有关。

4. 防治冠心病 有研究将炒没药制成胶囊剂，治疗临床68例冠心病患者（有典型的临床症状，其中50%的患者心电图ST段降低，T波倒置，临床确诊者）。结果，心前区不适及疼痛消失或减轻67例，活动后呼吸困难消失42例，有明显的临床效果。

5. 活血作用 没药的各种剂型、各种炮制品对外伤引起的小鼠足肿胀外敷后均有显著的消肿作用，若用生品没药外敷，其化瘀消肿作用更强，这可能是由于炮制后作为药效物质基础的挥发油含量降低而引起的。

在离体子宫平滑肌收缩试验和芳香化酶抑制剂体外筛选试验中首次评价了没药挥发油对小鼠离体子宫平滑肌收缩以及芳香化酶的生物效应，表明没药挥发油对小鼠离体子宫平滑肌收缩及芳香化酶活性均有显著的抑制作用。

艾叶

【拉丁名】Artemisiae Argyi Folium.

【别名】艾叶、艾蒿、家艾。

【科属】菊科艾属。

【药用部位】菊科植物艾 *Artemisia argyi* Lévl.et Vant. 的干燥叶。

【药材性状】本品多皱缩、破碎，有短柄。完整叶片展平后呈卵状椭圆形，羽状深裂，裂片椭圆状披针形，边缘有不规则的粗锯齿；上表面灰绿色或深黄绿色，有稀疏的柔毛和腺点；下表面密生灰白色绒毛。质柔软。气清香，味苦。

【分布】主产于湖北、安徽、山东、河北。

【性味与归经】辛、苦、温。归肝、脾、肾经。

【功能与主治】温经止血，散寒止痛；外用祛湿止痒。用于吐血、衄血、崩漏、月经过多、胎漏下血、少腹冷痛、经寒不调、宫冷不孕；外治皮肤瘙痒。醋艾炭温经止血，用于虚寒性出血。

【用法与用量】煎服，3~9g，或入丸、散；或捣汁。外用适量，供灸治或熏洗用。

【相关配伍】

1. 冷劳久病 茅香花、艾叶四两，烧存性，研末，粟米饭丸梧子大。初以蛇床子汤下二十丸至三十丸，微吐不妨，后用枣汤下，立效。（《圣济总录》）

2. 伤寒时气，温病头痛，壮热脉盛 以干艾叶三升，水一斗，煮一升，顿服取汗。

(《肘后方》)

3. 妊娠风寒卒中，不省人事，状如中风 用熟艾三两，米醋炒极热，以绢包熨脐下，良久即苏。(《妇人良方》)

【禁忌】本品药性温燥，阴虚血热者慎用。有小毒，不可过量服用。

【化学成分】药用资源艾叶已明确的化学成分有挥发油、黄酮类、三萜类、微量元素及鞣质等，主要有效成分为挥发油和黄酮类[1]。

【药理毒理研究】药用资源艾叶具有镇痛、抗炎、止血、抗菌、抗病毒、抗肿瘤、降血压、降血糖、平喘、免疫调节等多种药理作用。艾叶临床主要用于各种出血症、皮肤瘙痒的治疗[2]。有试验表明，艾叶水提物和醇提物对大肠埃希菌都具有一定的抑菌作用[1]。

【参考文献】

[1] 李小妞，陈志坚，关强强，等. 艾叶提取物对大肠杆菌抑菌活性的研究[J]. 黑龙江畜牧兽医，2019(6)：140-142，173.

[2] 李真真，吕洁丽，张来宾，等. 艾叶的化学成分及药理作用研究进展[J]. 国际药学研究杂志，2016，43(6)：1059-1066.

安息香

【拉丁名】Benzoinum.

【别名】白花榔、拙贝罗香。

【科属】安息香科安息香属植物。

【药用部位】一种含于越南安息香(*Stytax tonkinensis*)中的天然树脂胶和含于苏门答腊安息(*S.benzoin* 或 *S.paraleloneurus*)中的天然香脂树香脂。

【药材性状】药典标准：该品为不规则的小块，稍扁平，常黏结成团块。表面橙黄色，具蜡样光泽(自然出脂)；或为不规则的圆柱状、扁平块状，表面灰白色至淡黄白色(人工割脂)。质脆，易碎，断面平坦，白色，放置后逐渐变为淡黄棕色至红棕色。加热则软化熔融。气芳香，味微辛，嚼之有砂粒感。

(1)苏门答腊安息香(产印度尼西亚) 为植物安息香树的干燥树脂，为球形颗粒压结成的团块，大小不等，外面红棕色至灰棕色，嵌有黄白色及灰白色不透明的杏仁样颗粒，表面粗糙，不平坦。常温下质坚脆，加热即软化。气芳香，味微辛。

(2)越南安息香(产越南、泰国等地) 为植物越南安息香的干燥树脂，为微扁圆的泪滴状物或团块。泪滴状物直径约1至数厘米，厚约1cm。外表面黄棕色或污棕色，内面乳白色。常温下质坚脆，加热则软化。气味与苏门答腊安息香相似。

【分布】安息香天然分布于我国的广东、广西、云南、贵州、重庆、江西、湖南以及福建等省(区、市)[1]。

【性味与归经】辛、苦，平。归心、脾经。

【功能与主治】开窍清神，行气活血，止痛。用于中风痰厥、气郁暴厥、中恶昏迷、心腹疼痛、产后血晕、小儿惊风。

【用法与用量】0.6~1.5g，多入丸散用。

【相关配伍】安息香配苏合香。二药均能开窍醒神，祛痰。苏合香兼能镇痉；安息香能行气血。相配开窍醒神、祛痰镇痉之功更佳，且能辟恶秽，行气血。适用于中风痰厥、气郁暴厥、猝然昏倒者，亦可用于惊痫等证。

【化学成分】越南型中的主要成分为苯甲酸松柏脂（65%~75%）、苯甲酸（10%~20%）、其他苯甲酸酯和香兰素。苏门答腊型中的主要成分有桂酸松柏酯、桂醇、苯甲酸－树脂醇、苯甲醇。目前，国内外对安息香化学成分的研究较少，主要化学成分有三萜类、木脂素和香脂酸类[2]。

【药理毒理研究】大部分药理研究表明安息香提取物有显著的抗炎解热[3]，促进血－脑屏障通透性[4]、抗动脉粥样硬化[5]、抗肿瘤等药理活性[6]。安息香含有萜类化合物可能是安息香发挥抗肿瘤的重要物质基础，显示了其在作为天然抗肿瘤药物开发上的良好发展潜力[7]。

【参考文献】

［1］李因刚，柳新红，赵勋，等．越南安息香不同分布区的群落特征［J］．林业科学研究，2011，24（4）：500-504.

［2］王一波．安息香化学成分分离与鉴定［D］．广州：广东药科大学，2015.

［3］雷玲，王强，白筱璐，等．安息香的抗炎解热作用研究［J］．药用资源药理与临床，2012，28（2）：110-111.

［4］黄萍，夏厚林，贾芳，等．安息香配伍合成冰片对小鼠脑缺血缺氧及血－脑屏障通透性的影响［J］．药用资源药理与临床，2013，29（5）：75-78.

［5］谢予朋，李阳，孙晓迪．安息香提取物对损伤内皮细胞中乳酸脱氢酶、肿瘤坏死因子及白细胞介素-8活性的影响［J］．中医药导报，2014，20（1）：6-7，10.

［6］王一波，陈欢，王淑美，等．药用资源安息香药理作用研究进展［J］．亚太传统医药，2015，11（3）：48-49.

［7］张丽，张卿，梁秋明，等．安息香化学成分及其体外抗肿瘤活性［J］．中国实验方剂学杂志，2020，4：191-197.

桉叶

【学名】*Eucalyptus gloloulus* Labill.

【别名】桉树叶、蓝桉叶。

【科属】桃金娘科。

【药用部位】桉树叶中含挥发油，名为桉油，为无色或淡黄色的液体。

【药材性状】桉油为无色或淡黄色的液体，有特殊的香味，略似樟脑，性质辛凉，含桉油精。

【分布】主要产于西班牙、葡萄牙、刚果和南美等地，我国云南、广东、广西亦有大量生产。

【功能与主治】祛风止痛。主治皮肤瘙痒、神经痛。

【用法与用量】外用：适量，涂患处。

【化学成分】挥发油组分和非油组分两类：油桉的桉叶油中含量最多的是 1,8- 桉叶油素（47.0%），其次为斯巴醇（16.1%）和 γ- 桉叶油醇（15.0%），非挥发油成分抗氧化活性。目前发现的主要有萜类、黄酮类和鞣质等化学物质[1]。

【药理毒理研究】桉叶油具有消炎镇痛作用：主要作用机制在于桉叶油可以消除引起炎症的羟基自由基从而改善炎症症状。蓝桉油对脂多糖引起的大鼠慢性支气管炎具有一定的抗炎作用，并能抑制其气道黏蛋白高分泌现象。

【参考文献】

[1] 肖苏尧，陈雪香，陈运娇，等. 桉叶抗氧化作用研究进展［J］. 食品工业科技，2012，33（14）：396-399.

龙舌兰

【拉丁名】Agave Atrovirens.

【别名】龙舌掌、番麻。

【科属】龙舌兰科龙舌兰属。

【药用部位】叶。

【分布】多年生常绿大型草本，原产墨西哥。

【功能与主治】解毒拔脓，杀虫，止血。治痈疽疮疡、疥癣、盆腔炎、子宫出血、顽固性溃疡、足底脓肿。

【用法与用量】内服：煎汤，10~15g；外用：适量，捣敷。

【化学成分】抗炎活性的皂苷。

【药理毒理研究】汁液有毒，中毒症状：皮肤过敏者接触汁液后，会引起灼痛、发痒、出红疹，甚至产生水泡；对眼睛也有相当的毒害作用。

金虎尾

【学名】*Malpighia emarginata*

【别名】刺叶黄褥花、栎叶樱桃。

【科属】金虎尾科金虎尾属。

【药用部位】果实。

【药材性状】核果鲜红色，近球形，直径约 8mm。

【分布】原产于美洲热带地区，我国广东广州、海南海口等地有栽培。

【化学成分】花青素、槲皮苷。

【药理毒理研究】防治糖尿病：金虎尾提取物对高级糖基化终端产物的产生具有抑制作用，抑制葡萄糖水平的升高，防治糖尿病及其并发症。制成食品补充剂：如糖果、锭剂、果酱、口香糖、饮料等。用于药物：如片剂、胶囊、颗粒、吸入剂、栓剂、酏剂、经皮吸收剂、经黏膜吸收剂、贴剂、软膏等。用于化妆品：本品安全性高。金虎尾中的花青素具抗氧化活性；槲皮苷可抑制醛糖还原酶和减少山梨糖醇的产生与蓄积，具胰岛素耐受改善作用。

澳洲坚果

【学名】 *Macadamia ternifolia* F.Muell.

【别名】 昆士兰栗、澳洲胡桃、夏威夷果、昆士兰果[1]。

【科属】 山龙眼科澳洲坚果属。

【药材性状】 澳洲坚果外果皮青绿色，内果皮呈褐色，质地坚硬。

【分布】 云南（西双版纳、临沧）、广东、台湾有栽培。多见于植物园或农场。原产于澳大利亚的东南部热带雨林中，现世界热带地区有栽种。

【化学成分】 果仁含油量 80%，多糖含量 6%，蛋白质含量 9%[2]。澳洲坚果含油量高，不饱和脂肪酸比例高达 80% 以上，以油酸和棕榈油酸为主，是木本坚果中含有大量棕榈油酸的重要品种。澳洲坚果油能测出月桂酸、豆蔻酸、棕榈酸、棕榈油酸、十七烷酸、十七碳一烯酸、硬脂酸、油酸、亚油酸、亚麻酸、花生酸、花生一烯酸、花生四烯酸、山嵛酸、木焦油酸等 15 种脂肪酸。

【药理毒理研究】 澳洲坚果油富含不饱和脂肪酸，尤其富含油酸和棕榈油酸，具有较高的营养和保健价值[3]。越来越多的研究表明糖蛋白复合物具有增强免疫调节、抑制肿瘤[4]、降低血糖、降血脂[5]、抗氧化[6]、防衰老[7]等活性功效。

【参考文献】

［1］贺熙勇，陶亮，柳觐，等. 世界澳洲坚果产业概况及发展趋势［J］. 中国南方果树，2015，44（4）：151–155.

［2］刘锦宜，张翔，黄雪松. 澳洲坚果仁的化学组成与其主要部分的利用［J］. 中国食物与营养，2018，24（1）：45–49.

［3］梁燕理，杨湘良，韦素梅，等. 澳洲坚果油脂肪酸组成及氧化稳定性分析［J］. 粮油食品科技，2019，27（5）：33–36.

［4］王慧昀，吴杰连，袁野. 糖蛋白抗肿瘤作用及其机制的研究进展［J］. 宁夏农林科技，2012，53（6）：119–121.

［5］赖莹，夏薇，袁源，等. 杏仁蛋白降血脂功能的研究［J］. 中国食物与营养，2011，17（4）：66–68.

［6］赵文竹，张瑞雪，于志鹏，等. 生姜糖蛋白提取工艺优化及抗氧化活性研究［J］. 食品工业科技，2016，37（22）：309–314.

［7］地里热巴·沙它尔. 姜黄素与糖/蛋白平衡对果蝇的协同抗衰老作用研究［D］. 杭州：浙江大学，2015.

八角茴香

【拉丁名】 Anisi Stellati Fructus.

【别名】 舶上茴香、舶茴香、八角珠、八角香、八角大茴、八角、原油茴。

【科属】木兰科八角属。

【药用部位】八角茴香为木兰科植物八角茴香 *Illicium verum* Hook.f. 的干燥成熟果实。

【药材性状】颜色紫褐，呈八角，形状似星，有甜味和强烈的芳香气味。

【分布】主产于广西西部和南部（百色、南宁、钦州、梧州、玉林等地区多有栽培），海拔 200~700m，而天然分布海拔可到 1600m。桂林雁山（约北纬 25°11′）和江西上饶陡水镇（北纬 25°50′）都已引种，并正常开花结果。福建南部、云南东南部和南部、台湾、广东、贵州、陕西秦岭南部、越南等地区也有种植。

【性味与归经】性温，味辛，归肝、肾、脾、胃经。

【功能与主治】温阳，散寒，理气。治中寒呕逆，寒疝腹痛，肾虚腰痛，干、湿脚气。

【用法与用量】内服：煎汤，5~10g；或入丸、散。

【相关配伍】

1. **治小肠气坠**　八角茴香、小茴香各三钱，乳香少许。水（煎）服取汗。（《仁斋直指方》）

2. **治疝气偏坠**　大茴香末一两，小茴香末一两。用猪尿胞一个，连尿入二末于内，系定罐内，以酒煮烂，连胞捣丸如梧子大。每服五十丸，白汤下。（《卫生杂兴》）

3. **治腰重刺胀**　八角茴香，炒，为末，食前酒服二钱。（《仁斋直指方》）

4. **治腰病如刺**　八角茴香（炒研）每服二钱，食前盐汤下。外以糯米一、二升，炒热，袋盛，拴于痛处。（《简便单方》）

【化学成分】八角茴香有着十分复杂的成分[1]，其中含有的八角茴香挥发油（主要成分为反式茴香脑、茴香醛、桉树脑、柠檬烯、T 蒎烯等）是其发挥药效的主要成分，因而具有重要的研究价值[2]。

【药理毒理研究】试验研究表明八角茴香挥发油具有良好的抗菌活性，为八角茴香挥发油的实际应用提供了方向，八角茴香挥发油可应用于天然杀菌剂领域发挥作用，具有良好的生物活性且原料绿色健康[3]。黄丽贞等[3]对八角茴香挥发油的理气止痛作用进行了研究。Cai 等[4]研究了八角茴香挥发油的 DPPH 和 ABTS 自由基清除活性，结果表明八角茴香挥发油有温和的 DPPH 清除活性，且随着共渗的增加，清除活性增加。

【参考文献】

[1] 权美平. 八角茴香精油的成分分析及生物活性研究进展［J］. 中国调味品，2017，42（1）：164-166.

[2] 韩林宏. 八角茴香挥发油提取方法与药理研究进展［J］. 中南药学，2018，16（11）：1594-1597.

[3] 黄丽贞，邓家刚，罗培和，等. 八角茴香水提物理气止痛的实验研究（Ⅰ）［J］. 中华中医药学刊，2014，32（11）：2609-2611.

[4] CAI M，GUO X，LIANG H，et al.Microwave-assisted extraction and antioxidant activity of star anise oil from *Illicium verum* Hook.f［J］. Int J Food Sci Tech，2013，48（11）：2324-2330.

巴戟天

【拉丁名】Morindae Officinalis Radix

【别名】鸡肠风、鸡眼藤、黑藤钻、兔仔肠、三角藤、糠藤。

【科属】茜草科巴戟天属。

【药用部位】茜草科植物巴戟天的干燥根。

【药材性状】为扁圆柱形，略弯曲，长短不等，直径 0.5~2cm。表面灰黄色或暗灰色，具纵纹和横裂纹，有的皮部横向断离露出木部；质韧，断面皮部厚，紫色或淡紫色，易与木部剥离；木部坚硬，黄棕色或黄白色，直径 1~5mm。气微，味甘而微涩。

【分布】分布于中国福建、广东、海南、广西等省区的热带和亚热带地区。生长于山地、密林下和灌丛中，常攀于灌木或树干上，亦有引作家种。中南半岛也有分布。模式标本采自广东罗浮山。

【性味与归经】味甘、辛，性微温。归肾、肝经。

【功能与主治】补肾阳，强筋骨，祛风湿。阳痿遗精、宫冷不孕、月经不调、少腹冷痛、风湿痹痛、筋骨痿软。

【用法与用量】内服：煎汤，6~15g；或入丸、散；亦可浸酒或熬膏。

【相关配伍】

1. 治虚羸阳道不举，五劳七伤百病。能食，下气 巴戟天、生牛膝各三斤。以酒五斗浸之，去滓温服，常令酒气相及，勿至醉吐。(《千金方》)

2. 治妇人子宫久冷，月脉不调，或多或少，赤白带下 巴戟三两，良姜六两，紫金藤十六两，青盐二两，肉桂（去粗皮）、吴茱萸各四两。上为末，酒糊为丸。每服二十丸，暖盐酒送下，盐汤亦得。日午、夜卧各一服。(《局方》巴戟丸)

3. 治小便不禁 益智仁、巴戟天（去心，二味以青盐、酒煮），桑螵蛸、菟丝子（酒蒸）各等分。为细末，酒煮糊为丸，如梧桐子大。每服二十丸，食前用盐酒或盐汤送下。(《奇效良方》)

【化学成分】主要化学成分是蒽醌类、糖类、脂类、甾体化合物、环烯醚萜苷类及微量元素，巴戟天水提取物内含有的七叶皂苷、黄酮类[1]。

【药理毒理研究】采用巴戟天水提取物对精索静脉曲张（VC）模型组大鼠干预后，可有效调剂睾丸组织 Livin 水平与 Smac 水平，纠正睾丸正常组织过度凋亡，提高活性，提示巴戟天水提取物可有效改善精索静脉曲张睾丸组织中细胞凋亡及增殖活性，进而起到治疗效果，具有一定的应用潜力。进一步分析发现，巴戟天水提取物内含有的七叶皂苷、黄酮类药物与该作用密切相关。巴戟天中的七叶皂苷类成分可有效起到保护静脉壁胶原纤维和抗渗出、抗炎作用，并可实现逐步改善甚至恢复静脉血管管壁的收缩功能及弹性功能，有效降低静脉压的同时能显著提高静脉血液回流速度。而巴戟天中的黄酮类成分可有效起到抗氧化及抗炎作用，显著提高静脉张力，提高淋巴回流速度的同时降低血管通透性，减轻 VC 大鼠的水肿状态，进而改善体内细胞凋亡[1]。

作为四大南药之一，巴戟天具有滋阴补阳、强筋健骨的作用，对于风湿、肾虚等症状有较好的疗效[2]。研究发现用巴戟天溶液能使肾虚体质者的大鼠牙齿移动稳定度加强，对肾虚有治疗作用[3]。药用资源巴戟天属茜草科植物干燥根，其味甘辛、性微温、归肝经，具有抗抑郁、抗炎、增强免疫、抗衰老等功能[4]。

【参考文献】

［1］林文东，丁小明，李德水．巴戟天水提取物对大鼠精索静脉曲张所致睾丸组织细胞凋亡的抑制作用［J］．局解手术学杂志，2019，28（9）：687-690.

［2］龚梦鹃．巴戟天补肾阳作用的血清代谢组学研究［J］．中国药用资源杂志，2012（11）：1682-1685.

［3］寇晓媛，杨东红，侯玉泽，等．巴戟天对肾虚大鼠正畸牙槽骨改建影响的实验研究［J］．微量元素与健康研究，2020，37（2）：1-2.

［4］ASGHARI A，AKBARI G，GALUSTANIAN G.Magnesium sulfate protects testis against unilateral varicocele in rat［J］．Anim Reprod，2017，14（142）：442-451.

巴西果

【拉丁名】 Passionfora Edulis Sims.

【别名】 鸡蛋果、百香果、热情果西番莲。

【科属】 西番莲科西番莲属。

【药用部位】 果实。

【分布】 原产于巴西，是西番莲科西番莲属的草质藤本植物，生于海拔 180~1900m 的山谷丛林中，广植于热带和亚热带地区，我国江苏、福建、台湾、湖南、广东、海南、广西、贵州、云南等地有栽培[1]。

【性味与归经】 味甘、酸，性平。

【功能与主治】 清肺润燥，镇痛，安神。主治咳嗽、咽干、声嘶、大便秘结、失眠、痛经、关节痛、痢疾。

【用法与用量】 内服：煎汤，10~15g。

【化学成分】 果实含大量人体所需的各种营养成分，如蛋白质、多种氨基酸、各种维生素（B 族维生素、维生素 C、维生素 D、维生素 E 等）、磷、铁、钙、SOD 酶和超纤维，有“果中之王”“果汁之王”等美称。西番莲新鲜果皮含有 24% 的果胶，果胶中含有阿拉伯糖和半乳糖。据研究发现，西番莲中有黄酮、黄酮苷、生物碱以及生氰化合物和酚类等其他的一些小分子的化合物，以及单萜、三萜及皂苷化合物；西番莲果实富含人体所需的氨基酸、多种维生素、类胡萝卜素、超氧化物歧化酶、硒以及各种微量元素[2]。

【药理毒理研究】 具有镇痛、散癖、强身、健心、抗癌、抗菌及抗炎、止咳等功效，民间常用其果治痛经和骨折，对治疗瘫痪和心脏病也有一定疗效。经常食用巴西果，可以提神醒脑、养颜美容、生津止渴、帮助消化、化痰止咳、缓解便秘、活血强身、提高人体免疫功能、滋阴补肾、消除疲劳、降压降脂、延缓衰老、抗高血压等。巴西果果瓤和果汁酸甜可口，生津止渴，特别适宜加工成果汁、果酱等营养丰富、滋补健身、有助消化的产品[2]。现有研究表明，多糖是巴西果皮的主要功效成分之一，因其具有抗肿瘤、抗氧化、抗炎和降血脂等多种生物活性而受到国内外学者的高度关注[3, 4, 5]。许多天然来源多糖在免疫调节、抗肿瘤、降血糖、抗病毒和抗氧化等方面显示出良好的应用前景[6]。有研究采用超声波辅助法从巴西果果皮中提取多糖，经纯化后得到巴西果皮多糖（passion fruit shell polysaccharide，PFSP）组分，苯酚硫酸法测定其总糖含量高达 80.4%，主要由葡萄糖、木糖、半乳糖醛酸、鼠李糖、半乳糖和阿拉伯糖组成，分子摩尔比为 14.72：1.15：17.29：1.86：1.70：1。此外，PFSP 组分对 4 种自由基具有不同程度的清除作用，具有良好的抗氧化活性，提示 PFSP 作为天然抗氧化活性因子的作用[7]。

【参考文献】

[1] 鸡蛋果[J]. 世界热带农业信息，2017（01）：49-50.

[2] 张建梅，刘娟，高鹏，等. 西番莲的利用价值及市场前景的探讨[J]. 河北果树，2019（2）：41-43.

[3] CAZARIN C B B，RODRIGUEZNOGALES A，EDUARDO，et al.Intestinal anti-inflammatory effects of Passiflora edulis peel in the dextran sodium sulphate model of mouse colitis[J]. Journal of Functional Foods，2016，26：565-576.

[4] SILVA R O，DAMASCENO S R B，BRITO T V，et al.Polysaccharide fraction isolated from Passiflora edulis，inhibits the inflammatory response and the oxidative stress in mice[J]. Journal of Pharmacy and Pharmacology，2015，67（7）：1017-1027.

[5] SILVA D C，FREITAS A L P，BARROS F C N，et al.Polysaccharide isolated from Passiflora edulis：Characterization and antitumor properties[J]. Carbohydrate Polymers，2012，87（1）：139-145.

[6] 李洁，郭玉蓉，贾丰，等. 苹果果皮和果肉多糖的组成及抗氧化活性比较[J]. 食品与发酵工业，2016，42（7）：135-140.

[7] 滕浩，颜小捷，林增学，等. 百香果皮多糖的组成及其体外抗氧化活性分析[J]. 食品与发酵工业，2019，45（15）：176-181.

巴西棕榈蜡

【拉丁名】Orbignya Martiana、Carnauba Wax.

【科属】棕榈科棕榈属。

【药用部位】巴西棕榈蜡：从生长于南美洲巴西东北部的棕榈树叶上提取的天然植物蜡。

【药材性状】天然的巴西棕榈蜡又称卡那巴蜡，为淡黄色或黄色粉末、薄片或块状物，本品在热的二甲苯中易溶，在热的乙酸乙酯中溶解，在水或乙醇中几乎不溶。巴西棕榈蜡是一种无定形、质硬而坚韧并有光泽的固体，其特性是光泽强、硬度高、附着力大。它破裂后的断面光洁整齐，有一种令人愉快的气味；它是一种最硬的并具有最高熔点的天然商品蜡，能被强碱所皂化。

【分布】多生长于南美洲巴西的密林里。

【化学成分】巴西棕榈蜡是主要由酸和羟基酸的酯组成的复杂混合物，大部分是脂肪酸酯、羟基脂肪酸酯、p–甲氧基肉桂酸酯、p–羟基肉桂酸二酯，其脂肪链长度不一，以C26和C32醇最为常见。此外还含有酸、氧化多元醇、烃类、树脂样物质和水。

【药理毒理研究】将巴西棕榈蜡加入其他蜡中，可以提高它们的熔点、硬度、韧性和光泽，并能降低黏附性、可塑性和结晶倾向。巴西棕榈蜡与石蜡混熔，可使混合物的硬度大为增加。试验证明，巴西棕榈蜡是一种较好的调和改性剂。

白扁豆

【学名】*Dolichos lablab* L.

【别名】藊豆、白藊豆、南扁豆扁豆、蛾眉豆、白眉豆、羊眼豆、沿篱豆、老母猪耳朵。

【科属】茜草科巴戟天属。

【药用部位】白扁豆来源于豆科植物扁豆的干燥成熟种子，其主要以种子（白扁豆）入药，扁豆衣、花（扁豆花）、叶也可入药。

【药材性状】种子扁椭圆形或扁卵圆形，表面淡苋白色或淡黄色，平滑，略有光泽，一侧边缘有隆起的白色半月形种阜。气微，味淡，嚼之有豆腥味。

【分布】原产于印度、印度尼西亚等热带地区，约在汉晋间引入我国。主要分布于辽宁、河北、山西、陕西、山东、江苏、安徽、浙江、江西、福建、台湾、河南、湖北、湖南、广东、海南、广西、四川、贵州、云南等地。主产于安徽、陕西、河南、江苏、浙江、山西、湖南等地。

【性味与归经】味甘，性微温；归脾、胃经。

【功能与主治】有健脾化湿、消暑、止泻、止带等效，主治脾胃腹泻、恶心呕吐、暑湿泄泻、食欲不振、白带、小儿疳积等症。

【用法与用量】内服：煎汤，10~15g；或生品捣研水绞汁；或入丸、散。外用：捣敷。健脾止泻宜炒用；消暑解毒宜生用。

【化学成分】白扁豆含蛋白质、脂肪、糖、钙、铁、磷、锌、碳水化合物、维生素B_5、维生素B_3、胡萝卜素等。白扁豆有效成分，据报道含有磷脂类成分。

【药理毒理研究】治疗糖尿病：有研究发现四种干豆对维持2型糖尿病患者餐后血糖水平稳定性的作用优于馒头，赤小豆效果最好，其次是白扁豆，可作为糖尿病患者饮食治疗优先选用的食物之一。白扁豆，是餐桌上的常见蔬菜之一。现代营养学认为，扁豆含有多种维生素和矿物质，经常食用能健脾胃，增进食欲。夏天多吃一些扁豆可起到消暑、清口的作用。中医认为，扁豆有调和脏腑、养心安神、健脾和中、益气、消暑、利水化湿的功效。将泡好的白扁豆与粳米同放入锅中煮成粥放红糖调匀，此粥能健脾养胃、消暑止泻，还适用于脾胃虚弱、食少呕逆、慢性腹泻、暑湿泻痢、夏季烦渴、妇女滞下等。此粥可供夏秋季早晚餐食用。

白车轴草

【学名】 *Trifolium repens* Linn.

【别名】 白花苜蓿、白三叶草、三消草。

【科属】 蝶形花科车轴草属。

【药用部位】 全草可入药。

【分布】 原产于欧洲和北非，并广泛分布于亚、非、澳、美各洲。在中国亚热带及暖温带地区分布较广泛。在中国西南、东南、东北等地均有野生种分布。在东北、华北、华中、西南、华南各地均有栽培，在新疆、甘肃等地栽培后也表现较好。

【性味与归经】 味微甘，性平。

【功能与主治】 清热、凉血、宁心之功效，主治癫痫、精神失常、痔疮出血等[1]。

【用法与用量】 15~30g。外用：适量，捣敷。

【化学成分】 白车轴草中含有丰富的多酚类化合物[2]。目前研究表明，车轴草类药用资源植物的有效成分为黄酮类、异黄酮、香豆素、三萜皂苷、萜类、脂肪酸、多糖类等[3, 4]。

【药理毒理研究】 在国外的传统医学中白车轴草被用作风湿性疾病镇痛药和驱虫药，同时用于治疗腹泻、咽喉痛、肺炎、脑膜炎及结肠炎等疾病[5]。多酚类化合物是植物体内重要的次级代谢产物，类化合物具有较强的抗氧化活性[6]，具有抗菌[7]、抗癌[8, 9]、抗衰老[10]等多种生物学活性，同时对神经退行性疾病[11, 12]、自身免疫性疾病[13]、黄斑变性[14]、2 型糖尿病[15]、肝脏疾病[16]、血管炎症和心血管疾病[10]、风湿性关节炎[17]等多种疾病具有潜在的治疗效果，对人体健康起到重要作用。

【参考文献】

[1] 王国强，黄璐琦，郝近大，等. 全国中草药汇编［M］. 3 版. 北京：人民卫生出版社，2014.

[2] 王文炳，李峰，刘杨，等. 红车轴草与白车轴草的药用资源鉴别研究［J］. 辽宁中医药大学学报，2010（3）：176–177.

[3] 王胜碧，孙姗姗，方特钱，等. 白车轴草挥发性成分植物生理学与化学分类学特征研究［J］. 安徽农业科学，2011，39（6）：3169–3173.

[4] BEHXHET M，AVNI H，FERIZ K，et al.Medical ethnobotany of the albanian alps in kosovo［J］. J.Ethnobiol.Ethnomed.，2012，8（1）：6.

[5] JOANNA K C.Trifolium species–derived substance sand extracts biological activity and prospects for medicinal applications［J］. J. Ethnopharmacol，2012，143（1）：14–23.

[6] AGNIESZKA K，MARIA W.Phenolic content and DPPH radical scavenging activity of the flowers and leaves of Trifolium repens［J］. Nat. Prod. Commun.，2013，8（1）：99–102.

[7] OTHMAN L, SLEIMAN A, ABDEL-MASSIH R. Antimicrobial activity of polyphenols and alkaloids in middle eastern plants [J]. Front. Microbiol., 2019, 10: 911.

[8] KHAN H, REALE M, ULLAH H, et al. Anti-cancer effects of polyphenols via targeting p53 signaling pathway: updates and future directions [J]. Biotechnol. Adv., 2019, DOI: 10.1016/j.biotechadv.2019, 4: 7.

[9] THOTA S, RODRIGUES D A, BARREIRO E J. Recent advances in development of polyphenols as anticancer agents [J]. Mini. Rev. Med. Chem., 2018, 18 (15): 1265-1269.

[10] SERINO A, SALAZAR G.Protective role of polyphenols against vascular inflammation, aging and cardiovascular disease [J]. Nutrients, 2019, 11 (1): 53.

[11] AZAM S, JAKARIA M, KIM IS, et al. Regulation of tolllike receptor (TLR) signaling pathway by polyphenols in the treatment of age-linked neurodegenerative diseases: focus on TLR4 signaling [J]. Front. Immunol., 2019, 10: 1000.

[12] RENAUD J, MARTINOLI M G. Considerations for the use of polyphenols as therapies in neurodegenerative diseases [J]. Int. J. Mol. Sci., 2019, 20 (8): 1883.

[13] KHAN H, SUREDA A, BELWAL T, et al. Polyphenols in the treatment of autoimmune diseases [J]. Autoimmun. Rev., 2019, DOI: 10.1016/j.autrev.2019, 5: 001.

[14] PAWLOWSKA E, SZCZEPANSKA J, KOSKELA A, et al. Dietary polyphenols in age related macular degeneration: protection against oxidative stress and beyond [J]. Oxid. Med. Cell. Longev., 2019, 2 019: 9 682 318.

[15] ARYAEIAN N, SEDEHI SK, ARABLOU T. Polyphenols and their effects on diabetes management: a review [J]. Med. J. Islam. Repub. Iran., 2017, 31: 134.

[16] LI S, TAN HY, WANG N, et al. The potential and action mechanism of polyphenols in the treatment of liver diseases [J]. Oxid. Med. Cell. Longev., 2018, 2 018: 8 394 818.

[17] SUNG S, KWON D, UM E, et al. Could polyphenols help in the control of rheumatoid arthritis [J]. Molecules, 2019, 24 (8): 1589.

白丁香

【拉丁名】 Passer Montanus Saturatus Stejneger.

【别名】 暴马丁香、暴马子、青杠子、荷花丁香。

【科属】 木犀科丁香属。

【药用部位】树皮、花均可入药。

【分布】我国是丁香属植物的分布中心，西南、西北、华北、东北等地区是丁香的主要分布地。

【功能与主治】清心安神。主治用于心烦失眠、头痛健忘。

【用法与用量】3~5g。

【化学成分】白丁香花精油中主要为苯乙醇、丁香醛系列类化合物，金合欢烯、金合欢醇、2-甲氧基4-乙烯基苯酚、α-蒎烯、桧烯、柠檬烯、9-十九烯等烯类、烷烃等。

【药理毒理研究】现代研究表明，白丁香叶是一种理想的广谱抗菌药，具有抗病毒作用。皮可清肺化痰、止咳平喘、利尿，叶具有抗菌消炎、止痢的作用。树皮入药有清肺化痰、止咳平喘、利尿等功能，为治疗气管炎之良药，花是良好的蜜源，民间常用花经蒸后阴干代茶用，具有清凉解暑之功能。

白豆蔻

【拉丁名】Amomi Rotundus Fructus.

【别名】多骨、壳蔻、白蔻、百叩、叩仁。

【科属】姜科、豆蔻属。

【药用部位】果实。

【药材性状】蒴果近球形，直径约16mm，白色或淡黄色，略具钝三棱，有7~9条浅槽及若干略隆起的纵线条，顶端及基部有黄色粗毛，果皮木质，易开裂为三瓣；种子为不规则的多面体，直径3~4mm，暗棕色，种沟浅，有芳香味。

【分布】原产于柬埔寨、泰国。中国云南、广东有少量引种栽培。

【性味与归经】味辛、性温，归肺、脾、胃经。

【功能与主治】化湿行气，温中止呕，开胃消食。主湿阻气滞；脾胃不和；脘腹胀满；不思饮食；湿温初起；胸闷不饥；胃寒呕吐；食积不消。

【用法与用量】内服：煎汤，3~6，后下；或入丸、散。

【化学成分】白豆蔻挥发油主要成分为1,8-桉树脑，含量为40%~80%，其余成分为一些萜烯类化合物[1]。

【药理毒理研究】目前在医学上的研究报道有抗菌能力[2]、肾脏保护[3]、抗失眠等[4]，食品方面如清除超氧阴离子自由基和羟基自由基的能力[5]、抑制大豆油生成过氧化物的能力[6]、肉制品的保鲜防腐功能等[7, 8]。

【参考文献】

[1] 冯旭，梁臣艳，牛晋英，等. 不同产地白豆蔻挥发油成分的GC-MS分析[J]. 中国实验方剂学杂志，2013，19(16)：107-110.

[2] Diao WR，Zhang LL，Feng SS，et al.Chemical composition，antibacterial activity，and mechanism of action of the essential oil fromAmomum kravanh [J]. J Food Protect，2014，77(10)：1740-1746.

[3] 陈红梅，苏都那布其，长春，等. 白豆蔻挥发油对糖尿病肾病大鼠肾脏保护作用[J]. 中华中医药杂志，2017，32(9)：4227-4230.

[4] 萨础拉，呼日乐巴根，阿拉坦敖日格乐，等. 白豆蔻－白苣胜挥发油提取工艺及抗失眠药效学研究[J]. 亚太传统医药，2015，11(14)：8-10.

[5] 冯雪，姜子涛，李荣，等. 中国、印度产白豆蔻精油清除自由基能力研究[J]. 食品工业科技，2012，33(2)：137-139，144.

[6] 商学兵，李超，王佳玲. 白豆蔻挥发油的抗大豆油氧化活性研究[J]. 农业机械，2011(23)：76-78.

[7] 李超. 白豆蔻挥发油微胶囊对香肠防腐作用研究[J]. 中国调味品，2015，40(1)：32-35.

[8] 李超，商学兵，王乃馨，等. 白豆蔻挥发油涂膜保鲜冷却鸭肉的研究[J]. 肉类研究，2011，25(6)：38-40.

白鹤灵芝

【学名】 *Rhinacanthus nasutus* (L.) Kurz.

【别名】 癣草、白鹤灵芝草、仙鹤灵芝草。

【科属】 爵床科灵枝草属。

【药用部位】 为爵床科灵枝草属植物白鹤灵芝的枝或叶。

【药材性状】 茎类圆柱形，直径1~7mm，有6条细棱及纵皱纹；嫩茎灰绿色，老茎黄白色，节稍膨大；老茎质坚硬，难折断，断面呈纤维状；木质部淡绿色，髓部白色；叶对生有短柄，叶片椭圆形，全缘，黄绿色；气微，味淡。

【分布】 产于云南（景东、耿马）野生，广东（广州、阳春）、海南（海口、陵水）栽培。印度、缅甸、泰国、中南半岛和印度尼西亚爪哇栽培，菲律宾有分布。

【性味与归经】 味甘、微苦，性微寒。

【功能与主治】 清热润肺，杀虫止痒。用于劳嗽、疥癣、湿疹。

【用法与用量】 10~15g，鲜品倍量。外用：适量，鲜品捣敷。

【化学成分】 国内外学者从白鹤灵芝中共分离了多种化合物，主要包括白鹤灵芝醌类化合物20个，还包括有机酸、木脂素、生物碱等结构类型化合物，其中白鹤灵芝醌类化合物具有多种生物活性[1]。

【药理毒理研究】 现代药理学研究表明白鹤灵芝具有抑菌、抗病毒、免疫调节、抗肿瘤等多种生物活性，具有较高的应用价值。白鹤灵芝及其萘醌类化合物对肿瘤、糖尿病，非酒精性脂肪肝等均有良好的药物开发潜力[1]。具有润肺止咳、平喘祛痰、清热疏肝、利湿止痒、收敛止血等功效，用于治疗肺热燥咳、肺结核及受到风寒时所产生的咳嗽等症。白鹤灵芝具有延长小鼠出血时间和凝血时间的作用[2]；能很好地调节血脂平衡、明显减轻动脉粥样硬化程度[3]；能明显地降低肾上腺素所致高血糖小鼠的血糖值[4]。有试验表明白鹤灵芝具有对抗凝血系统，抗血小板聚集预防血栓形成的作用，这对血栓性疾病和心脑血管缺血性疾病的防治将具有重要价值[5]。

【参考文献】
［1］蒙田秀，杨力龙，龚志强，等. 壮族药白鹤灵芝萘醌类化学成分及其药理作用研究进展［J］. 中国实验方剂学杂志，2020，26（10）：213-219.
［2］谢丽莎，蒙田秀，黄振园，等. 白鹤灵芝不同提取部位对小鼠小血、凝血时间的影响［J］. 上海中医药杂志，2011，46（9）：66-67.
［3］蒙田秀，龚志强，谢丽莎，等. 白鹤灵芝不同提取部位抗鹌鹑高血脂症及动脉粥样硬化的影响［J］. 中国实验方剂学杂志，2014，20（8）：161-164.
［4］蒙田秀，谢丽莎，霍宇，等. 白鹤灵芝对肾上腺素所致高血糖小鼠的影响［J］. 海峡药学，2014，26（9）：23-24.
［5］蒙田秀，汪磊，龚志强，等. 白鹤灵芝不同提取部位对家兔凝血系统的影响［J］. 药用资源新药与临床药理，2019，30（11）：1342-1345.

白花败酱

【拉丁名】Patriniae Villosae Herba.

【别名】攀倒甑、苦荠公、苦益菜、苦斋、败酱草[1]。

【科属】败酱科败酱属。

【药用部位】败酱科植物白花败酱的干燥全草。

【分布】广泛分布于我国华东、华中、华南及西南各地。

【功能与主治】清热解毒、利湿排脓、活血化瘀、镇心安神的功效[2]。

【用法与用量】内服：煎汤，10~15g。外用：鲜品捣敷患处。

【化学成分】白花败酱主要含有环烯醚萜、黄酮、三萜、木脂素、甾醇等。

【药理毒理研究】白花败酱草味苦、性寒、无毒，具有散瘀消肿、活血排脓，治肠痈有脓、血气心腹痛及敷疮疖疥癣等功效，临床上主要用于治疗阑尾炎、痢疾、肝炎、扁桃体炎、痈肿疮毒等疾病。现代药理学研究表明，白花败酱草具有抗炎消肿、抗肿瘤、抗菌及镇静等多种药理活性[3]。

【参考文献】
［1］王嘉琪，刘洋，杨永芬，等. 白花败酱草抗氧化成分研究［J］. 中草药，2019，50（21）：5206-5211.
［2］阎新佳，郑威，温静，等. 白花败酱草的木脂素类化学成分研究［J］. 中国药学杂志，2017，52（13）：1126-1131.
［3］崔文燕，刘素香，宋晓凯，等. 黄花败酱草和白花败酱草的化学成分与药理作用研究进展［J］. 药物评价研究，2016，39（3）：482-488.

白花蛇舌草

【学名】*Hedyotis diffusa* Willd.

【别名】蛇舌草、羊须草、蛇总管。

【科属】茜草科耳草属。

【药用部位】干燥全草。

【药材性状】为带根的干燥全草，扭缠成团状，表面灰绿色至灰棕色，有主根一条，粗2~4mm，须根纤细，淡灰棕色；茎细高卷曲，质脆易折断，中央有白色髓部；叶子对生，具短柄或无柄，为狭长线形，革质，多破碎，极皱缩，易脱落；有托叶，长1~2mm；花为叶腋单生，无柄或近于无柄，花萼筒状，4裂，裂片边缘具短刺毛，花冠呈漏斗形；蒴果呈扁球形，室背开裂，花萼宿存，种子棕黄色，极细小；闻之气微，口尝味淡。

【分布】在中国产于福建、广东、香港、广西、海南、安徽、云南等省区；国外分布于热带亚洲，西至尼泊尔，日本亦产。

【性味与归经】味苦、甘，性寒，归心、肺、脾、肝经[1]。

【功能与主治】肺热喘咳；咽喉肿痛；肠痈；疖肿疮疡；毒蛇咬伤；热淋涩痛；水肿；痢疾；肠炎；湿热黄疸；擅长治疗多种癌肿。

【用法与用量】内服：煎汤，15~30g，大剂量可用至60g；或捣汁。外用：捣敷。

【化学成分】主要有蒽醌类、黄酮和黄酮醇苷类、萜类、甾醇类、挥发油类等[2]。

【药理毒理研究】具有清热解毒、软坚散结等功效，还有抑菌、消炎、增强免疫力、抗肿瘤等作用[3]。白花蛇舌草是我国传统的中草药，近年来其抗肿瘤活性逐渐受到众多学者的关注，并用于直肠癌、鼻咽癌、淋巴癌等多种肿瘤的临床治疗[4, 5]。彭军等[6]报道，白花蛇舌草具有抑制肿瘤细胞增殖分化、促进肿瘤细胞凋亡、调控细胞凋亡信号等作用。史海敏等[7]研究报道，白花蛇舌草可有效提高肿瘤细胞内钙离子浓度，进而发挥强效抑癌作用。白花蛇舌草含药血清可显著抑制宫颈癌HeLa细胞增殖，诱导其凋亡，且具有显著的时间-剂量依赖性，抑制宫颈癌HeLa细胞端粒酶活性、显著下调Ki-67基因表达可能是其抑制宫颈癌细胞增殖及诱导凋亡的相关作用机制[7]。

【参考文献】

[1] 王志晓，马骏，赵文秀，等. 药用资源白花蛇舌草有效成分的抗肿瘤作用机制研究[J]. 中兽医医药杂志，2019，38（5）：22-25.

[2] 施峰，贾晓斌，贾东升，等. 白花蛇舌草预防肺癌物质基础研究[J]. 中华中医药杂志，2010，25（3）：403-408.

[3] 韩玉平，徐卓，张凡，等. 白花蛇舌草对宫颈癌细胞增殖、端粒酶活性及Ki-67基因表达的影响[J]. 现代中西医结合杂志，2019，28（35）：3914-3918.

[4] 毛宇，徐芳，徐小娟，等. 白花蛇舌草抗肿瘤成分及其作用机理研究进展[J]. 现代预防医学，2015，42（17）：3128-3132

[5] Liu Z，Liu M，Liu M，et al.Methylanthraquinone from Hedyotis diffusa WILLD induces Ca^{2+}-mediated apoptosis in human breast cancer cells[J]. Toxicol In Vitro，2010，24（1）：142-147.

[6] 彭军，魏丽慧，林久茂，等. 白花蛇舌草通过阻滞细胞周期抑制人结肠癌细胞的增殖[J]. 福建中医药，2012，43（4）：48-50.

［7］史海敏，丁库克，张新．药用资源有效成分影响宫颈癌 Hela 细胞凋亡机制的研究进展［J］．环球中医药，2015，8（1）：124-127.

白花油麻藤

【拉丁名】 Mucunae Birdwoodianae Caulis.

【别名】 勃氏黎豆、鲤鱼藤、雀儿花。

【科属】 蝶形花科黎豆属。

【药用部位】 藤茎。

【药材性状】 藤茎呈圆柱形，直径 1.7~2.5cm，表面灰褐色，极粗糙，具纵沟和细密的横向环纹，疣状凸起皮孔众多；质坚韧，不易折断。横切面韧皮部具树脂状分泌物，黑褐色，木质部灰黄色，导管孔洞状，放射状整齐排列韧皮部与木质部相间排列呈数层同心性环髓部细小。气微，味微涩而甜。

【分布】 产于中国江西、福建、广东、广西、贵州、四川等省区。

【性味与归经】 味微苦、甘、性平。

【功能与主治】 补血活血，通经活络。主治贫血、白细胞减少症、月经不调、麻木瘫痪、腰腿酸痛。

【用法与用量】 内服：煎汤，9~30g；或浸酒。

【化学成分】 3′-methoxycoumestrol，芒柄花素（formononetin），染料木素（genisten），8-甲雷杜辛（8-O-methylretusin），7, 3′-二羟基-5′-甲氧基异黄酮，大黄酚（chrysophanol），丁香脂素（syringaresinol），表木栓醇（epifriedelanol），羽扇豆醇（lupeol）[1]。

【药理毒理研究】 用于贫血、白细胞减少、腰腿痛等症，具有通经络、强筋骨、补血等功效。

【参考文献】

［1］巩婷，王东晓，刘屏，等．白花油麻藤化学成分研究［J］．中国药用资源杂志，2010，35（13）：1720-1722.

白桦

【拉丁名】 Pendula Roth Betula.

【科属】 桦木科桦木属。

【药用部位】 树皮。

【分布】 新疆北部。

【性味与归经】 苦、寒。

【功能与主治】 清热解毒，止咳。主治治急、慢性痢疾，咳嗽气喘，乳痈。

【用法与用量】 内服：焙焦研末，2.5~5g；或取皮内鲜汁饮。

【相关配伍】

1. 治急性细菌性痢疾、慢性痢疾 白桦皮三两，枣树皮一两，分别焙焦，共为细末。每次五分至一钱，一日三、四次。空腹开水冲服。

2. 治咳嗽气喘 春季将白桦树皮划开，取流出的汁液内服，每次20毫升，一日二次。

3. 治乳痈 白桦皮炒炭，研末，每次一钱，一日二次，黄酒送下。

【化学成分】白桦树具有重要的药用价值，含有挥发油、桦木脑、内醋类、萜类等药效成分。

【药理毒理研究】树皮（桦木皮）：苦，寒。清热利湿，祛痰止咳，解毒消肿。用于风热咳喘，痢疾，泄泻，黄疸，水肿，咳嗽，乳痈，疖肿，痒疹，烧、烫伤。液汁（桦树液）：止咳。用于痰喘咳嗽。现代药理学研究表明：白桦有降血脂、抗氧化、抗肝炎、抗艾滋病和增强免疫力等作用[1]。在抗肿瘤方面，特别是针对黑色素瘤作用显著。缺失*PTP1B*基因小鼠可以明显提高对胰岛素的敏感性，同时降低肥胖症的患病率。研究发现白桦树皮的甲醇提取液显著抑制*PTP1B*的活性[2]。降血脂作用：白桦树皮提取物中的有效成分为白桦酯醇和白桦酯酸，白桦树皮提取物能显著降低高脂血症小鼠血清中TC、TG、LDL-C水平，提高血清中HDL-C活性[3]。

【参考文献】

［1］ Yin J，Ren CL，Zhan YG，et al.Distribution and expression characteristics of triterpenoids and OSC genes in white birch (Betula Platyphylla Suk)［J］. Mol Biol Rep，2012（39）：102–107.

［2］ 李佳琳，李娜，张楠，等. 白桦树羽扇豆烷型三萜类化合物与抑制PTP1B活性研究［J］. 天然产物研究与开发，2014，26（9）：1398–1401，1406.

［3］ 左红香，郑光浩. 白桦树皮提取物的降血脂作用研究［J］. 北华大学学报（自然科学版），2012，13（1）：65–67.

白及

【拉丁名】Bletilla Rhizoma.

【别名】连及草、甘根、白给、箬兰、朱兰、紫兰、紫蕙、百笠、地螺丝、白鸡娃、白根、羊角七。

【科属】兰科白及属。

【药用部位】兰科植物白及的干燥块茎。

【药材性状】根茎略呈不规则扁圆形或菱形，有2~3分歧似掌状，长1.5~5cm，厚0.5~1.5cm。表面灰白色或黄白色，有细皱纹，上面有凸起的茎痕，下面亦有连接另一块茎的痕迹；以茎痕为中心，数个棕褐色同心环纹，环上残留棕色点状的须根痕。质坚硬，不易折断。断面类白色，半透明，角质样，可见散在点状维管束。粗粉遇水即膨胀，有显著黏滑感，水浸液呈胶质样。无臭，味苦，嚼之有黏性。以个大、饱满、色白、半透明、质坚实者为佳。

【分布】白及原产中国，广布于长江流域各省。主要产自贵州西南部、陕西南部、江苏、上海、甘肃东南部、江苏、安徽、浙江、江西、福建、湖北、湖南、广东、广西、云南、四川。朝鲜半岛和日本也有分布。

【性味与归经】苦、甘、涩，微寒。入肺经。

【功能与主治】补肺生肌，化瘀止血。主治肺痨咯血、吐血、衄血、外敷治创伤、烫火伤、痈肿。

【用法与用量】内服：煎汤，3~10g。外用：适量，研末撒或调涂。

【化学成分】主要活性物质为大量含有的多糖类成分[1]。

【药理毒理研究】收敛止血和消肿生肌的功效，现代药理研究表明，白及具有抗肿瘤、抗氧化、抗菌和促进伤口愈合等作用。Park 等[2]从白及中分离得到 2 个新的甾体皂苷化合物，并对四种肿瘤细胞 A549、SK-OV-3、SK-MEL-2 和 HCT15 均具有细胞毒性。蒋瑞彬等[3]发现白及须根醇提物能够抑制 A549 细胞的生长，并可促进细胞凋亡和抑制细胞转移。李浩宇等[4]发现白及多糖对矽肺大鼠机体的抗氧化系统和免疫系统均具有良好的调节作用。多糖作为白及的主要药效成分，不但能参与细胞生命代谢，在机体免疫调节、损伤修复和抗肿瘤等方面都发挥一定作用。

【参考文献】

[1] 令狐浪，李成龙，姚晓东. 白及水提物对小鼠黑色素瘤 B16F10 细胞增殖与迁移的影响 [J]. 遵义医学院学报，2018，41（4）：408-412，417.

[2] PARK JE，WOO KW，CHOI SU，et al.Two new cytotoxic spirostane-steroidal saponins from the roots of Bletilla striata [J]. Helv Chim Acta，2014，97（1）：56-63.

[3] 蒋瑞彬，黄晶晶，李浩宇，等. 白及须根醇提物诱导肺腺癌细胞 A549 凋亡研究 [J]. 云南中医学院学报，2015，38（5）：11-17.

[4] 李浩宇，史珍珍，舒立峰，等. 白及多糖抗矽肺大鼠肺纤维化活性研究 [J]. 药用资源材，2016，39（7）：1638-1642.

白蜡树

【学名】*Fraxinuschinensis* Roxb.

【别名】青榔木、白荆树。

【科属】木犀科梣属。

【分布】产于中国南北各省区。多为栽培。越南、朝鲜也有分布。

【功能与主治】治疟疾，月经不调，小儿头疮。

【用法与用量】内服：煎汤，15~25g；或研末。外用：研末调敷。

【化学成分】白蜡树精苷属于简单香豆素类化合物，自然界中的白蜡树精苷主要存在于木犀科岑属植物中[1]。种子的药理活性成分为：七叶苷、七叶内酯、槲皮素、槲皮素 -3-O-β-D- 半乳糖苷、木犀草素 -7-O-β-D- 葡萄糖苷、黄芩素、4′- 羟基汉黄芩素、丁香苷、β- 谷甾醇、胡萝卜苷、熊果酸、(+)- 儿茶素、没食子酸。

【药理毒理研究】简单香豆素类化合物具有抗辐射、抗氧化、抗微生物、降压等多方面的生物活性。通过采用胶滴法模拟体内环境培养 HSF 的试验，表明白蜡树精苷对紫外线照射的 HSF 有明显的保护作用[1]。其皮（秦皮）苦，寒，清热燥湿，收敛；其种子辛，温，镇静安神，为常用维吾尔医药。

【参考文献】

[1] 陈玉娟，李成玉，王巍，等. 白蜡树精苷的抗紫外线研究 [J]. 日用化学工业，2015，45（4）：218-220.

白兰

【学名】 *Michelia alba* DC.

【别名】 白缅花、白兰花、缅桂花、白兰花、白玉兰。

【科属】 木兰科含笑属。

【药材性状】 花呈狭钟形，长 2~3cm，红棕色至棕褐色。花被片多为 12 片，外轮狭披针形，内轮较小；雄蕊多数，花药条形，淡黄棕色，花丝短，易脱落；心皮多数，分离，柱头褐色，外弯，花柱密被灰黄色细绒毛。花梗长 2~6mm，密被灰黄色细绒毛。质脆，易破碎。气芳香，味淡。

【分布】 原产于印度尼西亚爪哇，现广植于东南亚。中国福建、广东、广西、云南等省区栽培极盛，长江流域各省区多盆栽。

【性味与归经】 味苦、辛，性微温。

【功能与主治】 止咳、化浊[1]。

【用法与用量】 用量：根、叶 15~30g，花 6~12g；叶外用适量，鲜品捣敷患处。

【相关配伍】

1. 治湿阻中焦，气滞腹胀　白兰花 5g，厚朴 10g，陈皮 5g。水煎服。

2. 治中暑头晕胸闷　白兰花 5~7 朵，茶叶少许。开水泡服。

3. 治脾虚湿盛的白带　白兰花 10g，苡仁 30g，白扇豆 30g，车前子 5g。煎服。

4. 治咳嗽　玉兰花 5~7 朵。水煎调蜂蜜适量服，每日 1 剂。

【化学成分】 白兰花挥发油成分中主要含有萜类、醇类、烷烃类化合物[1]。花中含木兰花碱和芳香油。叶中含有多酚。

【药理毒理研究】 白兰挥发油具有抑菌活性。白兰花挥发油对 4 种细菌：大肠埃希菌、金黄色葡萄球菌、枯草芽孢杆菌、水稻黄单胞菌均有抑制作用，对枯草芽孢杆菌和水稻黄单胞菌抑制效果较好，大肠埃希菌和金黄色葡萄球菌次之。白兰花挥发油对真菌中斜卧青霉菌、白色念珠菌、小麦赤霉菌、大豆根腐致病菌、玉米弯孢致病菌，水稻纹枯病菌有抑制作用，其中对水稻纹枯病菌抑制效果最好，对棉花枯萎病菌和酵母菌没有抑制作用[1]。花中含木兰花碱和芳香油，叶子有降血压的功效，被广泛应用于食品、香精香料、化妆品、医药等行业[2]。叶中含有多酚，具有抗氧化、抗病毒、抗癌、防止动脉硬化、降低血脂血糖、减缓骨质疏松等多种生理功能[3, 4]。

【参考文献】

[1] 侯冠雄. 白兰花化学成分及其挥发油抗菌拒食活性研究 [D]. 云南中医学院，2018.

[2] LI L，XU W，LEI J，et al.Experimental and theoretical investigations of Michelia

alba leaves extract as a green highlyeffective corrosion inhibitor for different steel materials in acidic solution [J]. RSC Advances，2015，5（114）：93724–93732.
[3] DA PORTO C，PORRETTO E，DECORTI D. Comparison of ultrasoundassisted extraction with conventional extraction methods of oil and polyphenols from grape(Vitis vinifera L.)seeds [J]. Ultrasonics sonochemistry，2013，20（4）：1076–1080.
[4] ZHANG G，HU M，HE L，et al.Optimization of microwaveassisted enzymatic extraction of polyphenols from waste peanut shells and evaluation of its antioxidant and antibacterial activities in vitro [J]. Food and Bioproducts Processing，2013，91（2）：158–168.

白栎

【学名】 *Quercus fabri* Hance.

【科属】 壳斗科栎属。

【药用部位】 壳斗科白栎以果实的虫瘿入药。

【分布】 分布于中国陕西（南部）、江苏、安徽、浙江、江西、福建、河南、湖北、湖南、广东、广西、四川、贵州、云南等省区。

【功能与主治】 用于治小儿疳积、大人疝气、急性结膜炎。

【用法与用量】 25~35g。

【相关配伍】

1. **治大人疝气及小儿溲如米泔**　白栎三至五个，煎汤加白糖服。

2. **治小儿疳积**　白栎七至八钱，麦芽二钱，野刚子（乌钱科醉鱼草）根四至五钱。水煎，早晚各服一次。忌食酸辣、芥菜、香味食物。

3. **治火眼办痛**　白栎煎服。

4. **治头疖**　白栎果实总苞烧灰存性，研细末，香油调敷患处。

【化学成分】 果实富含淀粉。

【药理毒理研究】 结出的果实名叫橡子，富含淀粉，可酿酒或制豆腐和粉丝等，也可入药，用来治下痢脱肛、小儿疳积、小肠疝气、咳嗽气短、慢性支气管炎等。白栎淀粉经制成多种剂型，具有清肝泻火、解暑止渴、健脾止泻、治疳积等功效。

白蔹

【拉丁名】 Ampelopsis Radix.

【别名】 山地瓜、野红薯、山葡萄秧、白根、五爪藤、菟核。

【科属】 葡萄科蛇葡萄属。

【药用部位】 本品为葡萄科植物白蔹的干燥块根。

【药材性状】 本品纵瓣呈长圆形或近纺锤形，长 4~10cm，直径 1~2cm；切面周边常向内卷曲，中部有 1 凸起的棱线；外皮红棕色或红褐色，有纵皱纹、细横纹及横长皮孔，易层层脱落，脱落处呈淡红棕色。斜片呈卵圆形，长 2.5~5cm，宽 2~3cm，切面类白色或浅红棕色，可见放射状纹理，周边较厚，微翘起或略弯曲。体轻，质硬脆，易折断，折断时，有粉尘飞出。气微，味甘。

【分布】分布于日本和中国；在中国分布于辽宁、吉林、河北、山西、陕西、江苏、浙江、江西、河南、湖北、湖南、广东、广西和四川。

【性味与归经】苦，微寒。归心、胃经。

【功能与主治】清热解毒，消痈散结。用于痈疽发背、疔疮、瘰疬、水火烫伤。

【用法与用量】4.5~9g；外用适量，煎汤洗或研成极细粉敷患处。

【化学成分】黄酮类化合物。

【药理毒理研究】白蔹素是一种黄酮类化合物，又称二氢杨梅素（DMY)，具有镇痛、祛痰、止咳、消炎等疗效。最新研究[1, 2, 3]结果显示，在抗肿瘤方面白蔹素也具有不错的效果，可明显抑制癌细胞的迁移、侵袭，同时促进癌细胞的凋亡，抑制肿瘤多药耐药的发生。白蔹素可抑制鼻咽癌小鼠的肿瘤生长[4]。DMY 具有抗炎、抗氧化、抗纤维化、抗肿瘤等多种生物活性[5]。

【参考文献】

[1] SUN YT，WANG CY，MENG Q，et al.Targeting P-glycoprotein and sorcin：Dihydromyricetin strengthens anti-proliferative efficiency of adriamycin via MAPK/ERK and Ca^{2+}-mediated apoptosis pathways in MCF-7/ADR and K562/ADR [J]. J Cell Physiol，2018，233（4）：3066-3079.

[2] LU CJ，HE YF，YUAN WZ，et al.Dihydromyricetin-mediated inhibition of the Notch1 pathway induces apoptosis in QGY7701 and HepG2 hepatoma cells [J]. World Gastroenterol，2017，23（34）：6242-6251.

[3] 周防震，张晓元，詹远京，等. 二氢杨梅素抑制人乳腺癌细胞侵袭和下调 MMP-2/-9 蛋白表达研究 [J]. 生物化学与生物物理进展，2012，39（4）：352-358.

[4] 税磊，余文兴. 白蔹素灌胃治疗及联合放射治疗的鼻咽癌模型小鼠肿瘤生长情况观察 [J]. 山东医药，2019，59（27）：46-49.

[5] 陈亚丽，尹跃霏，李赟，等. 二氢杨梅素药理作用研究进展 [J]. 中国新药杂志，2019，28（2）：173-178.

拐芹

【学名】*Angelica polymorpha* Maxim.

【别名】紫金砂、土羌活、拐子芹、倒勾芹。

【科属】伞形科当归属。

【药用部位】伞形科植物拐芹的根。

【分布】生于山沟溪流旁、杂木林下、灌丛间及阴湿草丛中。分布于东北及河北、山东、江苏等地。

【性味与归经】味辛；性温。

【**功能与主治**】发表祛风，温中散寒，理气止痛。主风寒表证、风温痹痛、脘腹、胸胁疼痛、跌打损伤。

【**用法与用量**】内服：煎汤，3~9g；或研末，外用：适量，捣敷。

【**化学成分**】据文献报道，拐芹的化学成分主要为香豆素类化合物，此外还有倍半萜、生物碱、色原酮等类成分。对芹根及根茎中挥发油成分进行分析，表明其主要成分为β- 水芹烯、α- 蒎烯、α- 水芹烯。

【**药理毒理研究**】近年来国内外对拐芹的研究，显示其具有抗菌、抗溃疡、解痉等作用，紫余砂挥发油对胃溃疡有显著的抑制作用，从而保护胃黏膜，是一种具有良好应用前景的抗溃疡药物。

马黛茶

【**学名**】*Ilex paraguariensis.*

【**别名**】巴拉圭茶。

【**科属**】冬青科。

【**药用部位**】叶。

【**分布**】原产于南美。

【**化学成分**】巴拉圭茶含有丰富的多酚，其主要成分是绿原酸类物质，包括绿原酸、咖啡酸、异绿原酸 A、异绿原酸 B、异绿原酸 C，以及少量的槲皮素、芦丁、三奈酚等类黄酮类物质。

【**药理毒理研究**】体外试验结果表明：巴拉圭茶多酚（IPP）具有较好的清除自由基和阻断亚油酸过氧化的能力，由于巴拉圭茶是食品，且含有丰富的多酚类物质，开发成为一种保健品或天然药物，用于预防和治疗由氧化引起的各种疾病将会有广阔的前景。巴拉圭茶具有较好的清除自由基、治疗炎症、消化不良、肥胖、癌症等药理作用。巴拉圭茶含有易于提取的化合物，在体外它可能使内皮依赖的 NO-cGMP 或 AMP 介导血管松弛。

前胡

【**拉丁名**】Peucedani Radix.

【**别名**】白花前胡、鸡脚前胡、官前胡、山独活。

【**科属**】伞形科前胡属。

【**药用部位**】伞形科植物白花前胡 *Peucedanum praeruptorum* Dunn 或紫花前胡 *Peucedanum decursivum* Maxim. 的干燥根。

【**药材性状**】白花前胡：呈不规则的圆柱形、圆锥形或纺锤形，稍扭曲，下部常有分枝，长 3~15cm，直径 1~2cm。表面黑褐色或灰黄色，根头部多有茎痕及纤维状叶鞘残基，上端有密集的细环纹，下部有纵沟、纵皱纹及横向皮孔。质较柔软，干者质硬，可折断，断面不整齐，淡黄白色，皮部散有多数棕黄色油点，形成层环纹棕色，射线放射状。气芳香，味微苦、辛。紫花前胡：根头顶端有的有残留茎基，茎基周围常有膜状叶鞘基部残留。断面类白色，射线不明显。

【分布】分布于中国甘肃、河南、贵州、广西、四川、湖北、湖南、江西、安徽、江苏、浙江、福建（武夷山）。生长于海拔 250~2000m 的山坡林缘，路旁或半阴性的山坡草丛中。

【性味与归经】味苦、辛、性微寒。归肺、脾、肝经。

【功能与主治】疏散风热、降气化痰。主外感风热、肺热痰郁、咳喘痰多、痰黄黏稠、呕逆食少、胸膈满闷。

【用法与用量】内服：煎汤，5~10g；或入丸、散。

【化学成分】现代研究表明，各种类型的香豆素类化合物是前胡的主要代表成分和主要生理活性成分，此外还含有挥发油、色原酮、黄酮、聚炔、木脂素、简单苯丙素衍生物等[1]。

【药理毒理研究】具有降气化痰，解痉、抗炎、抗过敏、抗溃疡、抗血小板凝集、抗心律失常等临床作用。治疗哮喘：白花前胡戊素能增强氨茶碱对哮喘大鼠的治疗作用[1]。白花前胡提取物 PPD 对野百合碱（MCT）所致大鼠肺动脉高压有明显的抑制作用，能通过改善肺循环，有效防治大鼠慢性“炎症性”肺动脉高压。白花前胡浸膏（BQ）使猫的心肌耗氧量减少（26±24）%，且改善低氧状态下心脏的功能，降低心肌耗氧量及增加心肌供氧，还对心脏有保护作用，能明显减低急性心肌梗死猫血清中 LDH、AST、CK 及 CK-MB 的活性。前胡甲素（Pd-Ia）对麻醉犬心脏血流动力学有改善作用，作用与地尔硫䓬（Dil）相似，提示 Pd-Ia 能提高心肌供氧、轻度降低心肌耗氧量，且降低犬心室收缩最大上升速率，改善左室顺应性。Pd-Ia 对血流动力学无影响的前提下能迅速改善心肌收缩功能，提高缺血区心肌的血流分布水平，从而防止缺血心肌顿抑。据 1988 年报道，白花前胡丙素（Pra-C）对猪冠状血管具有竞争性拮抗的作用；Pra-C 能非竞争性抑制 KCl 所诱导的大鼠尾动脉的收缩反应，对肾型高血压大鼠（RHR）尾动脉有松弛作用。

【参考文献】

［1］钟立播．白花前胡戊素经 NF-κB/PXR 通路增效氨茶碱减轻哮喘大鼠的气道炎症反应［C］．中国毒理学会药用资源与天然药物毒理专业委员会．中国毒理学会药用资源与天然药物毒理与安全性评价第四次（2019 年）学术年会论文集．中国毒理学会药用资源与天然药物毒理专业委员会：中国毒理学会，2019：99-101.

绿豆

【拉丁名】Phaseoli Radiat Semen.

【别名】青小豆、菉豆、植豆。

【科属】豆科菜豆属植物。

【药用部位】以种子入药。

【药材性状】干燥种子呈短矩圆形，长 4~6mm，表面绿黄色或暗绿色，光泽。种脐位于一侧上端，长约为种子的1/3，呈白色纵向线形。种皮薄而韧，剥离后露出淡黄绿色或黄白色的种仁，子叶2枚，肥厚。质坚硬。

【分布】我国南北各地均有栽培。世界各热带、亚热带地区广泛栽培。

【性味】甘、寒。

【功能与主治】种子供食用，亦可提取淀粉，制作豆沙、粉丝等。洗净置流水中，遮光发芽，可制成芽菜，供蔬食。入药，有清凉解毒、利尿明目之效。全株是很好的夏季绿肥[1]。

【用法与用量】内服：煎汤，25~50g；研末或生研绞汁。外用：研末调敷。

【化学成分】含有淀粉、蛋白质、膳食纤维、β-胡萝卜素、维生素E、钙、钾、镁、铁、锌、硒等营养素和功能性低聚糖、黄酮类化合物和豆固醇等功能成分[1]。

【药理毒理研究】

1.增强食饮　绿豆中所含蛋白质、磷脂中的磷脂酰胆碱、磷脂酰乙醇胺、磷脂酰肌醇、磷脂酰甘油、磷脂酰丝氨酸磷脂酸均有兴奋神经，增进食欲的功能，为机体许多重要脏器营养所必需。

2.降血脂　研究发现，绿豆中所含的植物甾醇结构与胆固醇相似，植物甾醇与胆固醇竞争酯化酶，使之不能酯化而减少肠道对胆固醇的吸收，并可通过胆固醇异化或在肝脏内阻止胆固醇的生物合成等途径使血清胆固醇含量降低，从而可以防治冠心病、心绞痛。

3.抗菌　绿豆的抗菌机制主要包括两个方面：①绿豆中的某些成分具有直接的抗菌作用，据有关研究，绿豆含有的单宁能凝固微生物原生质，可产生抗菌活性。绿豆中的黄酮类化合物、植物甾醇等生物活性物质可能也有一定程度的抑菌抗病毒作用。②通过提高免疫功能间接发挥抗菌作用。绿豆中所含的众多活性物质如香豆素、生物碱、植物甾醇、皂苷等可以增强机体的免疫能力，增加吞噬细胞的数量或吞噬功能。

4.抗过敏　据临床试验报道，绿豆的有效成分具有抗过敏作用，可治疗荨麻疹等变态反应性疾病。

5.保护肾脏　绿豆含丰富胰蛋白酶抑制剂，可以保护肝脏减少蛋白分解，减轻氮质血症，从而保护肾脏。

6.抗肿瘤作用　绿豆淀粉中含有相当数量的低聚糖，这些低聚糖因人体胃肠道没有相应的水解酶系统而很难被消化吸收，所以绿豆可以提供相比而言较低的能量，对肥胖者和糖尿病患者有辅助治疗的作用。而且低聚糖也是人体肠道内双歧杆菌的增殖因子，经常食用可以改善肠道菌群，减少有害物质吸收，预防某些癌症。

7.解毒作用　绿豆中含有丰富的蛋白质，生绿豆水浸磨成的生绿豆浆蛋白含量颇高，内服可保护肠胃黏膜。绿豆蛋白、鞣质和黄酮类化合物可与有机磷农药、汞、砷、铅化合物结合形成沉淀物，使之减少或失去毒性，并不易被胃肠道吸收。

8.绿豆对治疗烫伤、皮肤瘙痒、溃疡等常见症状效果显著。

【民间应用】绿豆汤、二豆二米粥、二豆莲荷粥。

【参考文献】

［1］张海均，贾冬英，姚开．绿豆的营养与保健功能研究进展［J］．食品与发酵科技，2012，48（1）：7-10.

葎草

【拉丁名】Humuli Scandentis Herba.

【别名】锯锯藤（四川、江西）、拉拉藤（江苏、浙江）、葛勒子秧（救荒本草）、勒草（名医别录）、拉拉秧、割人藤、拉狗蛋。

【科属】桑科植物葎草。

【药用部位】为桑科植物葎草的全草。

【药材性状】性技鉴别叶皱缩成团。完整叶片展平后为近肾形五角状，掌状深裂，裂片 5~7，边缘有粗锯齿，两面均有毛茸，下面有黄色小腺点；叶柄长 5~20cm，有纵沟和倒刺。茎圆形，有倒刺和毛茸。质脆易碎，茎断面中空，不平坦，皮、木部易分离。有的可见花序或果穗。气微，味淡。显微鉴别叶横切面：表皮细胞 1 列，上、下表皮均有非腺毛及含钟乳体晶细胞。钟乳体多存在于短而膨大的非腺毛中。位于主脉维管束的下表皮内侧有厚角组织；栅状组织 1 列细胞，海绵组织细胞较疏松；主脉维管束外韧型。薄壁细胞含草酸钙簇晶。茎横切面：呈多角形。表皮细胞 1 列，可见钩刺及非腺毛，棱的内侧有厚角组织。皮层较窄。维管束外韧型，环列；髓部宽广。薄壁细胞含草酸钙簇晶。粉末特征：叶粉末黄绿色。①上表皮细胞多角形，垂周壁平直，气孔少；下表皮细胞垂周壁稍弯曲，气孔不定式，副卫细胞 5~6 个。②非腺毛为单细胞，长 50~612μm，有的先端弯曲或呈钩状，有时可见壁疣；有的足部膨大且短，内含钟乳体，并以上表皮为多见。③螺纹导管直径 11~29μm。④纤维直径 21~35μm，壁厚 1~5μm。⑤草酸钙簇晶直径 7~32μm，棱角较短。

【分布】我国除新疆、青海外，南北各省区均有分布日本、越南也有。常生于沟边、荒地、废墟、林缘边。

【性味与归经】甘；苦；性寒。

【功能与主治】清热解毒，利尿通淋。主肺热咳嗽、肺痈、虚热烦渴、热淋、水肿、小便不利、湿热泻痢、热毒疮疡、皮肤瘙痒。

【用法与用量】内服：煎汤，15~30g（鲜者 100~200g）；或捣汁。外用：捣敷或煎水熏洗。

【化学成分】全草含木犀草素、葡萄糖苷、胆碱及天门冬酰胺，其他尚有挥发油、鞣质及树脂。球果含草酮及蛇麻酮。叶含 0.015%大波斯菊苷、牡荆素。挥发油中主要含 β- 草烯、石竹烯、α- 玷巴烯、α- 芹子烯、β- 芹子烯和 γ- 荜澄茄烯等。

【药理毒理研究】茎、叶的乙醇浸液在试管内对革兰阳性菌有显著抑制作用。草酮与蛇麻酮（参见啤酒花条）相似，也有抗菌作用；对革兰阳性及阴性细菌、某些真菌、酵母菌的生长有抑制作用。也有报告对革兰阴性细菌、酵母菌无效者。对革兰阴性细菌的作用，草酮为蛇麻酮的 1/20，对结核分枝杆菌的作用为蛇麻酮的 1/10。草酮对猫有二硝基酚样作用，静脉注射3mg/kg后，可使氧耗量立即增加1倍，并出现呼吸急促，随之体温升高；并可因体温过度升高（45℃）而致死，死亡迅速发生严重尸僵。大量注射尚可产生糖尿、血尿。对兔的作用远较猫差。

【民间应用】治砂石淋、治痢疾或小便淋沥，尿血、治瘫，遍体皆疮者、治皮肤瘙痒、治痈毒初起、治瘰疬、治小儿天泡疮、治蛇、蝎螫伤、治痔疮脱肛。

麻骨风

【拉丁名】Morindae Obovatae Radix.

【别名】瑶语称*Mah mbungy buermg* (ma bung beng，马泵崩)，又称唐美梅、麻骨钻、[1]诺藤、含水藤、大瓢藤。

【科属】买麻藤科植物。

【药用部位】广西瑶医常用药材麻骨风，为买麻藤科植物小叶买麻藤*Cnetum parvifolium* (Warb.)C.Y.Cheng ex Chun. 的干燥藤茎。

【药材性状】藤茎呈圆柱形，茎节膨大，直径1.5~4cm，表面棕褐色，具不规则裂纹或细纵纹，具棕黄色圆形皮孔。质硬，不易折断，断面强纤维性。切面皮部呈棕褐色，木部棕黄色，密布细孔，有2~5层棕褐色和棕黄色相间排列的同心性环纹及放射状纹理。髓部细小，椭圆形，呈灰棕色至棕褐色微，味淡，微苦。

【分布】产于福建、广东、广西及湖南等省区。以福建和广东最为常见，北界约在北纬26.6度之处（福建南平），为现知买麻藤属分布的最北界线。生于海拔较低的干燥平地或湿润谷地的森林中，缠绕在大树上。

【性味与归经】味辛，性温[2]。

【功能与主治】用于祛风除湿、散毒消肿、化痰止咳，主治各种风湿、手脚麻木、偏瘫、蜂窝组织炎、支气管炎、肾炎水肿及跌打损伤等。具有平喘、抑菌、消炎和修复病变组织及脱敏作用[1]。

【用法与用量】内服：煎汤，10~15g（鲜者25~50g)。外用：捣敷或捣烂酒炒敷[2]。

【化学成分】本品藤茎含有消旋甲基乌药碱盐酸盐、去甲基买麻藤甲素、买麻藤乙素、买麻藤丙素、买麻藤丁素和买麻藤戊素等多种生物碱。

【药理毒理研究】抗炎、抗肿瘤、抗菌、抗氧化、镇咳、心血管，黄嘌呤氧化抑制作用[1]。

【民间应用】治跌打损伤。

【参考文献】

[1] 刘遥. 小叶买麻藤茎的化学成分研究[D]. 南方医科大学，2015.

[2] 王国强. 全国中草药汇编[M]. 北京：人民卫生出版社，2014.

麻花秦艽

【拉丁名】Gentianae Stramineae Radix.

【别名】大叶秦艽（西藏）、麻花艽，藏医称“解吉嘎保”

【科属】龙胆科（*Gentianaceae*）龙胆属多年生草本植物。

【药用部位】龙胆科龙胆属植物麻花秦艽 *Gentiana straminea* Maxim. 的干燥根。

【分布】主要分布于我国的西藏、四川西部、湖北西部、青海、甘肃、宁夏；生于山坡草地、河滩、灌丛、林缘、高山草甸，分布在海拔 2000~5000m。

【性味与归经】味辛、苦，性平；归胃、肝、胆经。

【功能与主治】以根和花入药，具有清热利胆、舒筋止痛之功效，用于治疗风湿性关节炎、肺结核、低热盗汗、黄疸型肝炎、二便不通、麻风、毒热、各种出血，外敷消肿。

【用法与用量】内服：煎服，3~9g。

【化学成分】麻花秦艽的化学成分主要有龙胆苦苷、獐牙菜苷、熊果酸、胡萝卜苷、β–D– 葡萄糖乙苷、N– 正二十五烷 –2– 羧基苯甲酰胺、熊果醇、2'–（邻，间二羟苯甲酰）獐牙菜苷，其中环烯醚萜苷类成分（龙胆苦苷和獐牙菜苷）具有保肝、利胆、抗炎等生物活性，目前发现的成分还有胡萝卜苷、β– 谷甾醇、熊果酸、獐牙菜苷、獐牙菜苦苷、龙胆苦苷、6'–O– 乙酰基 – 龙胆苦苷、6'–O–β–D– 吡喃葡萄糖基 – 獐牙菜苷、原儿茶醛、原儿茶酸、没食子酸甲酯、邻苯二甲酸二丁酯。[1]

【药理毒理研究】

1. 抗炎作用　给大鼠腹腔注射秦艽碱甲 90mg/kg，能减轻甲醛性及蛋清性关节肿胀，并加速消退，其效果与水杨酸钠相当。秦艽醇提物（含总苦苷）和氨化秦艽醇提物（含总生物碱）腹腔注射对大鼠蛋清性关节炎均有明显作用，氨化秦艽醇提物的作用稍强于秦艽醇提物。临床主治风湿性及类风湿关节炎。

2. 抗过敏作用　秦艽碱甲能明显减轻组胺喷雾引起的豚鼠哮喘，且能对抗组胺等引起的离体豚鼠回肠平滑肌起收缩作用。腹腔给药能明显降低毛细血管通透性，秦艽碱甲对于兔蛋清性过敏性休克有显著的保护作用。

3. 中枢镇静作用　小剂量时对大鼠、小鼠有镇静作用；较大剂量时出现兴奋、惊厥，甚至导致麻痹而死。麻花秦艽的水提物和醇提物，对醋酸诱发小鼠扭体反应均有明显镇痛作用。

4. 其他药理作用　①秦艽碱甲直接抑制心脏引起的血压下降及心率减慢；②秦艽碱甲对大鼠、小鼠均有升高血糖作用，是通过肾上腺素的释放引起的；③秦艽碱甲小鼠灌胃及腹腔给药的 LD_{50} 分别为 486mg/kg 和 300mg/kg。

【参考文献】

［1］张莉，党军，梅丽娟，等．藏药麻花秦艽化学成分研究［J］．药用资源材，2016，39（1）：103–106.

麻栎

【学名】*Quercus acutissima* Carruth.

【别名】青刚、橡椀树[1]。

【科属】壳斗科栎属植物麻栎。

【药用部位】以果实及树皮、叶入药。秋季采果实，晒干；夏季采鲜叶入药[1]。

【分布】产于辽宁、河北、山西、山东、江苏、安徽、浙江、江西、福建、河南、湖北、湖南、广东、海南、广西、四川、贵州、云南等省区。生于海拔 60~2200m 的山地阳坡，成小片纯林或混交林，在辽宁生于土层肥厚的低山缓坡，在河北、山东常生于海拔 1000m 以下阳坡，在西南地区分布至海拔 2200m。朝鲜、日本、越南、印度也有分布。

【性味与归经】树皮、叶：苦、涩，微温[1]。

【功能与主治】树皮、叶：收敛，止痢。用于久泻痢疾。果：解毒消肿。用于乳腺炎[1]。

【用法与用量】树皮、叶、果：均为 5~15g[2]。

【相关配伍】阿米巴痢疾：麻栎树皮 500g，加水 3000ml，煎成 1500ml。每服 30~50ml，每日 3 次，连服 7 天。

【化学成分】麻栎的叶中分离得到 5 个化合物，根据理化数据和 IR'H-NMR^{13}C-NMR，DEPT 谱鉴定为表木栓醇、β- 粘霉烯醇、羽扇豆醇、木栓醇和 β- 谷甾醇。[3] 对麻栎树皮乙醇提取物乙酸乙酯萃取部分进行化学成分研究，从中分离得到 8 个单体化合物，根据波谱数据和文献鉴定结构分别为：（+）-5'-methoxy-isolariciresinol- 9'-O-α-L-rhamnopyranoside（1），isolariciresinol rhamnopyranoside（2），（+）-lyoniresinol 3α-O-α-L-rhamnopyranoside（3），槲皮素（4），5, 7, 3', 4'- 四羟基黄酮醇 -3-O- 葡萄糖苷（5），β- 香树脂醇（6），β- 谷甾醇（7），胡萝卜苷（8）。其中，化合物 1~6 和 8 为首次从该种植物中分离得到[1]。

【药理毒理研究】抗氧化[3]，α- 葡萄糖苷酶活性的抑制作用[4]。

【民间应用】栎子豆腐。

【参考文献】

[1] 李新明，王韦，戴建辉，等. 麻栎树皮的化学成分研究[J]. 云南民族大学学报（自然科学版），2015，24（2）：104-107.

[2] 王国强. 全国中草药汇编[M]. 北京：人民卫生出版社，2014.

[3] 杨春涛，曾晓丽，戴建辉，等. 麻栎树皮多酚含量的测定及抗氧化活性的研究[J]. 云南民族大学学报（自然科学版），2014，23（6）：404-407.

[4] 罗佚，孙艳辉，刘文娟，等. 麻栎叶黄酮的大孔树脂分离及其对 α- 葡萄糖苷酶活性的抑制作用[J]. 食品工业科技，2012，33（24）：143-146.

马鞭草

【拉丁名】Verbena Herba.

【别名】马鞭草（名医别录），铁马鞭（华东、华南），马鞭子（云南），马鞭梢（滇南本草、四川），透骨草、蛤蟆裸、兔子草（江苏），粘身蓝被、土马鞭、风须草（广东），蜻蜓草、蜻蜓饭（浙江、福建）。

【科属】马鞭草科马鞭草属植物。

【药用部位】全草供药用。

【药材性状】本品茎呈方柱形，多分枝，四面有纵沟，长 0.5~1m；表面绿褐色，粗糙；质硬而脆，断面有髓或中空。叶对生，皱缩，多破碎，绿褐色，完整者展平后叶片 3 深裂，边缘有锯齿。穗状花序细长，有小花多数。无臭，味苦。

【分布】产于山西、陕西、甘肃、江苏、安徽、浙江、福建、江西、湖北、湖南、广东、广西、四川、贵州、云南、新疆、西藏。常生长在低至高海拔的路边、山坡、溪边或林旁。全世界的温带至热带地区均有分布。

【性味与归经】味苦，性寒；归肝、脾经[1]。

【功能与主治】有凉血、散瘀、通经、清热、解毒、止痒、驱虫、消胀的功效。

【用法与用量】内服：煎汤，25~50g（鲜者捣汁 50~100g）；或入丸、散。外用：捣敷或煎水洗。

【化学成分】全草含马鞭草苷（verbenalin），5- 羟基马鞭草苷；另含苦杏仁酶、鞣质、戟叶马鞭草苷（hastatoside）、羽扇豆醇（lupelo）、β- 谷甾醇（β-sitosterol）、熊果酸（ursolic acid）、桃叶珊瑚苷（aucubin）、蒿黄素（artemetin）。叶中含马鞭草新苷（verbascoside）、腺苷（adenosine）、β- 胡萝卜素（β-carotenne）。根和茎中含水苏糖（stachyose）。

【药理毒理研究】

1. 抗炎止痛　水及醇提取物对滴入家兔结膜囊内芥子油引起的炎症均有抗炎作用，后者的抗炎作用比前者好。后者中的水溶部分又较水不溶部分为佳。水提取物对电刺激家兔齿髓引起的疼痛有镇痛作用，给药后 1 小时开始，3 小时消失；醇提取物的镇痛作用在 6 小时后尚未完全消失，水溶部分作用更大，而水不溶部分则无镇痛作用。

2. 镇咳　马鞭草水煎液有一定镇咳作用，其镇咳的有效成分为 β- 谷甾醇和马鞭草苷。

3. 对子宫的作用　马鞭草在浓度为 1.6×10^{-2}g/ml 时，对大白鼠子宫肌条及非妊娠人体子宫肌条均有一定的兴奋作用。在大白鼠子宫肌条，动情期的标本对马鞭草最为敏感，加入马鞭草后常引起紧张性和收缩振幅同时增加；而其他各期的标本常常只是收缩振幅有所增加。人的子宫肌条对马鞭草的反应较弱，一般只是紧张性发生变化。在大白鼠子宫肌条试验中马鞭草 PGE_2 有相互增强作用，而和 $PGF_{2\alpha}$ 则只有相加作用。马鞭草在足以兴奋子宫平滑肌的浓度时，对空肠平滑肌去没有明显作用，也不能增强 PGE_2 对空肠平滑肌的作用。

4. 毒性　马鞭草苷对交感神经末梢小量兴奋，大量抑制；对哺乳动物可促进乳汁分泌。清热解毒药；活血通经药；利水消肿药；截疟药；活血散瘀，截疟，解毒，利水消肿。用于症瘕积聚，经闭痛经，疟疾，喉痹，痈肿，水肿，热淋。其毒性很低，不溶血，有拟副交感作用。该物种为中国植物图谱数据库收录的有毒植物，其毒性为全草有小毒，制剂可治疗疟疾、白喉、流行性感冒等。有些人服后有恶心、头昏、头痛、呕吐和腹痛等反应。孕妇禁服。

【民间应用】

1. **阿昌药** 马鞭梢：全草治牙周炎，急性肠胃炎，尿路感染（《滇药录》）。

2. **傣药** 牙项燕（西傣）：根治胃腹疼痛，小腹扭疼；牙项燕（德傣）：根治跌打（《滇药录》）。呀汉映：全草治扁桃腺炎，消肿，截疟（《德宏药录》）。牙项燕（西双版纳）：全株治流感，感冒发热，肝炎，肠炎，喉炎，结膜炎，闭经，口腔炎，尿道炎，膀胱炎，疟疾，百日咳，血崩，胃腹疼痛，小腹扭痛，外用于湿疹，皮炎；全株（德宏）治扁桃体炎，浮肿，疟疾（《滇省志》）。马鞭草（德傣）：全草治跌打损伤（《德傣药》）。牙项燕：根治胃腹疼痛，小腹扭痛（《傣药志》）。牙项燕：全株治流感，感冒发热，肝炎，肋间疼痛，肠炎，痢疾，喉炎，结膜炎，闭经，口腔炎，尿道炎，膀胱炎，疟疾，百日咳，血崩；外用于湿疹，皮炎，外治疝气，小儿头部串串疮；根主治跌打损伤，刀伤（《民族药志一》）。

3. **崩农药** 喀农：功用同傣族（《滇药录》）。喀农：全草主治疟疾（《民族药志一》）。

4. **布朗药** 雅杭恩：功用同傣族（《滇药录》）。全株治感冒发热（《滇省志》）。雅杭恩：全草主治感冒发烧（《民族药志一》）。

5. **哈尼药** 阿咯俄纪：全草治流感，感冒发热，肝炎，急性结膜炎，肠炎，赤白痢疾，尿路感染，闭经，疟疾，百日咳，跌打扭伤，口腔炎（《滇药录》）。

6. **彝药** 磨卖施：全草治高热发斑，周身起黑斑块（《滇药录》）。全株治感冒发热，火牙痛，高热发斑，周身起黑斑块，男性脓血尿（《滇省志》）。全草治热毒内陷，咽喉肿痛，湿热黄疸，胃脘疼痛，肾病水肿，月经不调，疟疾痢疾，痈疡疔疮（《哀牢》）。马鞭草：又称木巴日波，木巴吾，磨米尔，磨卖施。全草或根主治乳疮，月经不调，痛经，百日咳，肠痛腹泻，赤白痢，肝痛，火眼，火牙痛，感冒高烧，跌打伤，疥疮，高热发斑，周身起黑斑块，白喉，流行性感冒，血吸虫病，丝虫病，防治传染性肝炎（《彝植药续》）。磨米尔：全草主治月经不调，痛经，赤白痢，感冒发烧，火牙痛（《民族药志一》）。

7. **白药** 修嘎嘎粗：功用同彝族（《滇药录》）。鲜嫩叶治急性胃痛；全株用于小儿雀盲，痢疾（《滇省志》）。麻撇梢，修嘎粗，阿尼波基，满呼德之：全草主治喉炎，牙周炎，尿路感染，急性胃痛。链霉素副反应耳聋（《民族药志一》）。

8. **傈僳药** 亨色窝，阿约驱敏：全草治感冒，尿路感染，牙痛（《滇药录》）。莫九西：全草治外感发热，湿热黄疸，水肿，痢疾，疟疾，白喉，喉痹，淋病，经闭，牙疳，瘕瘕，痈肿疮毒（《怒江药》）。亨色窝，阿约驰敏：全草主治小儿雀目，痢疾（《民族药志一》）。

9. **佤药** 日哎了：功用同傈僳族（《滇药录》）。铁马鞭，狗牙草：全草治尿道感染，尿血，肾炎水肿，流行性感冒，痢疾（《中佤药》）。日肮力，日端内：全草主治妇女小腹痛及月经不调（《民族药志一》）。

10. **苗药** 麻筛：功用同傈僳族（《滇药录》）。奥向阳（融水）：全草水煎冲蜜糖服治阿米巴痢疾，黄疸型肝炎；水煎服治尿路结石，感冒高热，疟疾，尿路感染，肝炎腹水，小儿破伤风（《桂药编》）。Reib jangl nbeat（锐江摆），Jab lob gheid（加洛根），Uab jabcub（蛙加粗）：全草治筋骨疼痛，腹痛，蚂蚱症（《苗医药》）。Jab laobgheib（加劳给）：全草主治受凉发烧，腰痛，白痢，筋骨疼痛，骨折（《苗药集》）。嘉搂陔，马鞭洒，奥向阳：全草主治腹痛，跌打损伤，疝气，胸痛，尿路结石（《民族药志一》）。

11. 壮药 马害么：全草治疟疾，血吸虫病，感冒发热，急性发热，急性肠胃炎，菌痢，肝炎，肾炎，水肿，尿路感染，月经不调，血瘀闭经，牙周炎，白喉，咽喉肿痛（《滇药录》）。倒勒撇（上思），燕子叉（忻城）：功用同苗族（《桂药编》）。马兵燥，兜勒毕：全草主治尿路感染，感冒发烧，咽喉肿痛，阿米巴痢疾，黄疸，肝炎腹水，小儿破伤风，外治跌打损伤，疔疮肿痛（《民族药志一》）。雅当燕（my-axdangjen）：治疗闭经，麻疹。

12. 侗药 血马鞭（三江）：功用同苗族（《桂药编》）。Nyangt piudt，娘球马鞭（Nyan-gt piudt max bieenh）：全草主治喂症（打摆子），兜亮高（烧热病）(《侗医学》)。全草主治尿路结石，感冒咳嗽。

【参考文献】

［1］杨海光，方莲花，杜冠华．马鞭草药理作用及临床应用研究进展［J］．中国药学杂志，2013，48（12）：949-952.

马鞭石斛

【拉丁名】 Dendrobii Fimbriati Herba.

【别名】 流苏石斛、大黄草、马鞭杆、旱马棒[1]。

【科属】 为兰科（*Orchidaceae*）石斛属植物。

【药用部位】 以茎入药。

【药材性状】 茎圆柱形，较直，偶见分枝，长30~120cm，基部直径6~10mm，中部直径5~9mm，上部直径2~4mm，节间长2~5cm。表面黄色至暗黄色，大多具8~9条深纵沟，有纤维状附属物，节上有灰黄色叶鞘残留和灰褐色的气生根。质轻，断面纤维状，灰白色或灰褐色。鲜品嫩茎紫红色，较老茎绿色。气微，味微苦[1]。

【分布】 药材产于广西、贵州、云南[1]。

【性味与归经】 性微寒，味甘；归胃、肾经。

【功能与主治】

1. 治温热有汗，风热化火，热病伤津，温疟舌苔变黑 鲜石斛三钱，连翘（去心）三钱，天花粉二钱，鲜生地四钱，麦冬（去心）四钱，参叶八分。水煎服。(《时病论》清热保津法)

2. 治中消 鲜石斛五钱，熟石膏四钱，天花粉三钱，南沙参四钱，麦冬二钱，玉竹四钱，山药三钱，茯苓三钱，广皮一钱，半夏一钱五分。甘蔗三两，煎汤代水。(《医醇賸义》祛烦养胃汤)

3. 治眼目昼视精明，暮夜昏暗，视不见物，名曰雀目 石斛、仙灵脾各一两，苍术（米泔浸，切，焙）半两。上三味，捣罗为散，每服三钱匕，空心米饮调服，日再。(《圣济总录》石斛散)

【用法与用量】 6~12g，鲜品15~30g。

【**化学成分**】茎含对羟基肉桂酸烷基醋类、多糖等[1]。

【**药理毒理研究**】对半乳糖所致的白内障晶状体中醛糖还原酶、多元醇脱氢酶的活性异常变化有抑制或纠正作用；石斛多糖具有增强T细胞及巨噬细胞免疫活性的作用；能显著提高超氧化物歧化酶（SOD）水平，从而起到降低脂质过氧化物（LPO）的作用[2]。

【**民间应用**】马鞭石斛桑葚酒。

【**参考文献**】

［1］南京中医药大学．中药大辞典［M］．第2版．上海：上海科学技术出版社，2014.

［2］彭萍．马鞭石斛黄酮提取工艺优化及抗氧化活性研究［D］．四川农业大学，2014.

马齿苋

【**拉丁名**】Portulacae Herba.

【**别名**】马齿苋（蜀本草），马苋（名医别录），五行草（图经本草、救荒本草），长命菜、五方草（本草纲目），瓜子菜（岭南采药录），麻绳菜（北京），马齿草、马苋菜（内蒙古），蚂蚱菜、马齿菜、瓜米菜（陕西），马蛇子菜、蚂蚁菜（东北），猪母菜、瓠子菜、狮岳菜、酸菜、五行菜（福建），猪肥菜（海南）。

【**科属**】马齿苋科马齿苋植物。

【**药用部位**】全草供药用。

【**药材性状**】呈不规则的段。茎圆柱形，表面黄褐色，有明显纵沟纹。叶多破碎，完整者展平后呈倒卵形，先端钝平或微缺，全缘。蒴果圆锥形，内含多数细小种子。气微，味微酸。

【**分布**】中国南北各地均产。生于菜园、农田、路旁，为田间常见杂草。广布全世界温带和热带地区[1]。

【**性味与归经**】酸，寒；归肝、大肠经。

【**功能与主治**】全草供药用，有清热利湿、解毒消肿、消炎、止渴、利尿作用；种子明目；还可作兽药和农药；嫩茎叶可作蔬菜，味酸，也是很好的饲料。

【**用法与用量**】9~15g。外用适量捣敷患处。

【**化学成分**】马齿苋含有丰富的二羟乙胺、苹果酸、葡萄糖、钙、磷、铁以及维生素E、胡萝卜素、维生素B、维生素C等营养物质。

【**药理毒理研究**】马齿苋具有抗炎、镇痛、抑菌、降血脂、降血糖、抗肿瘤、抗氧化、抗衰老、增强免疫、抗疲劳、抗惊厥、止咳平喘等作用，在临床上主要用于治疗糖尿病、炎症、瘙痒症、肠胃保护、鼻疔等疾病[3, 4, 5]。

【**民间应用**】马齿苋粥，鲜马齿苋汁[2]。

【**参考文献**】

［1］高学敏．药用资源学［M］．北京：中国中医药出版社，2012.

[2] 张兴. 认识身边的药用资源：马齿苋 [J]. 中医健康养生，2019，5（10）：32.
[3] 王天宁，刘玉婷，肖凤琴，等. 马齿苋化学成分及药理活性的现代研究整理 [J]. 中国实验方剂学杂志，2018，24（6）：224-234.
[4] 冯彦. 马齿苋的药理作用及营养保健作用 [J]. 中医临床研究，2017，9（3）：117-118.
[5] 施文彩，薛凡，李菊红，等. 马齿苋的药理活性研究进展 [J]. 药学服务与研究，2016，16（4）：291-295.

马铃薯

【英文名】*murphy.*

【别名】阳芋（植物名实图考）、洋芋（通称）、土豆（东北通称）、荷兰薯（广东梅县）、山药蛋（河北）、山药豆（华北通称）、地蛋（山东）。

【来源】茄科茄属植物。

【药用部位】以块茎入药。

【药材性状】块茎扁球形或长圆形，直径3~10cm，表面白色或黄色，节间短而不明显，侧芽着生于凹隐的“芽眼”内，一端有短茎基或茎痕。质硬，富含淀粉。气微、味淡。

【分布】我国各地均有栽培。原产热带美洲的山地，现广泛种植于全球温带地区[1]。

【性味与归经】味甘；性平。

【功能与主治】和胃健中，解毒消肿。主胃痛、痄肋、痈肿、湿疹、烫伤。

【用法与用量】内服：适量，煮食或煎汤。外用：适量，磨汁涂。

【化学成分】块根含生物碱糖苷，其苷元为：茄啶（solanidine）、莱普替尼定（leptinidine）、西红柿胺（tomatidine）、乙酰基莱普替尼定（acetylleptinidine）。含生物碱，茄啶（solanidine）、α-查茄碱（α-chaconine）、α-茄碱（α-solanine）和槲皮素（quercetin）。还含胡萝卜素类物质：堇黄质（violaxanthin）、新黄质（neoxanthin）A、叶黄素（lutein）。含必需氨基酸：苏氨酸（threonine）、缬氨酸（valine）、亮氨酸（leucine）、异亮氨酸（isoleucine）、苯丙氨酸（phenylalanine）、赖氨酸（lysine）、蛋氨酸（methionine）及其他多种氨基酸。块根还含多种有机酸：枸橼酸（citricacid）、苹果酸（malicacid）、奎宁酸（quinicacid）、琥珀酸（succinicacid）、延胡索酸（fumaricacid）、草酸（oxalicacid）、癸酸（capricacid）、月桂酸（lauricacid）、肉豆蔻酸（myristicacid）、止杈酸（abscisicacid）、赤霉酸（gibbere11icacid）。此外，还含丙烯酰胺（acrylamide）、植物凝集素（lectin)。

【药理毒理研究】

1. 对某些酶的抑制作用 从马铃薯块根线粒体中分离出的内源性ATP酶抑制蛋白，它对F1-ATP酶的抑制作用需要Mg^{2+}-ATP存在。对分离出的酵母菌种F1的IC_{50}为140μg（抑制剂）/mg（F1）。这种抑制剂对分离出的酵母菌F1也有强大的ATP酶抑制作用。大鼠每 100g 食物加入 100mg、200mg 的从马铃薯分离出的胰蛋白酶抑制剂，在为期 28 天的短期试验中，可减少酪蛋白利用，使大鼠胰腺肿大；在为期 95 星期的长期试验中，该抑制剂可产生剂量依赖性的胰腺病理改变，胰腺有小结增生和腺泡瘤。马铃薯中得到的一种蛋白酶抑制物（POT Ⅱ）可增加缩胆囊素（CCK）释放，因为内源性 CCK 在控制食物吸收方面有重要作用，所以该物质可能在减少食物吸收方面有一定作用，在 11 位男性试验中，1.5g POT Ⅱ加入高蛋白汤中，给予口服，可使能量吸收减少达 17.5%。链脲霉素诱导的糖尿病大鼠皮肤伤口处蛋白水解酶活性增加，胶原生物合成减慢，从马铃薯中得到的组织蛋白酶 D 抑制剂外用可使蛋白水解活性恢复正常，胶原生物合成也加快。

2. 其他作用 马铃薯的水透析液可抑制某些致癌物质对鼠伤寒沙门菌的致突变作用。马铃薯、米饭平均半数胃排空时间为 71 分钟、86 分钟。因为血糖指数和胃排空时间成负相关，所以相比马铃薯，米饭更适合糖尿病患者食用。大鼠实验表明，马铃薯中的茄碱注射，可升高血糖，α- 或 β- 肾上腺素能受体阻断剂均能抑制此作用。植物凝集素试验中，马铃薯可作为大鼠甲状腺肿瘤的特异性标记物。

3. 毒性 发芽的马铃薯，带青色的块根肉中含很小量的茄碱，对人体不致有害，但在某些情况下（储藏并不增加含量），茄碱含量可较正常增高 4~5 倍，甚至超过 0.4g/kg，而 0.2g 游离茄碱即可产生典型的皂碱毒反应。症状虽严重，但不致死亡。有报告小孩服用发绿的马铃薯，发生严重胃肠炎而死亡者。

【民间应用】食材。

麦冬

【拉丁名】Ophiopogonis Radix.

【别名】麦门冬、沿阶草。

【科属】百合科沿阶草植物。

【药用部位】麦冬（沿阶草）的干燥块根。

【药材性状】本品呈纺锤形，两端略尖，长 1.5~3cm，直径 0.3~0.6cm。表面黄白色或淡黄色，有细纵纹。质柔韧，断面黄白色，半透明，中柱细小。气微香，味甘、微苦。

【分布】产于广东、广西、福建、台湾、浙江、江苏、江西、湖南、湖北、四川、云南、贵州、安徽、河南、陕西（南部）和河北（北京以南）。生于海拔 2000m 以下的山坡阴湿处、林下或溪旁；浙江、四川、广西等地均有栽培。也分布于日本、越南、印度。

【性味与归经】甘，微苦，微寒。归心、肺、胃经。

【功能与主治】养阴生津，润肺止咳。用于肺胃阴虚之津少口渴、干咳咯血；心阴不足之心悸易惊及热病后期热伤津液等证。配沙参、川贝可治肺阴虚干咳。

【用法与用量】麦冬一般是入煎剂，一般用量 10~15g。

【化学成分】从麦冬的不同部位中分离得到甾体皂苷、高异黄酮、多糖等多种化学成分，其中甾体皂苷和高异黄酮具有多种药理活性，被认为是麦冬中主要的活性成分[1]。

【药理毒理研究】

1. 对心血管系统的保护作用 抗血栓麦冬皂苷能保护人脐静脉内皮细胞系 ECV304，防止髓样白血病细胞株 HL60 黏附到内皮组织，抑制静脉血栓的形成。麦冬多糖 MDG-1 可通过抑制 Bax/Bcl2 蛋白比例、caspase3 表达和炎性因子分泌，来保护人脐静脉内皮细胞（HUVEC）免于 H_2O_2 诱导的细胞凋亡和炎症的发生，为治疗心血管疾病提供了依据[2]。

2. 抗心肌缺血 麦冬多糖能抗心肌细胞损伤，促进血管新生，对心肌缺血起到保护作用[3]。MDG-1 能够显著提高心肌缺血再灌注模型大鼠内皮祖细胞水平，降低缺血修饰白蛋白表达，促进血管内皮损伤的修复，改善心肌。其机制可能与 MDG-1 增强垂体肾上腺皮质系统作用有关[4]。

3. 抗炎作用 麦冬通过抑制 MAPK 信号传导途径中 ERK1/2 和 JNK 的磷酸化来降低一氧化氮和促炎细胞因子的产生，发挥显著的抗炎活性[5]。麦冬总皂苷能抑制内皮细胞凋亡，上调内皮细胞黏附因子（endothelial cell adhesion molecule31，CD31）的表达，起到抗炎作用[6]。

4. 抗肿瘤 麦冬具有显著的抗癌活性，其中的类黄酮和甾体皂苷是主要活性物质[7]。

5. 抗氧化 麦冬能有效降低体内过氧化水平，清除自由基，提高机体抗氧化能力[8]。甲基麦冬黄酮 A 通过调节再灌注损伤大鼠的紧密连接蛋白，减少血 - 脑屏障的破坏，从而减少氧化应激反应、抑制白细胞黏附[9]。

6. 免疫调节 麦冬多糖通过诱导一氧化氮（NO）、诱导性一氧化氮合酶（iNOS）、白介素 6（IL-6）和白介素 12（IL-12）的分泌，提高淋巴细胞中共刺激分子 CD80 和 CD86 的表达，同时促进巨噬细胞的吞噬和分泌，提高淋巴细胞的增殖和抗体浓度，对免疫系统起到调节作用[10]。

7. 降血糖、降血脂 麦冬多糖对血糖和血脂均具有调节作用，可以减少脂肪的堆积，降低糖尿病并发症的发病概率。[11]

【参考文献】

[1] 彭婉，马骁，王建，等. 麦冬化学成分及药理作用研究进展［J］. 中草药，2018，49（2）：477-488.

[2] LI LC，WANG ZW，HU XP，et al.MDG1 inhibits H_2O_2 induced apoptosis and inflammation in human umbilical vein endothelial cells.［J］. Mol Med Rep，2017，16（3）：3673-3679.

[3] 袁春丽，孙立，袁胜涛，等. 麦冬有效成分的药理活性及作用机制研究进展［J］. 中国新药杂志，2013，22（21）：2496-2502.

[4] 李霞. 麦冬多糖 1 对心肌缺血再灌注大鼠内皮祖细胞与缺血修饰白蛋白变化的影响［J］. 中国老年学杂志，2015，35（19）：5449-5450.

[5] ZHAO JW，CHEN DS，DENG CS，et al.Evaluation of anti-inflammatory activity of compounds isolated from the rhizome of Ophiopogon japonicus［J］. Bmc

Complementary & Alternative Medicine，2017，17（1）：7.

[6] BI LQ，ZHU R，KONG H，et al.Ruscogenin attenuates mono crotalineinduced pulmonary hypertension in rats [J]. Int Immunopharmacol，2013，16（1）：716.

[7] CHEN J，YUAN J，ZHOU L，et al.Regulation of different components from Ophiopogon japonicus on autophagy in humanlung adenocarcinoma A549 cells through PI3K/Akt/mTOR signaling pathway [J]. Biomed Pharmacother，2017，87：118-126.

[8] 陆洪军，宋丽娜，付天佐，等. 麦冬多糖对亚急性衰老小鼠皮肤组织衰老程度的影响 [J]. 中国老年学杂志，2015，35（8）：2160-2162.

[9] LIN M，SUN W，GONG W，et al.Methylophiopogonanone A protects against cerebral ischemia/reperfusion injury and attenuates blood-brain barrier disruption in vitro [J]. 2015，10（4）：114.

[10] FAN Y，MA X，ZHANG J，et al.Ophiopogon polysaccharide li posome can enhance the nonspecific and specific immune response in chickens. [J]. Carbohydr Polym，2015，119：219-227.

[11] WANG X，SHI L，SUN J，et al.MDG1，a potential regulator of PPARα and PPARγ，ameliorates dyslipidemia in mice [J]. Int J Mol Sci，2017，18(9)：1930-1943.

马尾松

【学名】 *Pinus massoniana* Lamb.

【别名】 青松、山松、枞松（广东、广西）。

【科属】 为松科（*Pinaceae*）松属 *Pinus* L. 植物。

【药用部位】 以干燥的松叶入药。

【药材性状】 干燥的松叶呈针状，长 12~18cm，粗约 0.1cm，两叶并成一束，外包有长约 0.5cm 的叶鞘，呈黑褐色。中央有长细沟，表面光滑，灰暗绿色，质轻脆，臭微。

【分布】 产于江苏（六合、仪征）、安徽（淮河流域、大别山以南），河南西部峡口、陕西汉水流域以南、长江中下游各省区，南达福建、广东、台湾北部低山及西海岸，西至四川中部大相岭东坡，西南至贵州贵阳、毕节及云南富宁。在长江下游其垂直分布于海拔 700m 以下，长江中游海拔 1100~1200m 以下，在西部分布于海拔 1500m 以下。越南北部有马尾松人工林。模式标本采自非洲南部好望角引种的马尾松树。

【性味与归经】 苦、涩，温。

【功能与主治】 其针叶具有祛风行气、活血止痛、舒筋、止血的功能，主治心血管疾病、咳嗽、胃及十二指肠疾病、习惯性便秘、湿疹、黄水疮、外伤出血等。

【用法与用量】 内服：煎汤，15~25g（鲜叶 50~100g）；或浸酒。外用：煎水洗。

【化学成分】

1. 马尾松叶 含挥发油（α- 蒎烯及 β- 蒎烯、莰烯等）、黄酮类（槲皮素、山柰酚等)、树脂。此外含(+)–儿茶素、(+)–没食子儿茶素、3, 5–二羟基苯基–1–O–β–D–吡喃葡萄糖苷、tachioside、3, 4–二甲氧基苯基–1–O–β–D–吡喃葡萄糖苷、3, 4–二甲氧基苯基–1–O–(3–O–甲氧基–α–L–鼠李糖基)–1→2–β–D–吡喃葡萄糖苷、citrusin D、(6S, 7E, 9R)–长寿花糖苷、4–(2–丁酮)–苯基–1–O–β–D–吡喃葡萄糖苷、(–)–10–α–O–β–D–葡萄糖基–刺参–4–酮、massonianoside D、massonianoside B、异落叶松脂醇–9′–O–α–L–阿拉伯糖苷、(2R, 3R)–花旗松素–3′–O–β–D–吡喃葡萄糖苷[1]。

2. 花粉 含柚皮素、花旗松素、山柰酚、山柰酚–3–O–β–D–吡喃葡萄糖苷、α–D–呋喃果糖、对羟基苯甲酸–4–O–β–D–吡喃葡萄糖苷、胆甾醇、豆甾醇、β–谷甾醇和β–胡萝卜苷[2]。

【药理毒理研究】马尾松松针具有抗氧化、抗衰老、抑菌[3]、心血管保护作用[4]、调血脂、抗肿瘤[5]等活性。

【民间应用】风湿性关节炎、转筋疼痛拘挛、胃脘疼痛、肿毒、外伤出血、跌打损伤、皮肤溃疡、小儿头部湿疹、神经衰弱、失眠、夜盲症。

【参考文献】

[1] 郑晓珂，王小兰，冯卫生. 松针提取物对去卵巢大鼠肝脏脂质的影响[J]. 时珍国医国药，2010，(2)：368–370.

[2] 肖云川，赵曼茜，闫翠起，等. 马尾松鲜松叶的化学成分研究[J]. 中草药，2015，46(23)：3460–3465.

[3] FENG S，ZENG WC，LUO F，et al.Antibacterial activity of organic acids in aqueous extracts from pine needles[J]. Food Sci Biotechnol，2010，19(1)：35–41.

[4] 赵英强，柳威，蔡晓月. 松龄血脉康胶囊对自发性高血压大鼠肝阳上亢证相关指标的影响[J]. 辽宁中医杂志，2012，39(10)：1923–1925.

[5] 秦玉琴，李羽晗，张旭，等. 马尾松花粉的化学成分研究[J]. 华西药学杂志，2018，33(1)：13–16.

杧果

【学名】*Mangifera indica* L.

【别名】檬果、芒果、莽果、蜜望子、蜜望、望果、抹猛果、马蒙。

【科属】漆树科果属植物。

【药用部位】植物杧果，果实入药。

【药材性状】干燥的果核，呈肾形或卵圆形，压扁，长6~10cm，宽3~5cm，外面淡黄色或土黄色，纤维性，粗糙坚硬。击碎后，内果皮纤维状，内表面平滑，淡黄色，木质化。种皮纸质，类白色，子叶2片，肥厚，暗棕色。气微，味微涩。以洁净、干燥、核仁肉厚者为佳。

【分布】分布于广东、广西、云南、福建、台湾等地。

【性味与归经】甘酸，凉。

【功能与主治】益胃，生津，止呕，止咳。主口渴、呕吐、食少、咳嗽。果、果核：止咳、健胃、行气。用于咳嗽、食欲不振、睾丸炎、坏血病。叶：止痒。外用治湿疹瘙痒。

【用法与用量】内服：适量，作食品。核 15~50g；外用适量，鲜叶煎水洗患处。

【化学成分】果实含杧果酮酸、异杧果醇酸、阿波酮酸、阿波醇酸等三萜酸；多酚类化合物如没食子酸、间双没食子酸、没食子鞣质、槲皮素、异槲皮苷、杧果苷、并没食子酸等；并含多种类胡萝卜素 0.505%~0.527%、2.061%~7.765%（带皮），其中 β- 胡萝卜素约占 60%，其他尚有胡蝶梅黄素等 10 多种。带皮果实含水 78.1%~82.1%，总糖 11.4%~12.4%，还原糖 2.97%~5.32%，蛋白质 0.4%~0.9%，粗纤维 0.90%~1.24%，灰分 0.63%~1.13%，维生素 C56.4~98.6mg。尚有报道果汁中含蔗糖、葡萄糖、果糖等。未成熟的果实中含葡聚糖、阿聚糖、聚半乳糖醛酸。杧果干含水 14.74%、酒石酸 6.10%、柠檬酸 4.23%、草酸 1.08%、葡萄糖 3.00%、灰分 5.44%。杧果花含没食子鞣质、槲皮素、异槲皮苷、没食子酸、双没食子酸。

【药理毒理研究】未成熟的果实及树皮、茎能抑制化脓球菌、大肠埃希菌；但也有报告在实验室中无抗疟或抗菌作用者。有报道食过量杧果可引起肾炎者。其树胶 - 树脂在医疗上之用途如阿拉伯树胶。

【民间应用】生食、果汁、果酱、腌渍、酸辣泡菜、蜜饯等。

马缨丹

【学名】*Lantana camara* Linn.

【别名】五色梅（华北）、五彩花（福建）、臭草、如意草（广东、广西、福建）、七变花（华北经济植物志要）。

【科属】为马鞭草科马樱丹属植物五色梅。

【药用部位】以根或全株入药。全年可采，鲜用或晒干。

【药材性状】根呈圆柱状，有分枝，长短不一，粗细各异。表面黄棕色，有纵皱纹及根痕。质韧，难折断，断面皮部黄绿色，木部黄白色。

【分布】原产于美洲热带地区，现在我国台湾、福建、广东、广西见有逸生。常生长于海拔 80~1500m 的海边沙滩和空旷地区。世界热带地区均有分布。

【性味与归经】根：淡，凉。枝、叶：苦，凉，具臭气。有小毒；归大肠经。

【功能与主治】根：清热解毒，散结止痛。用于感冒高烧、久热不退、颈淋巴结核、风湿骨痛、胃痛、跌打损伤。叶、枝：外用治湿疹、皮炎、皮肤瘙痒、疖肿、跌打损伤。

【用法与用量】根：50~100g；枝叶外用适量，煎水洗或用鲜叶捣烂外敷。

【化学成分】带花的全草含脂类，其脂肪酸组成有肉豆蔻酸（myristic acid）、棕榈酸（palmitic acid）、花生酸（arachidic acid）、油酸（oleic acid）、亚油酸（linoleic acid）等，其非皂化部分有 α- 香树脂醇（α-amyrin）、β- 谷甾醇（β-sitosterol）及 1- 三十烷醇（1-triacontanol），还含葡萄糖（glucose）、麦芽糖（maltose）、鼠李糖（rhamnose）。花叶挥发油含 α- 水芹烯（α-phellandrene），二戊烯（dipentene），α- 松油醇（α-terpineol），

牻牛儿醇（geraniol），芳樟醇（linalool），桉叶素（cineole），丁午油酚（evgenol），柠檬烯（citral），糠醛（furfural），水芹酮（phellandrone），葛缕酮（carvone），β-丁午烯（β-caryophyllene），对-聚伞花素（ρ-cymene），α-、β-蒎烯（pinene），1,4-樟烯（1,4-camphene），月桂烯（myrcene），香桧烯（sabinene）及α-玷（王巴）烯（α-copaene）等。

【药理毒理研究】

1. 有抑制脂质过氧化物形成的作用 抑制豚鼠不同组织的脂质过氧化作用的顺序是：肾上腺>肝>肾>心>肺>脑。五色梅对肝脏磷脂含量及超氧化物歧化酶活性无影响，而显著提高谷胱甘肽过氧化物酶活性。

2. 毒性 乙醇提取物对大鼠毒性最大，由叶分离出来的马缨丹烯能降低对大鼠肝、肾切片的氧耗量。给乳牛或小牛犊按6g/kg剂量口服植物叶粉末可引起动物血清谷草转氨酶及血清胆红素含量升高，尸体解剖表明对肝脏有损害，胃、肠也有炎症。枝叶具臭味，有小毒。牛、羊食后可引起慢性肝中毒，发生胆汁郁滞症，症状为高烧、体弱、步态不稳、腹泻、继之便秘和严重黄疸及光敏感。叶的乙醇提取物可使犬血压降低、呼吸加速及震颤。马缨丹烯粗晶对大鼠的LD_{50}为20.3mg/kg。

【民间应用】

1.《岭南采药录》 洗湿毒疥癞。

2.《南宁市药物志》 叶：治疥癞毒疮、跌打止血。花：可止血。

3.《广东药用资源》 祛风止痒，消肿止痛，散毒，敷大肠疡痈。

4.《广西中草药》 全草：退热，杀虫止痒，消疮疡。

巴旦木（扁核桃）

【学名】 *Amygdalus communis* L.

【别名】 巴旦杏、扁桃仁。

【科属】 蔷薇科桃属。

【药用部位】 蔷薇科植物巴旦杏的干燥种子。果实成熟后采收，除去果肉及核壳，取种仁，晒干。

【药材性状】 本品分甜巴旦杏仁和苦巴旦杏仁两种。古代所用者多为甜巴旦杏仁。目前多以苦巴旦杏仁供药用。

1. 甜巴旦杏仁 为植物甜巴旦杏的干燥种子，长卵圆形，扁平，长2~3cm，阔10~16mm，厚8mm，种皮菲薄，红棕色，有粉屑，一边尖锐，他边圆形，顶端有线形脐点，基部有合点，由合点分出多敷维管束，向尖端分布，形成暗色之沟纹。胚直生，类白色，由平凸形子叶及内藏之胚轴与胚根而成，后者位于较尖之一端。无臭，味甜，研成乳剂，无任何臭气。

2. 苦巴旦杏仁 为植物苦巴旦杏的干燥种子，全角与甜巴旦杏仁相似，惟较小，较不整齐，通常长2cm、阔12mm、厚8mm。味苦，研成乳剂，有特异臭气。

以上二种药材产新疆、陕西等地。

【分布】巴旦木又名巴旦杏，也有俗称薄壳杏仁，加州是全球最大的巴旦木供应地，全球超过 80% 的巴旦木产自加州。

【性味与归经】甘，平。入肺经。

【功能与主治】润肺，止咳，化痰，下气。治虚劳咳嗽、心腹逆闷。

【用法与用量】内服：煎汤，7.5~15g。

【化学成分】巴旦木仁含有粗蛋白 10%~28%、脂肪 54%~61%、氨基酸总量 10.0%、水分 6.4%、总含糖量 8.2%、总还原性糖 7.1%、可溶性糖 2.5%、淀粉糖 10%~11%、灰分 2.9%~3.2%、纤维 2.4%~2.6%。每 100g 巴旦杏仁油样含有维生素 C 1mg、维生素 B_1 0.24%~0.29%、维生素 B_2 0.4~0.9mg、维生素 E 8.34mg、皂化值 199.3g、碘值 104.7g、烟酸 1.0~3.5mg、尼克酸 2.0mg。比重 0.8945，折光率 1.4634。巴旦杏树干分泌树脂，含树胶醛糖 54%~55%、半乳糖 23%~24%。

【药理毒理研究】维吾尔族居住地区医生常将巴旦杏与其他药材配伍，用于高血压、神经衰弱、皮肤过敏、气管炎、咳喘及消化不良、小儿佝偻等多种疾病的治疗。研究表明，巴旦杏能明显延长野生黑腹果蝇平均寿命最长达 14% 左右，且中剂量的作用较为明显，对雄性果蝇的效果优于雌性果蝇。有研究发现，巴旦杏仁能提高绵羊红细胞（SRBC）引起的血清溶血素含量，表明对小鼠体液免疫有显著影响，对 SRBC 诱发的迟发型变态反应有增强作用，有促进伴刀豆球蛋白 A（Con A）刺激的淋巴细胞增殖作用，具有促进 T 细胞成熟作用。有学者应用成年昆明种小白鼠骨髓嗜多染红细胞（PCE）微核检测试验，研究了巴旦杏仁抗突变作用，结果表明，巴旦杏仁对两种阳性对照组分别诱发的较高微核率有明显降低作用，巴旦杏仁抗突变，保护染色体损伤，有促进 DNA 修复作用，具有很强的抗氧化延缓衰老的作用。

白苏（紫苏子）

【拉丁名】Perillae Fructus.

【别名】苏子、黑苏子、赤苏、白苏、香苏、青苏子。

【科属】唇形科紫苏属。

【药用部位】唇形科紫苏属植物白苏，以叶、嫩枝、主茎（苏梗）和果实（白苏子或玉苏子）入药。夏季采叶或嫩枝，7~8 月间果实成熟时割取全草或果穗，打落果实，除去杂质，晒干即成白苏子。主茎（苏梗）切片晒干。

【分布】紫苏原产于中国，如今主要分布于印度、缅甸、中国、日本、朝鲜、韩国、印度尼西亚和俄罗斯等国家。我国华北、华中、华南、西南及台湾省均有野生种和栽培种。

【性味与归经】辛，温。散寒解表，理气宽中。用于风寒感冒、头痛、咳嗽、胸腹胀满。

【功能与主治】降气消痰，平喘，润肠。用于痰壅气逆、咳嗽气喘、肠燥便秘。解表散寒，行气和胃。用于风寒感冒、咳嗽气喘、妊娠呕吐、胎动不安。又可解鱼蟹中毒。

【用法与用量】3~9g。

【化学成分】苏子油中 α- 亚麻酸（ALA）含量一般为 45%~70%。主要含有粗脂肪、脂肪酸蛋白质、氨基酸微量元素、挥发油及其他成分。

【药理毒理研究】ALA 具有降血压、降血脂、抑制血小板凝集、抗血栓、抗衰老、减肥、抗过敏性炎症、增强学习记忆、预防癌变和抑制肿瘤细胞转移等功能。白苏具有抑菌[1, 2, 3]、抗氧化[4]、抗衰老等作用，紫苏水提浸膏和挥发油有显著的解热作用和止呕作用。水提浸膏的作用尤为明显，可能与挥发油的保存条件、有效成分含量等有关。紫苏种子脂肪油有明显的镇咳与平喘作用。

【参考文献】

[1] 姜红霞，聂永心，冀海伟，等. 泰山野生白苏叶挥发油成分 GC-MS 分析与抑菌活性研究［J］. 中草药，2011，42（10）：1952-1955.

[2] 陈根强，胡林峰，朱红霞，等. 白苏乙醇提取物及挥发油抑菌活性研究［J］. 北京农学院学报，2011，26（2）：18-20.

[3] 钟颖. 泰山野生白苏叶挥发油成分 GC-MS 分析与抑菌活性的研究［J］. 中国医药指南，2017，18：37-38.

[4] 张晓琦，田光兰，刘存芳. 白苏挥发油化学成分的 GC-MS 分析及抗氧化活性研究［J］. 饮料工业，2014，17（8）：32-35.

白头翁

【拉丁名】Pulsatilla Radix.

【别名】菊菊苗、老翁花、老冠花、猫爪子花。

【科属】毛茛科，银莲花属。

【药用部位】白头翁为毛茛科多年生草本植物白头翁的干燥根。

【药材性状】白头翁，根长圆柱形或圆锥形，稍弯曲，有时扭曲而稍扁，长 5~20cm，直径 0.5~2.0cm。外皮黄棕色或棕褐色，多已脱落，残留者亦易剥落，皮破处有网状裂纹或裂隙，近根头处常有朽状凹洞，根头膨大，有白色绒毛，有的可见鞘状叶柄残基。质硬而脆，断面较平坦，木部与皮部易分离。皮部黄白色或淡黄棕色，木部淡黄色。

【分布】在中国分布于四川（宝兴，海拔 3200m）、湖北北部、江苏、安徽、河南、甘肃南部、陕西、山西、山东、河北（海拔 200~1900m）、内蒙古、辽宁、吉林、黑龙江。生于平原和低山山坡草丛中、林边或干旱多石的坡地。在朝鲜和苏联远东地区也有分布。

【性味与归经】味苦，气温；归胃、大肠经。

【功能与主治】治疗痔疮等出血症状。治热毒血痢、温疟寒热、鼻衄、血痔。

【用法与用量】内服：煎服，9~15g，鲜品 15~30g。外用：适量。

【化学成分】白头翁中的主要成分是三萜皂苷类，根据母核结构可分为齐墩果酸型和羽扇豆烷型两大类[1]。

【药理毒理研究】研究表明白头翁皂苷具有抗肿瘤、抗炎、抗菌、舒张血管等一系列药理活性[1]。抗菌活性：药复方白头翁汤在临床上治疗外阴阴道念珠菌病（vulvovaginal candidiasis，VVC）具有显著疗效。含有的白头翁皂苷为五环三萜类皂苷，白头翁皂苷 D 是其中的有效单体成分，抗炎、舒张血管、抗肿瘤等药理作用广泛。临床常用于治疗溃疡性结肠炎、慢性结肠炎、慢性腹泻、急性胃肠炎、急性菌痢、消化性溃疡、滴虫性阴道炎等。

【参考文献】

［1］连姗，江蔚新，薛睿．白头翁皂苷成分及药理作用研究进展［J］．亚太传统医药，2016，12（2）：35–38.

白薇

【拉丁名】 Cynanchi Atrati Radix.

【别名】 白龙须、白马薇、白马尾、白幕、半拉瓢、翅果白。

【科属】 萝藦科、鹅绒藤属。

【药用部位】 萝藦科植物白薇或蔓生白薇干燥根及根茎。春、秋二季采挖，洗净，干燥。

【药材性状】 根茎粗短，有结节，多弯曲。上面有圆形的茎痕，下面及两侧簇生多数细长的根，根长 10~25cm，直径 0.1~0.2cm。表面棕黄色。质脆，易折断，断面皮部黄白色，木部黄色。气微，味微苦。

【分布】 全国大部分地区有分布，生于山地。产于黑龙江、吉林、辽宁、山东、河北、河南、陕西、山西、四川、贵州、云南、广西、广东、湖南、湖北、福建、江西、江苏等省区；西自云南西北经向东北方向，经陕西、河北直到黑龙江边，南至约在北回归线以北地区，东至沿海各省均有分布。朝鲜和日本也有。

【性味与归经】 苦咸，寒。归胃、肝、肾经。

【功能与主治】 清热凉血，利尿通淋，解毒疗疮。用于温邪伤营发热、阴虚发热、骨蒸劳热、产后血虚发热、热淋、血淋、痈疽肿毒、刀伤。

【用法与用量】 内服：煎服，4.5~9g。

【化学成分】 白薇中含有 C21 甾体皂苷、白薇素、挥发油、强心苷以及微量元素等成分。该属植物生物碱及甾体皂苷类成分是其主要活性成分[1]。

【药理毒理研究】 该属植物生物碱及甾体皂苷类成分是其主要活性成分，均有明确的抗肿瘤、抗炎及镇痛作用[1]。常用于治疗风湿性关节炎、胃肠炎、腹痛等疾病。抗生素活性：抗生素具有抗病、抗应激、促生长等效果，研究发现，在肉鸡饲粮中添加 0.1% 白薇可促进肉鸡生长，并与抗生素（莫能菌素）组没有显著差异，且能增强肉鸡肝脏、心脏、脾脏的抗氧化能力[2]。

【参考文献】

［1］孙瑜，田树成，刘德军，等．药用资源白薇化学成分研究［J］．中国药业，2019，28（7）：9–11.

［2］伏春燕，张燕，魏祥法，等．中草药白薇替代抗生素对肉鸡肠道菌群的影响

[C]. 中国畜牧兽医学会2018年学术年会禽病学分会第十九次学术研讨会论文集，2018：201.

白鲜

【拉丁名】Dictamni Grtex.

【别名】千金拔、八股牛、山牡丹、白膻、白羊鲜、白藓皮。

【科属】芸香科、白鲜属。

【药用部位】芸香科植物白鲜的干燥根皮。春、秋二季采挖根部，除去泥沙及粗皮，剥取根皮，干燥。

【药材性状】呈卷筒状，长5~15cm，直径1~2cm，厚0.2~0.5cm。外表面灰白色或淡灰黄色，具细纵皱纹及细根痕，常有突起的颗粒状小点；内表面类白色，有细纵纹。质脆，折断时有粉尘飞扬，断面不平坦，略呈层片状，剥去外层，迎光可见闪烁的小亮点。有羊膻气，味微苦。

【分布】分布于中国黑龙江、吉林、辽宁、内蒙古、河北、山东、河南、山西、宁夏、甘肃、陕西、新疆、安徽、江苏、江西（北部）、四川等省区。朝鲜、蒙古、俄罗斯（远东）也有分布。

【性味与归经】味苦、咸，性寒，归脾；胃；膀胱经。

【功能与主治】清热燥湿，祛风止痒，解毒。主风热湿毒所致的风疹、湿疹、疥癣、黄疸、湿热痹。

【用法与用量】内服：煎服，5~10g。外用：适量。

【化学成分】白鲜皮的主要化学成分有白鲜碱、倍半萜、倍半萜苷类化合物、黄酮类化合物、柠檬苦素类化合物、多糖和甾体类化合物等。

【药理毒理研究】具有消炎、杀菌、除虫、抗非特异性变态反应、治疗湿疹等功效，还在抗肿瘤方面能发挥重要作用。抗氧化活性：白鲜皮乙醇提取物（AEDP）对H_2O_2所致红细胞溶血有明显的抑制作用[1]。抗过敏：白鲜皮提取物能够抑制肥大细胞脱颗粒，减少组胺及β-氨基己糖苷酶等炎症介质的释放，并且白鲜皮提取物尚能对抗组胺引起的血管通透性增加，因此白鲜皮提取物可用于治疗过敏性疾病如过敏性皮炎等[2]。降血糖：采用凝胶柱色谱法分离白鲜皮，从石油醚部位分离得到的柠檬苦素、黄檗酮和白鲜碱均对α-葡萄糖苷酶有较强的抑制作用[3]。辐射保护：白鲜皮乙醇提取物（AEDP）对由辐射引起的血清铁含量升高有明显的抑制作用，推测AEDP可能有助于保护辐射对红细胞的损害，促进造血机能的修复，实现其辐射防护作用[4]。

【参考文献】

[1] 兰玉艳，李岩．白鲜皮提取物对红细胞氧化损伤的抑制作用[J]. 中国老年学杂志，2019，39（23）：5810-5813.

[2] 赵夏，马晓晨．白鲜皮提取物抗过敏反应研究[J]. 中医学报，2019，34（3）：568-571.

[3] 杨晓军，艾凤凤，蔺军兵，等．白鲜皮化学成分及其α-葡萄糖苷酶抑制活性

[J]. 中国药科大学学报，2019，50（1）：41–45.
[4] 兰玉艳，李岩. 白鲜皮提取物对辐射损伤小鼠造血功能的保护作用[J]. 北华大学学报（自然科学版），2018，19（2）：201–204.

百合

【拉丁名】Lilii Bulbus.

【别名】强蜀、番韭、山丹、倒仙、重迈、中庭、摩罗、重箱、中逢花、百合蒜、大师傅蒜、蒜脑薯、夜合花。

【科属】百合科百合属。

【药用部位】百合科植物卷丹 *Lilium lancifolium* Thunb.、百合 *Lilium brownii* F.E.Brown var. *viridulum* Baker 或细叶百合 *Lilium pumilum* DC. 的干燥肉质鳞叶。秋季采挖，洗净，剥取鳞叶，置沸水中略烫，干燥。

【药材性状】本品呈长椭圆形，长 2~5cm，宽 1~2cm，中部厚 1.3~4mm。表面类白色、淡棕黄色或微带紫色，有数条纵直平行的白色维管束。顶端稍尖，基部较宽，边缘薄，微波状，略向内弯曲。质硬而脆，断面较平坦，角质样。无臭，味微苦。

【分布】主产于湖南、四川、河南、江苏、浙江，全国各地均有种植，少部分为野生资源。

【性味与归经】甘；微苦；微寒。心；肺经。

【功能与主治】养阴润肺，清心安神。用于阴虚久咳、痰中带血、虚烦惊悸、失眠多梦、精神恍惚。

【用法与用量】内服：煎服，6~12g。蜜炙可增加润肺作用。

【化学成分】含酚酸甘油酯、丙酸酯衍生物、酚酸糖苷、酚酸甘油酯糖苷、甾体糖苷、甾体生物碱、微量元素、淀粉、蛋白质、脂肪等成分。

【药理毒理研究】百合水提液对实验动物有止咳、祛痰作用；可对抗组胺引起的蟾蜍哮喘；百合水提液还有强壮、镇静、抗过敏作用；百合水煎醇沉液有耐缺氧作用；还可防止环磷酰胺所致白细胞减少症。

百金花

【学名】*Centaurium Pulchellum* (Swartz) Druce var. *altaicum* (Griseb.) Hara.

【科属】龙胆科百金花属植物。

【药用部位】全草入药。

【药材性状】性状根纤细，直径约 1mm，有须状支根，表面淡黄色或淡褐黄色。茎细，具 4 条纵棱，有分枝，长短不等，直径约 1mm，表面黄绿色，光滑无毛；质脆，易折断，断面中空。叶对生，多脱落或破碎，完整叶片呈椭圆形或披针形，表面黄绿色或灰绿色，光滑无毛，无叶柄。花冠近高脚碟状，顶端 5 裂，裂片矩圆形，白色或淡黄色。气微，味微苦。

【分布】产于我国西北、华北、东北、华东至华南沿海等地区。在苏联、印度也有分布。

【性味与归经】味苦，性寒。

【功能与主治】清热解毒。治肝炎、胆囊炎、头痛发烧、牙痛、扁桃体炎。

【用法与用量】6~9g，水煎服，或研末冲服。

【药理毒理研究】蒙古族习用药材，具有清热、退黄、利胆功效，民间用于治疗肝热、胆热、黄疸、头痛等症。

百里香

【学名】*Thymus mongolicus* Ronn.

【别名】地椒、地花椒、山椒、山胡椒、麝香草。

【科属】唇形科百里香属。

【药用部位】唇形科百里香属植物百里香 *Thymus serpyllum* L.（T.mongolicus Ronn.）和地椒（兴凯百里香）*T.przewalskii*（Komar.）Nakai，以全草入药。夏季枝叶茂盛时采收，拔起全株，洗净，剪去根部（可供栽培繁殖），切段，鲜用或晒干。

【分布】产于中国甘肃、陕西、青海、山西、河北、内蒙古等地。

【性味与归经】辛，微温。

【功能与主治】祛风解表，行气止痛，止咳，降压。用于感冒、咳嗽、头痛、牙痛、消化不良、急性胃肠炎、高血压病。

【用法与用量】6~15g，搓绳点燃可熏杀蚊虫。

【化学成分】百里香油的主要成分为百里香酚（5-甲基-2-异丙基酚），又名麝香草酚，是一种单萜类化合物[1]。

【药理毒理研究】研究表明，百里香酚具有抗氧化、抗炎、抗菌、抗真菌、防腐等多种药理活性[1]。抗氧化：研究表明百里香属植物的高抗氧化活性与其植株内的单萜酚类成分（百里香酚、香荆芥酚等）含量高有关[2, 3]。抗菌：兴安百里香精油对枯草芽孢杆菌具有很好的抑制效果，抑菌圈直径较大。此外，在最小抑菌浓度（MIC）测定中，兴安百里香精油对各菌种也均表现出较好的抑菌效果[4]。裴海闰等[5]的研究结果也表明百里香精油对枯草芽孢杆菌、金黄色葡萄球菌、大肠埃希菌、沙门氏菌、志贺氏菌均有不同程度的抑制作用。

【参考文献】

[1] NAGOOR MEERAN MF，JAVED H，AL TAEE H，et al.Pharmacological properties and molecular mechanisms of thymol：prospects for its therapeutic potential and pharmaceutical development［J］. Front Pharmacol，2017，8：380.

[2] TOHIDI B，RAHIMMALEK M，ARZANI A.Essential oil composition，total phenolic，flavonoid contents，and antioxidant activity of Thymus species collected from different regions of Iran［J］. Food Chemistry，2017，220：153-161.

[3] JABRI-KAROUI I，BETTAIEB I，MSAADA K，et al.Research on the phenolic compounds and antioxidant activities of Tunisian Thymus capitatus［J］. Journal of

Functional Foods, 2012, 4 (3): 661-669.
[4] 闫红秀, 敬雪敏, 刘香萍. 微波法提取兴安百里香精油及其主要组分活性研究 [J]. 林产化学与工业, 2019, 39 (5): 121-128.
[5] 裴海闰, 韩笑, 曹学丽. 百里香精油的成分分析及其抗氧化和抑菌活性评价 [J]. 中国食品学报, 2011, 11 (5): 182-188.

百脉根

【拉丁名】 Loti Corniculati Radix.

【别名】 黄花草、牛角花、黄瓜草、小花生藤、地羊鹊、斑鸠窝。

【科属】 豆科、百脉根属。

【药用部位】 豆科百脉根属植物百脉根，以全草入药。春夏采集，切碎晒干。

【分布】 分布于中国西北、西南和长江中上游各省区。亚洲、欧洲、北美洲和大洋洲均有分布。

【性味与归经】 味甘苦，微寒，辛，平。

【功能与主治】 清热解毒，止咳平喘。用于风热咳嗽、咽炎、扁桃体炎、胃中痞满疼痛；外用治湿疹、疮疖、痔疮。

【用法与用量】 内服：煎汤，9~18g；或浸酒；或入丸、散。

【化学成分】 根含黄酮类化合物百脉根素，百脉根素 -3-O-β-D- 半乳糖苷，3, 5, 8, 3', 4'- 五羟基 -7- 甲氧基黄酮，棉花皮素 -7- 甲醚 -3-O- 半乳糖苷，非瑟素，5- 去羟异鼠李素，5- 去氧山柰酚，柠檬素，3, 5, 7, 4'- 四羟基 -8- 甲氧基黄酮，棉子皮亭。

柏子仁

【拉丁名】 Platycladi Semen.

【别名】 柏实、柏子、柏仁、侧柏子

【科属】 柏科侧柏属。

【药用部位】 本品为柏科植物侧柏的干燥成熟种仁。秋、冬二季采收成熟种子，晒干，除去种皮，收集种仁。

【药材性状】 本品呈长卵形或长椭圆形，长 4~7mm，直径 1.5~3mm。表面黄白色或淡黄棕色，外包膜质内种皮，顶端略尖，有深褐色的小点，基部钝圆。质软，富油性。气微香，味淡。

【分布】 生于湿润肥沃地，石灰岩石地也有生长。分布于东北南部，经华北向南过广东、广西北部，西至陕西、甘肃、西南至四川、云南、贵州等地。

【性味与归经】 味甘，性平。归心、肾、大肠经。

【功能与主治】 养心安神，润肠通便，止汗。用于阴血不足、虚烦失眠、心悸怔忡、肠燥便秘、阴虚盗汗。

【用法与用量】 内服：煎服，3~10g。

【化学成分】 柏子仁中主要包含油脂、氨基酸、皂苷和萜类等化学成分[1]。

【药理毒理研究】 柏子仁具有宁心安神、敛汗生津、润肠通便、止汗之功效，为常用药用资源材，用于阴血不足、虚烦失眠、心悸怔忡、肠燥便秘、阴虚盗汗[2]。

1. 镇静安神 孙付军等研究了柏子仁不同部位对睡眠的改善作用，发现柏子仁油能不同程度地增加小鼠睡眠指数，柏子仁皂苷能明显延长小鼠睡眠时间[3]。

2. 抗抑郁 王爱梅[4]通过试验证明柏子仁水提物具有显著的抗抑郁作用，其机制可能与调节 HPA 轴的功能有关。

3. 对自主活动的影响 有研究报道柏子仁油和酸枣仁油配伍可以影响小鼠的自主活动，结果显示柏子仁油及酸枣仁油均能减少小鼠自主活动次数（$P<0.05$），且两者之间有交互作用（$P<0.05$）。

4. 改善阿尔茨海默病 有研究[5]报道，柏子仁苷具有对阿尔茨海默病（AD）模型大鼠的行为改善作用。

5. 对消化功能的影响 孙付军等[6]研究了不同含油量柏子仁对小鼠便秘模型和肠推进作用的影响，结果显示柏子仁含油量在 30% 时小肠推进作用显著增强，与空白组比较有显著性差异（$P<0.05$），推进作用随含油量增加而增强，但其对小鼠便秘模型影响不明显。

6. 治疗不孕症 有研究观察柏子仁、丹参等药用资源复方治疗不孕症雌鼠器官病理形态学，结果显示给药组卵巢卵泡数、间质等及子宫内膜雌激素受体与模型组相比有明显差异（$P<0.05$），而且具有剂量依赖性。

7. 治疗妇科疾病 高翔等[7]研究了柏子仁丸加味治疗卵巢早衰，证明柏子仁可以改善卵巢、子宫的血液循环，从而促进闭经患者冲任气血充盈，卵泡发育，以助提高其生殖功能，恢复正常的月经周期。有研究分别应用柏子仁丸加减治疗月经过少和继发性闭经均取得了良好的效果。

8. 治疗白血病 有报道研究了复方柏子仁与化疗交替对急性早幼粒细胞白血病缓解后的治疗疗效，复方柏子仁主要成分是 As_4S_4 和柏子仁，结果显示柏子仁可显著增强 As_4S_4 诱导白血病细胞的凋亡作用。

9. 治疗老年便秘 有研究证实柏子仁对于老年人的功能性便秘有帮助。

10. 治疗失眠 有研究根据耳穴临床运用原理，用柏子仁耳穴贴压治疗失眠症 300 例，取得了满意疗效。

【参考文献】

［1］申枢，纪思宇，李瑞海，等. 不同产地柏子仁中氨基酸成分比较分析［J］. 中国实验方剂学杂志，2014，20（9）：125-128.

［2］崔金玉，李瑞海，贾天柱. 柏子仁总萜类成分的提取及制剂工艺优化［J］. 中国药师，2017，20（3）：434-437.

［3］孙付军，陈慧慧，王春芳，等. 柏子仁皂苷和柏子仁油改善睡眠作用的研究［J］. 世界中西医结合杂志，2010，5（5）：394-395.

［4］王爱梅. 柏子仁水提物抗抑郁作用的实验研究［J］. 光明中医，2016，31（11）：1559-1560.

[5] 索金红，牟海军，刘晓娟，等．柏子仁苷对阿尔茨海默病模型大鼠的行为改善作用及其相关作用机制［J］．中国比较医学杂志，2018，28（6）：84–88，95.
[6] 孙付军，宋卫国，虞慧娟，等．不同含油量柏子仁药效学作用研究［J］．中华中医药学刊，2010，28（9）：1836–1838.
[7] 高翔，张聪毅．柏子仁丸加味治疗卵巢早衰35例［J］．光明中医，2011，26（3）：505–506.

半枝莲

【拉丁名】 Scutellaria Barbatae Herba.

【别名】 并头草、韩信草、赶山鞭、牙刷草、四方马兰。

【科属】 唇形科黄芩属。

【药用部位】 本品为唇形科植物半枝莲 *Scutellaria barbata* Don（S.rivularis Wall）的干燥全草。夏、秋二季茎叶茂盛时采挖，洗净，晒干。

【药材性状】 本品长15~35cm，无毛或花轴上疏被毛。根纤细。茎丛生，较细，方柱形；表面暗紫色或棕绿色。叶对生，有短柄；叶片多皱缩，展平后呈三角状卵形或披针形，长1.5~3cm，宽0.5~1cm；先端钝，基部宽楔形，全缘或有少数不明显的钝齿；上表面暗绿色，下表面灰绿色。花单生于茎枝上部叶腋，花萼裂片钝或较圆；花冠二唇形，棕黄色或浅蓝紫色，长约1.2cm，被毛。果实扁球形，浅棕色。气微，味微苦。

【分布】 分布中国河北、山东、陕西南部、河南、江苏、浙江、台湾、福建、江西、湖北、湖南、广东、广西、四川、贵州、云南等地；印度东北部、尼泊尔、缅甸、老挝、泰国、越南、日本及朝鲜也有。

【性味与归经】 辛、苦，寒。归肺、肝、肾经。

【功能与主治】 清热解毒，化瘀利尿。用于疔疮肿毒、咽喉肿痛、毒蛇咬伤、跌扑伤痛、水肿、黄疸。

【用法与用量】 15~30g；鲜品30~60g。外用鲜品适量，捣敷患处。

【化学成分】 其含有的成分主要有黄酮类、二萜类、生物碱类、甾类等[1]。

【药理毒理研究】 现代医学研究证实其提取物具备抗癌、抑菌、遏制肿瘤细胞增长繁殖、诱使肿瘤细胞凋亡、增进免疫及抗病毒、抗氧化、抗致突变等功效。

1. 对呼吸系统的作用 对由组胺诱发的平滑肌收缩的对抗、慢性支气管具有治疗效果。

2. 对泌尿系统的影响 半枝莲药用资源汤剂拥有活血、清热、利尿的作用。临床上用于治疗糖尿病常见并发症之一的糖尿病合并泌尿系感染，可显著改善泌尿系感染病症，降低血糖。

3. 对消化系统的影响 研究发现，主要成分为半枝莲的药用资源汤剂四金化瘀排石汤（其主要成分为半枝莲等）可兴奋家兔离体肠，而阻断M胆碱受体的抗胆碱药阿托品类可与其产生竞争性抑制，结果表明，排石汤对胃肠平滑肌的推动功效显著。

4. 抗病毒作用 通过长期大量体外试验，证实半枝莲中的某些成分可以一定程度地抑制乙型肝炎病毒（HBV）的生长，抑制强度属中等。

5. 抑菌作用 研究发现，从半枝莲中提取纯化出的酮类化合物等对葡萄球菌等有显著的抑制功效。

6. 抗氧化、衰老作用 半枝莲多糖对机体的抗衰老、消除对氧负自由基、避免脂质产生过氧化反应和对提升歧化酶活力均有一定的效果[2]。

7. 抗肿瘤 半枝莲具有清热解毒、活血化瘀等功效，对肿瘤、炎症疗效确切[3]。治疗宫颈癌：研究发现半枝莲多糖可明显抑制 U14 宫颈癌自发转移小鼠实体瘤的生长，降低宫颈癌组织中 AMFR 的表达[4]。半枝莲总黄酮对脑缺血再灌注引起的大鼠脑组织损伤具有保护作用[5]。对于各种类型的非哺乳期乳腺炎，在常规保守治疗及手术治疗基础上，加用复方半枝莲，采用中西医结合、内外结合的综合治疗方法，可以缩短病程，快速改善症状[6]。

【参考文献】

［1］王桂玲，房建强，费洪荣，等．半枝莲和白花蛇舌草药对中总黄酮的提取及纯化工艺研究［J］．药学实践杂志，2019，37（6）：537-542.

［2］王翊豪，许晓义，杨斯琪，等．半枝莲药理作用及化学成分提取的研究进展［J］．牡丹江医学院学报，2017，38（6）：116-118.

［3］王单单，郭丽娜，田会东，等．基于网络药理学的白花蛇舌草－半枝莲药对治疗大肠癌的作用机制研究［J］．天津中医药，2019，36（12）：1227-1233.

［4］李洁，隋继英，张淑娜，等．半枝莲多糖对宫颈癌及自分泌运动因子 AMFR 的影响［J］．辽宁中医药大学学报，2019，21（9）：52-55.

［5］沈宏友，刘世钊，陈晓敏，等．半枝莲总黄酮对大鼠脑缺血再灌注损伤的保护作用［J］．中医学报，2019，34（3）：545-550.

［6］李敏，黄湛．复方半枝莲治疗非哺乳期乳腺炎疗效评价［J］．北方药学，2019，16（6）：150-152.

薄荷

【拉丁名】 Menthae Herba.

【别名】 野薄荷、夜息香。

【科属】 唇形科薄荷属。

【药用部位】 本品为唇形科薄荷属植物薄荷的干燥地上部分。夏、秋二季茎叶茂盛或花开至三轮时，选晴天，分次采割，晒干或阴干。

【药材性状】 本品茎呈方柱形，有对生分枝，长 15~40cm，直径 0.2~0.4cm；表面紫棕色或淡绿色，棱角处具茸毛，节间长 2~5cm；质脆，断面白色，髓部中空。叶对生，有短柄；叶片皱缩卷曲，完整者展平后呈宽披针形、长椭圆形或卵形，长 2~7cm，宽 1~3cm; 上表面深绿色，下表面灰绿色，稀被茸毛，有凹点状腺鳞。轮伞花序腋生，花萼钟状，先端 5 齿裂，花冠淡紫色。揉搓后有特殊清凉香气，味辛凉。

【分布】 薄荷广泛分布于北半球的温带地区，中国各地均有分布。中国各地多有栽培，其中江苏、安徽为传统地道产区。

【**性味与归经**】辛，凉。归肺、肝经。

【**功能与主治**】宣散风热。清头目，透疹。用于风热感冒、风温初起、头痛、目赤、喉痹、口疮、风疹、麻疹、胸胁胀闷。

【**用法与用量**】内服：煎汤，3~6g，不可久煎，宜作后下；或入丸、散。外用：适量，煎水先或捣汁涂敷。

【**化学成分**】薄荷中一类主要有效成分为薄荷挥发油[1]。

【**药理毒理研究**】现代药理学研究表明，薄荷挥发油具有抗炎、镇痛、利胆、保肝等作用[1]。薄荷醇局部应用可治头痛、神经痛、瘙痒等。应用于皮肤，首先有凉感，后有轻微刺灼感。此种凉感并非皮肤温度降低，而系刺激神经末梢之冷觉感受器所引起。薄荷醇、薄荷酮对离体兔肠有抑制作用，后者的作用较强。用小鼠做试验，对离体小肠，薄荷精油有解痉（抗乙酰胆碱）作用；但对整体小鼠的小肠内容物之推进速度并无显著影响，甚至有抑制倾向，故推测其健胃作用可能是由于其嗅、味感觉继发性引起的。薄荷醇的乙醇溶液有防腐作用。它对呼吸道炎症有某些治疗作用，可能是由于其促进了分泌而去除了附着于黏膜上的黏液所致。薄荷酮的刺激性强于薄荷醇。同属植物欧薄荷中的总黄酮类具有利胆作用。薄荷醇可引起 BEAS-2B 细胞中 mTOR 的活化，后者可能通过调控薄荷醇诱导的胞内 Ca^{2+} 释放，继而影响 BEAS-2B 细胞中气道炎症相关因子的产生，最终导致气道炎症浸润[2]。

【**参考文献**】

[1] 华燕青，李黔蜀，王云云，等. 超声辅助蒸馏法提取薄荷挥发油的研究[J]. 陕西农业科学，2019，65（8）：16-18.

[2] 陈海博，李敏超. 薄荷醇通过 mTOR 活化促进人支气管上皮细胞气道炎症相关因子的表达[J]. 南方医科大学学报，2019，39（11）：1344-1349.

抱子甘蓝

【**学名**】*Brassica oleracea* L.var.*gemmifera* Zenker.

【**别名**】小圆白菜、小卷心菜、芽卷心菜、芽甘蓝。

【**科属**】十字花科芸薹属。

【**分布**】原产地中海沿岸，欧美各国广泛种植。中国各大城市偶有栽培。

【**药理毒理研究**】绿菜花、抱子甘蓝、菜花和圆白菜等蔬菜中含有名为吲哚类芥子油苷的有机化合物，这种物质可以分解为吲哚并咔唑等化合物。当吲哚并咔唑与芳香烃受体结合后，会激活芳香烃受体在肠屏障中的作用，帮助维持肠道菌群平衡，预防癌症等疾病的发生。当实验鼠吃下绿菜花后，它们比没吃绿菜花的实验鼠可以更加耐受肠漏症和大肠炎等消化系统问题。肠漏症是由慢性炎症引起的，小肠壁的细胞间会产生空隙，使小肠毒素、细菌、微生物和食物颗粒进入血液，进而刺激自体免疫系统，危害肝脏、胰脏等器官，引起哮喘、心脏病等各种疾病[1]。

【参考文献】

［1］绿菜花有益肠道健康［J］. 中国食品学报，2017，17（10）：151.

北艾

【拉丁名】 Artemisiae Vulgaris Folium.

【别名】 艾蒿。

【科属】 菊科蒿属。

【药用部位】 全草。

【分布】 分布于中国、蒙古、俄罗斯、欧洲除冰岛及大西洋与地中海中的岛屿外的国家、北美洲的加拿大及美国东部；在中国分布于陕西（秦岭）、甘肃（西部）、青海、新疆、四川（西部）等省区。

【性味与归经】 辛，温，归脾、肝、肾。

【功能与主治】 调经止血、安胎止崩、散寒除湿之效。

【用法与用量】 内服：煎汤，3~6g，不可久煎，宜作后下；或入丸、散。外用：适量，煎水先或捣汁涂敷。

【化学成分】 主要含有挥发油类，如（I，I）-3, 5- 辛二烯、2, 5- 辛二烯；桉油醇、3- 甲基 -2- 环乙烯 -1- 酮、长叶薄荷酮、樟脑等。

【药理毒理研究】 北艾化学成分中的樟脑具有局部刺激作用和强心作用，长叶薄荷酮有很强的抗炎作用，而桉油醇具有解热、抗炎、抗菌、平喘和镇痛作用。北艾精油对 CYP2E1 和 CYP2D6 酶活性和表达具有明显的抑制作用，可推测艾草精油不能同时与以 CYP2D6 和 CYP2E1 为主要代谢酶的药物配伍[1]。

【参考文献】

［1］蒋志惠，张静苗，曲毅程，等. 汤阴北艾精油对鼠 CYP450 酶活性和表达的影响［J］. 中国畜牧兽医，2019，46（11）：3440-3448.

北苍术

【学名】 *Atractylodes chinensis*（DC.）Koidz.

【别名】 苍术、枪头菜。

【科属】 菊科苍术属。

【药用部位】 北苍术的干燥根茎。春、秋二季采挖，除去泥沙，晒干，撞去须根。

【药材性状】 呈疙瘩块状或结节状圆柱形，长 4~9cm，直径 1~4cm。表面黑棕色，除去外皮者黄棕色。质较疏松，断面散有黄棕色油室。香气较淡，味辛、苦。

【分布】 主要分布于黑龙江、吉林、辽宁、内蒙古、河北、山西、陕西、甘肃、宁夏、青海等省。

【性味与归经】 辛、苦，温。归脾、胃、肝经。

【功能与主治】 有燥湿健脾、祛风、北苍术散寒、明目等功效。用于治疗脘腹胀满、泄泻、水肿、脚气痿躄、风湿痹痛、风寒感冒、雀目夜盲等症。

【用法与用量】5~10g。

【化学成分】根状茎含挥发油、淀粉等，油中的主要成分为苍术酮、苍术素、茅术醇、桉叶醇等。北苍术主要化学成分为倍半萜类、聚乙烯炔类、糖苷类等[1]。

【药理毒理研究】现代药理学研究证明，北苍术具有抑菌、抗炎、保肝、抗溃疡等功效[2]。北苍术为菊科多年生草本植物，经药理学研究表明，其具有显著的药理活性，具有抗溃疡、抗心律失常、降血压、利尿、保肝、抗炎、抗菌等作用[3]科学试验研究显示，北苍术等植物多糖具有生物活性，包括免疫调节[4]、抗炎[5, 6]、抑菌[7, 8, 9]、抗氧化[10]等作用。

【参考文献】

[1] Bougandoura A，D'Abrosca B，Ameddah S，et al.Chemical constituents and in vitro anti-inflammatory activity of Cistanche violacea Desf.(Orobanchaceae)extract [J]. Fitoterapia，2016，109：248-253.

[2] 陈巧玲，袁琳，王也，等. 北苍术粗多糖提取工艺优化及体外抗炎活性研究 [J]. 生物医学工程与临床，2019，23（05）：517-523.

[3] 邓爱平，李颖，吴志涛，等. 苍术化学成分和药理的研究进展 [J]. 中国药用资源杂志，2016，41（21）：3904-3913.

[4] 杨光义，叶方，刘斌，等. 苍术多糖的研究进展 [J]. 中国药师，2014，17（8）：1393-1395.

[5] 李欢，许艳艳，高进勇，等. 蒲公英根多糖的体外抗炎作用研究 [J]. 动物医学进展，2019，40（5）：75-78.

[6] 郭金英，杜洁，李彤辉，等. 发状念珠藻胞外多糖的抑菌与抗炎作用 [J]. 食品科学，2015，36（9）：190-193.

[7] 杨晓杰，郑云姬，李娜，等. 亚洲蒲公英多糖的抑菌性和抗氧化性研究 [J]. 时珍国医国药，2012，23（1）：109-110.

[8] 翟娅菲，张星稀，相启森，等. 南瓜多糖的体外抑菌活性 [J]. 食品研究与开发，2019，40（10）：70-74.

[9] 杜恒裔，刘浩民，邹玲，等. 不同种类浒苔多糖的体外抗菌活性研究 [J]. 中国饲料，2019，（3）：30-32.

[10] Maity GN，Maity P，Dasgupta A，et al.Structural and antioxidant studies of a new arabinoxylan from green stem Andrographis paniculata(Kalmegh) [J]. Carbohydrate Polymers，2019，212：297-303.

北美金镂梅

【学名】*Hamamelis virginiana*.

【别名】维吉尼亚金缕梅、弗尼吉亚金缕梅。

【科属】金缕梅科、金缕梅属。

【分布】原产于北美洲东部，由加拿大的新斯科舍省向西至美国的明尼苏达州，向南至佛罗里达州中部与得克萨斯州东部。

【化学成分】枝条、叶子及树皮的萃取物主要成分包括有单宁酸、没食子酸、儿茶素、原花青素、类黄酮素（山柰酚、槲皮素）、精油（香芹酚、丁香酚、己烯醇）、胆碱及皂素。

【药理毒理研究】含雏菊、金盏花、北美金缕梅等植物提取物的凝胶剂具有治疗疼痛的作用。北美金缕梅树皮中的高分子原花青素具抗炎、抗病毒、抗诱变和刺激细胞增殖等活性。北美金缕梅提取物呈现较高的清除超氧化物阴离子的活性，其含有的单宁酸可以调节皮脂分泌，具保湿及嫩白作用，此外，北美金镂梅提取物可促进血液循环，专门克服眼部浮肿和黑眼圈。

北美圆柏

【学名】*Cedarwood Virginian.*

【别名】美国红桧、铅笔柏、铅笔柏。

【科属】柏科圆柏属。

【分布】原产于北美。自加拿大的东南部起经美国至墨西哥北部地，在美国分布范围最为广泛。中国山东、河南及华北地区引种栽培。

【药理毒理研究】据国外文献报道，北美圆柏的挥发性成分已应用于抗真菌、杀虫、香料、防腐等方面。以北美圆柏的精油作为活性成分的各种制剂，可以用于预防和改善肥胖症和高脂血症。

北玄参

【拉丁名】Scrophulariae Buergeianae Radix.

【科属】玄参科、玄参属。

【药用部位】为玄参科植物北玄参的干燥根。

【分布】产于西丰、本溪、海城、丹东、大连、凌源等地区。

【性味与归经】甘、苦、咸，微寒。归肺、胃、肾经。

【功能与主治】凉血滋阴，泻火解毒。用于热病伤阴、舌绛烦渴、温毒发斑、津伤便秘、骨蒸劳嗽、目赤、咽痛、瘰疬、白喉、痈肿疮毒。

【用法与用量】6~9 克；外用适量，研末调敷患处。

【化学成分】目前对北玄参的化学成分研究很少，暂时发现 ningpogenin、pedicularis-lactone、肉桂酸、咖啡酸、β- 谷甾醇等化合物[1]。

【药理毒理研究】著名的传统药用资源，具有滋阴、降火、除烦、解毒等功效。传统中医临床用于清营醒神、凉血、败毒、利咽。在我国北方地区常用北玄参的根代替玄参作药用。北玄参还具有降压、降血糖、解热和抗真菌作用[1]。北玄参根中 4 个新环烯醚萜苷具有神经保护作用。

【参考文献】

[1] 张刘强. 北玄参化学成分研究［C］. 中华中医药学会. 中华中医药学会药用

资源化学分会第九届学术年会论文集（第一册）. 中华中医药学会：中华中医药学会，2014：41-44.

北枳椇

【拉丁名】 Hoveniae Dulcis Semen.

【别名】 枳椇、鸡爪梨、枳椇子、拐枣、甜半夜。

【科属】 鼠李科，枳椇属。

【药用部位】 为鼠李科植物北枳椇的成熟种子，亦有用带花序轴的果实。

【分布】 分布于中国河北、山东、山西、河南、陕西、甘肃、四川北部、湖北西部、安徽、江苏、江西（庐山）。日本、朝鲜也有分布。

【性味与归经】 味甘酸、平，无任何毒副作用，归于脾、肺经。

【功能与主治】 解酒毒，止渴除烦，止呕，利大小便。主醉酒、烦渴、呕吐、二便不利。

【用法与用量】 内服：煎汤，6~15g；或泡酒服。

【化学成分】 主要的活性成分有三萜皂苷类、黄酮类、苯丙素类、生物碱类以及不饱和脂肪酸类等物质[1]。

【药理毒理研究】 相关的药理学研究表明，北枳椇有解酒保肝、抗脂质过氧化反应和抗高脂血症、抗致突变、抗肿瘤、抑制组胺释放、镇静、抗痉、镇痛、降压利尿等方面的功能。研究表明：北枳椇能够延长醉酒时间并缩短因醉酒而引发的睡眠时间，加速体内乙醇代谢，抑制乙醇所致的肌肉松弛，激活乙醇代谢过程中重要的酶类，如乙醇脱氢酶（ADH)、乙醛脱氢酶（ALDH)、谷胱甘肽过氧化氢酶（GSH-PX）等。以乙醇、四氯化碳（CCl_4)、左旋半乳糖胺（D-GaIN）和脂多糖（LPS）等引发的肝损伤模型试验证明，北枳椇具有保肝作用，在一定程度上使得肝功能维持在正常的水平[1]。

【参考文献】

[1] 唐晖慧，朱双良. 北枳椇的醒酒和保肝作用研究进展［J]. 中国食物与营养，2012，18（2)：69-72.

蓖麻

【学名】 *Ricinus communis* L.

【别名】 大麻子、老麻了、草麻。

【科属】 大戟科、蓖麻属。

【药用部位】 大戟科植物蓖麻的种子。秋季果实变棕色，果皮未开裂时分批采摘，晒干，除去果皮。

【药材性状】 干燥种子略呈扁的广卵形，长 8~18mm，直径 6~9mm。腹面平坦，背面稍隆起，较小的一端，有似海绵状突出的种阜，并有脐点，另一端有合点，种脐与合点间的种脊明显。外种皮平滑，有光泽，显淡红棕色相间的斑纹，质坚硬而脆。内种皮白色薄膜状，包裹白色油质的内胚乳；子叶 2 枚菲薄，位于种子中央。气微弱，味油腻性。似粒大、饱满、赤褐色、有光泽的为佳。

【分布】原产于埃及、埃塞俄比亚和印度，后传播到巴西、泰国、阿根廷、美国等国。广布于全世界热带地区或栽培于热带至温暖带各国。

【性味与归经】叶：甘、辛，平。有小毒。根：淡、微辛，平。

【功能与主治】叶：消肿拔毒，止痒。治疮疡肿毒，鲜品捣烂外敷；治湿疹搔痒，煎水外洗；并可灭蛆、杀孑孓。根：祛风活血，止痛镇静。用于风湿关节痛、破伤风、癫痫、精神分裂症。镇静解痉，祛风散瘀。治破伤风、癫痫、风湿疼痛、跌打瘀痛、瘰疬。

【用法与用量】根 50~100g，水煎服。

【化学成分】种子含脂肪油 40%~50%，油饼含蓖麻碱、蓖麻毒蛋白及脂肪酶。种子中分出的蓖麻毒蛋白有三种，即蓖麻毒蛋白 –D、酸性蓖麻毒蛋白、碱性蓖麻毒蛋白。

【药理毒理研究】

1. 泻下作用 蓖麻种子中的油本身并无致泻作用，在十二指肠内受脂肪分解酶的作用，皂化成蓖麻油酸钠与甘油，蓖麻油酸钠对小肠有刺激性，引起肠蠕动增强，小肠内容物急速向结肠推进，在服药后 2~6 小时，排出半流质粪便，排便后可有暂时的便秘；加大剂量不能增强效力，未水解部分很快排泄到大肠，蓖麻油酸吸收后，与其他脂肪酸一样在体内代谢分解，因此，蓖麻油作为泻剂是比较安全的；由于味道不好，可以制成乳剂内服。蓖麻油能阻碍山道年的吸收，并非由于腹泻引起。

2. 其他作用 蓖麻油本身刺激性小，可作为皮肤滑润剂用于皮炎及其他皮肤病，做成油膏剂用于烫伤及溃疡，种子的糊剂用于皮肤黑热病的溃疡，此外可用于眼睑炎；作为溶剂以除去眼的刺激物，局部应用于阴道及子宫颈疾患。

3. 毒性 蓖麻子中含蓖麻毒蛋白及蓖麻碱，特别是前者，可引起中毒。4~7 岁小儿服蓖麻子 2~7 粒可引起中毒、致死。成人 20 粒可致死。非洲产蓖麻子 2 粒可使成人致死，小儿仅需 1 粒，但也有报告服 24 粒后仍能恢复者。蓖麻毒蛋白可能是一种蛋白分解酶，7mg 即可使成人死亡。蓖麻子中毒后之症状有：头痛、胃肠炎、体温上升、白细胞增多、血象左移、无尿、黄疸、冷汗、频发痉挛、心血管虚脱，中毒症状之发生常有一较长的潜伏期。蓖麻毒蛋白引起大鼠急性中毒，主要产生肝及肾的伤害，碳水化合物代谢紊乱，蓖麻中的凝集素可与血球起凝集作用。湖州农村将蓖麻子炒热吃未见中毒，可能由于加热使蓖麻毒蛋白破坏。

薜荔

【学名】*Ficus pumila* Linn.

【别名】凉粉子、木莲、凉粉果。

【科属】桑科榕属。

【药用部位】薜荔的根、茎、叶、花及果实均可入药[1]。

【药材性状】干燥茎枝呈圆柱形，细长而弯曲，直径 1~4mm，表面棕褐色，常散生有攀援根或点状突起的根痕；质坚韧或脆，折断面黄色或黄褐色，髓部圆点状，黄白色，偏于一侧。茎枝上的叶互生，叶片椭圆形，先端钝圆，通常卷折，棕绿色或黄褐色，革质。气弱，味淡。以茎细、均匀、带叶者为佳。

【分布】产于福建、江西、浙江、安徽、江苏、台湾、湖南、广东、广西、贵州、云南东南部、四川及陕西。北方偶有栽培。日本（琉球）、越南北部也有。

【性味与归经】酸，平。肝、脾、大肠经[1]。

【功能与主治】具有清热解毒、祛风化湿、舒筋活络、通利乳汁的功效，主治风湿痹痛、坐骨神经痛、泻痢、水肿、小便淋浊、闭经、产后瘀血腹痛、咽喉肿痛、痈疮肿毒等[1]。

【用法与用量】内服：煎汤，15~25g（鲜品 100~150g）；捣汁、浸酒或研末。外用；捣汁涂或煎水熏洗。

【化学成分】乙醇浸出液中分离得 5 种晶体：内消旋肌醇、芸香苷、β- 谷甾醇、蒲公英赛醇乙酸酯和 β- 香树脂醇乙酸酯。种子中含一种凝胶质样物质约 13%，水解生成葡萄糖、果糖及阿拉伯糖。薜荔含有三萜、倍半萜、甾体、黄酮、香豆素和酚酸类等多种化学成分[1]。

【药理毒理研究】

薜荔具有多种药理活性，主要包括抗炎、镇痛、抗菌、抗氧化、抗肿瘤、降血糖血脂、抗高催乳素血症、保肝作用等[1]。

【参考文献】

[1] 吴文明，侯雄军，刘立民，等. 薜荔的化学成分及药理活性研究进展[J]. 现代药用资源研究与实践，2017，31（5）：78-86.

扁豆

【拉丁名】Dolichoris Semen.

【别名】藊豆（《唐本草》），南扁豆（《滇南本草》），沿篱豆、蛾眉豆（《纲目》），凉衍豆（《本草乘雅半偈》），羊眼豆（《药品化义》），膨皮豆（《广州植物志》），茶豆（《江苏植药志》），南豆（《陆川本草》），小刀豆、树豆（《四川药用资源志》），藤豆（《中国药植图鉴》）。

【科属】豆科、扁豆属。

【药用部位】豆科植物扁豆的白色种子。立冬前后摘取成熟荚果，晒干，打出种子，再晒至全干。

【药材性状】干燥种子为扁椭圆形或扁卵圆形，长 8~12mm，宽 6~9mm，厚 4~7mm。表面黄白色，平滑而光泽，一侧边缘有半月形白色隆起的种阜，占周径的 1/3~1/2，剥去后可见凹陷的种脐，紧接种阜的一端有 1 珠孔，另端有短的种脊。质坚硬，种皮薄而脆，内有子叶 2 枚，肥厚，黄白色，角质。嚼之有豆腥气。以饱满、色白者佳。

【分布】原产于印度，分布在热带、亚热带地区，如非洲、印度次大陆与印尼等，中国南北均有种植。

【性味与归经】甘，平。入脾、胃经。

【功能与主治】健脾和中，消暑化湿。治暑湿吐泻、脾虚呕逆、食少久泄、水停消渴、赤白带下、小儿疳积。

【相关配伍】

1. 治脾胃虚弱，饮食不进而呕吐泄泻者 白扁豆一斤半（姜汁浸，去皮，微妙），人参（去芦）、白茯苓、白术、甘草（炒）、山药各二斤，莲子肉（去皮），桔梗（炒令深黄色）、薏苡仁、缩砂仁各一斤。上为细末，每服二钱，枣汤调下，小儿量岁数加减服。（《局方》参苓白术散）

2. 治霍乱 扁豆一升，香薷一升。以水六升煮取二升，分服。单用亦得。（《千金方》）

3. 治消渴饮水 白扁豆浸去皮，为末，以天花粉汁同蜜和丸梧子大，金箔为衣。每服二、三十丸，天花粉汁下，日二服。忌炙煿酒色。次服滋肾药。（《仁存堂经验方》）

4. 治水肿 扁豆三升，炒黄，磨成粉。每早午晚各食前，大人用三钱，小儿用一钱，灯心汤调服。（《本草汇言》）

【用法与用量】内服：煎汤，15~30g；或入丸、散。

【化学成分】棕榈酸、亚油酸、反油酸；胡芦巴碱等。

【药理毒理研究】有抗菌、抗病毒作用；能提高细胞免疫功能。

扁茎黄芪

【英文名】Mikvetch Fatstem.

【别名】蔓黄芪、蔓黄耆、背扁黄耆、沙苑子。

【科属】豆科黄耆属。

【药用部位】为豆科植物扁茎黄芪的种子。秋末冬初果实成熟尚未开裂时采割植株，晒干，打下种子。生用或炒用。干燥成熟种子是名贵药用资源材沙苑子。

【药材性状】种子略呈扁肾形，长2~2.5mm，宽1.5~2mm，厚约1mm。表面光滑，褐绿色或灰褐色，边缘一侧凹处具圆形种脐。质坚硬，不易破碎。子叶2，淡黄色，胚根弯曲，长约1mm。无臭，味淡，嚼之有豆腥味。

【分布】分布于东北、华北、黄土高原地区。广泛分布于河南、陕西、宁夏、甘肃、江苏、四川、山西、辽宁、吉林、河北及内蒙古等地。

【性味与归经】性温，味甘。

【功能与主治】用于肾虚腰痛、遗精早泄、白浊带下、小便余沥、眩晕目昏。

【化学成分】当前对沙苑子的化学成分及其药理活性的研究已较为深入，其化学成分主要包括有机酸类、甾醇、三萜类、黄酮类、酚类、鞣质及氨基酸、多肽、蛋白质、微量元素等[1]。

【药理毒理研究】具有保肝补肾、固精明目、降压抗炎等功效，同时具有抗菌活性[1]。沙苑子含有相当丰富的硒——即构成谷胱甘肽过氧化物酶的一个不可缺少的组成成分，它能增强人体的免疫功能，起到抗衰老、抗癌肿的作用；同时还具有解除镉、汞、铅等重金属毒性的作用。

【参考文献】

[1] 薛利娟，姬志勤，魏少鹏. 扁茎黄芪植株中化学成分的分离鉴定及其抑菌活性［J］. 农药学学报，2019，21（3）：389-394.

扁蓄

【拉丁名】Polygoni Avicularis Herba.

【别名】粉节草、道生草、萹蓄。

【科属】蓼科蓼属。

【药用部位】为蓼科植物萹蓄的干燥地上部分。夏季叶茂盛时采收，除去根及杂质，晒干。

【药材性状】本品茎呈圆柱形而略扁，有分枝，长10~40cm，直径1~3mm。表面灰绿色或棕红色，有细密微突起的纵纹；节部稍膨大，有浅棕色膜质的托叶鞘，节间长短不一；质硬，易折断，断面髓部白色。叶互生，近无柄或具短柄，叶片多脱落或皱缩、破碎，完整者展平后呈披针形，全缘，两面均呈棕绿色或灰绿色。气微，味微苦。

【分布】全国大部分地区均产。

【性味与归经】味苦，性微寒。归膀胱经。

【功能与主治】利尿通淋，杀虫，止痒。用于热淋涩痛、小便短赤、虫积腹痛、皮肤湿疹、阴痒带下。

【用法与用量】内服：煎汤10~15g；或入丸、散；杀虫单用30~60g，鲜品捣汁饮50~100g。外用：煎水洗，捣烂敷或捣汁搽。

【相关配伍】

1. 用于小便不通，止喘 用红秫黍根二两，扁蓄一两半，灯心百茎，上捣罗。每服半两。(《本草纲目》)

2. 用于热淋涩痛，小便短赤以及石淋 如八正散可，与木通、瞿麦、车前子等同用。(《和剂局方》)

3. 用于蛔虫腹痛，面青 以本品单味浓煎可。(《药性论》)

【化学成分】黄酮类化合物是扁蓄的主要活性成分，含扁蓄苷、槲皮苷、杨梅苷、牡荆素、芥子酸等。

【药理毒理研究】研究发现：一味扁蓄饮应用于2型糖尿病合并泌尿道感染患者，与常规运用左氧氟沙星片口服有相当疗效，且对肾功能等没有明显安全性损害，对于泌尿道感染的指标改善具有良好效果。常用药理作用有利尿、降压、抑菌等。扁蓄中化合物山柰酚，槲皮素、杨梅树皮有不同程度抗菌消炎作用。在治疗真菌方面，有研究提示，1∶10扁蓄浸出液试管内对真菌有抑制作用。在不同部位炎症治疗方面，扁蓄对急慢性细菌感染所致膀胱炎、尿道炎、前列腺炎有较好效果。作为扁蓄的提取物，扁蓄挥发油是重要成分，但是其成分因产地不同而有所不同，其对大肠埃希菌、白色念珠菌、青霉菌等均有抑制作用[1]。

【参考文献】

[1] 许福泉，郭雷，郭赣林，等. 萹蓄挥发油气相色谱–质谱联用分析［J］. 时珍国医国药，2012，23（5）：1190–1191.

滨蒿

【学名】 *Artemisia scoparia* Waldst.et Kit.

【别名】 黄蒿、猪毛蒿、阿各弄、阿仲、白蒿。

【科属】 菊科，蒿属。

【药用部位】 为菊科植物滨蒿（*Artemisia scoparia* Waldst. et Kit.）或茵陈蒿（*Artemisia capillaris* Thunb.）的干燥地上部分。

【分布】 为欧、亚大陆温带与亚热带地区广布种植。朝鲜、日本、伊朗、土耳其、阿富汗、巴基斯坦、印度、苏联及欧洲东部和中部各国都有。遍及中国，东部、南部省区。

【性味与归经】 味苦、辛，微寒。清热利湿，利胆退黄。

【功能与主治】 清热利湿，利胆退黄。

【用法与用量】 3~9g。

【化学成分】 药用成分含挥发油和对羟基苯乙酮、绿原酸、咖啡酸、6, 7– 二羟基 –5– 甲氧基肉桂酸等。

【药理毒理研究】 植物化感作用是一种活或死的植物通过适当的途径向环境释放特定的化学物质，从而直接或间接影响邻近或下茬（后续）同种或异种植物萌发和生长的效应，这种效应在绝大多数情况下具有抑制作用。滨蒿根水浸提液对 4 种冰草的种子萌发及幼苗生长存在一定程度的化感作用[1]。此外，具有驱蚊效果[2]及较弱的抗氧化活性[3]。

【参考文献】

［1］徐坤，陈林，卞莹莹，等．猪毛蒿根水浸提液对 4 种冰草种子萌发和幼苗生长的化感作用［J］．浙江大学学报（农业与生命科学版），2019，45（5）：574–584.

［2］吕彤．四种植物提取物驱蚊效果研究［D］．黑龙江八一农垦大学，2016.

［3］胡澍，焦菊英，杜华栋，等．黄土丘陵沟壑区不同立地环境下植物的抗氧化特性［J］．草业学报，2014，23（5）：1–12.

波叶大黄

【拉丁名】 Rhei Undulati Radix et Rhizoma.

【别名】 山大黄。

【科属】 蓼科大黄属。

【药用部位】 蓼科植物波叶大黄的根及根茎。春、秋采挖，切片，晒干。

【药材性状】 本品呈类圆柱形、圆锥形或不规则块状。表面棕褐色，具皱纹，除去外皮显黄棕色。质硬体轻，断面皮部棕黄色或灰黄棕色，木部灰棕色或黄棕色，具放射状纹理。气微，味苦涩[1]。

【分布】 产于黑龙江西部、吉林及内蒙古锡东郭勒盟东部。在俄罗斯（东西伯利亚)、蒙古也有分布。

【性味与归经】苦,寒。胃;大肠经。

【功能与主治】泻热、通便、破积、行瘀。治热结便秘、湿热黄疸、痈肿疔毒、跌打瘀痛、口疮糜烂、烫伤。

【用法与用量】内服:煎汤,3~9g。外用:适量。

【相关配伍】

1. 治黄疸,便秘 土大黄三钱,茵陈五钱。水煎服。(《大同药用植物手册》)

2. 治黄疸性肝炎(湿热黄疸) ①山大黄二钱,茵陈八钱,龙胆草三钱。水煎服。②山大黄四钱,茵陈一两,问荆五钱,车前草五钱;水煎服。一日二次,连服半月为一疗程。

3. 治急性阑尾炎 山大黄、金银花、蒲公英、丹皮、桃仁、川楝子;水煎服。

4. 治急性肠梗阻 山大黄、枳壳、厚朴、莱菔子、芒硝、桃仁、赤芍;水煎服。

【用法与用量】内服:煎汤,5~15g;或研末。外用:研末撒或调敷。

【化学成分】波叶大黄含有大黄素、大黄素甲醚、大黄酚等化学成分[1]。山大黄含土大黄苷[2]。

【药理毒理研究】

1. 抗氧化作用 本品水提取物有较强的抗超氧负离子自由基的作用,作用强度超过三种正品大黄及其他非正品大黄。其所含食用大黄苷(即上大黄苷)也有较强的抗氧化作用。

2. 抗血小板聚集作用 本品水提取物对胶原诱导的人血小板聚集有较弱的抑制作用。山大黄含土大黄苷,致泻、抑菌等作用较弱。传统应用为止血、健胃和轻度致泻。近年来研究发现,其含有的波叶大黄多糖有抗癌、抗炎、抗辐射和抗凝血等广泛的药理活性。云杉鞣酚是一种天然存在的白藜芦醇类似物,含有该化合物的波叶大黄提取物已广泛用于治疗血瘀证和用作通便剂。云杉鞣酚对大鼠离体主动脉有血管舒张作用。

【参考文献】

[1] 白英歌,鲍劲松. 呼伦贝尔市地产波叶大黄化学成分的鉴别分析[J]. 北方药学,2013,10(1):2.

[2] 李毅竦,唐建,刁培渊,等. 制剂中大黄与山大黄的鉴别[J]. 中国兽药杂志,2012,46(11):37-38.

五味子

【拉丁名】Schisandrae Fructus.

【别名】玄及、会及、五梅子、山花椒、壮味、五味、吊榴。

【科属】八角科五味子属。

【药用部位】本品为木兰科植物五味子 *Schisandra chinensis*(Turcz.)Baill. 或华中五味子 *Schisandra sphenanthera* Rehd.et Wils. 的干燥成熟果实。前者习称"北五味子",后者习称"南五味子"。秋季果实成熟时采摘,晒干或蒸后晒干,除去果梗及杂质。

【药材性状】北五味子:呈不规则的球形或扁球形,直径5~8mm。表面红色、紫红色或暗红色，皱缩，显油润，有的表面呈黑红色或出现“白霜”。果肉柔软，种子1~2粒，肾形，表面棕黄色，有光泽，种皮薄而脆。果肉气微，味酸；种子破碎后，有香气，味辛、微苦。南五味子：粒较小，表面棕红色至暗棕色，干瘪、皱缩、果肉常紧贴种子上。

【分布】产于黑龙江、吉林、辽宁、内蒙古、河北、山西、宁夏、甘肃、山东。生于海拔1200~1700m的沟谷、溪旁、山坡。也分布于朝鲜和日本。

【性味与归经】酸、甘，温。归肺，心、肾经。

【功能与主治】收敛固涩，益气生津，补肾宁心。用于久咳虚喘、梦遗滑精、遗尿尿频、久泻不止、自汗、盗汗、津伤口渴、短气脉虚、内热消渴、心悸失眠。

【用法与用量】煎服，3~6g；研末服，1~3g。入汤剂宜后下，最好研末吞服。

【化学成分】五味子醇提液含有多种有效成分，如五味子乙素、五味子甲素、五味子酯甲等[1]。五味子主要由木脂素和挥发性物质两大成分组成，其中以木脂素为主要有效成分。五味子中还含有少量的多糖类、氨基酸、有机酸、无机元素等其他物质[2]。

【药理毒理研究】研究表明五味子醇提液对糖尿病肾病小鼠氧化应激具有保护作用[2]。

1. 对肝脏的保护作用　五味子木脂素中的五味子乙素（Sch B）对于CCl_4等化学应激性肝损伤、药物引起的肝损伤均具有良好的保护作用。

2. 抗肿瘤作用　五味子中含有的木脂素和多糖是抗肿瘤的主要活性成分，木脂素能抑制肿瘤细胞的生长，通过调控细胞凋亡相关的基因蛋白表达而促进肿瘤细胞的凋亡[2]，多糖成分则通过提高机体免疫力而增强机体抗癌的能力[3]。

3. 对心血管的影响　对大鼠的心肌缺血再灌注的模型，研究者给予五味子乙素后，使由心肌缺血再灌注损伤导致的Ca^{2+}刺激引起的线粒体通透性的高敏感得到明显的降低，从而对心肌缺血再灌注损伤起到了保护作用。

4. 对中枢神经的作用　五味子对中枢神经系统有保护作用，尤其是木脂素成分。五味子提取物木脂素能够降低β-分泌酶的活性，从而减少大脑皮层和海马体内的β淀粉样蛋白（Aβ1-42）的堆积，也明显抑制了乙酰胆碱酶活性和谷胱甘肽的含量。改善了β淀粉样蛋白导致的神经毒性引起的认知功能障碍[4]。

5. 免疫作用　五味子提取物对于辐射造成的免疫损伤具有保护作用，预防白细胞和淋巴细胞的减少，给予五味子提取物治疗后，$CD4^+$和$CD8^+$细胞绝对值能显著提高，具有明显的免疫功能增强作用[5]。

6. 其他作用　五味子还可延缓皮肤衰老，增强紫外线作用后损伤皮肤的还原谷胱甘肽（GSH）的水平，减轻紫外线导致的皮肤损伤，从而使紫外线辐射的皮肤得到保护。此外，五味子还具有抗疲劳、抑菌、降低血糖、改善肾脏功能等作用[2]。现代药理研究表明，其具有抗氧化、保护肝肾、抗肿瘤、抗炎等作用[6, 7]。

【参考文献】

[1] 董奥，谭小月，孔琪，等. 五味子醇提液对糖尿病肾病小鼠氧化应激的保护作用及机制研究 [J]. 中草药，2019，50（24）：6038-6044.

[2] 杨擎，曲晓波，李辉，等. 五味子化学成分与药理作用研究进展[J]. 吉林中医药，2015，35(6)：626-628.
[3] 梁婧，侯海燕，兰晓霞，等. 五味子乙素的药理作用及其分子机制的研究进展[J]. 中国现代应用药学，2014，31(4)：506-510.
[4] JEONG EJ，LEE HK，LEE KY，et al.The effects of lignan-riched extract of Shisandra chinensis on amyloid-β-induced cognitive impairment and neurotoxicity in the cortex and hippocampus of mouse[J]. Journal of Ethnopharmacology，2013，146(1)：347-354.
[5] 刘丽华，刘登湘，马鸣，等. 五味子提取物预防辐射所致免疫损伤的实验研究[J]. 癌变·畸变·突变，2012，24(2)：108-110，115.
[6] PU HJ，CAO YF，HE RR，et al.Correlation between antistress and hepatoprotective effects of Schisandra lignans was related with its antioxidative actions in liver cells[J]. Evidence-Based Compl Altern Med，2012，2012：1-7.
[7] BREZNICEANU ML，LAU CN，CHENIER I，et al.Reactive oxygen species promote caspase-12 expression and tubular apoptosis in diabetic nephropathy[J]. J Am Soc Nephrol，2010，21(6)：943-954.

玻璃苣

【拉丁名】Borago.

【别名】琉璃花、玻璃苣。

【科属】紫草科琉璃苣属。

【药用部位】叶和花均可入药。

【分布】原产于东地中海沿岸及小亚细亚的温带地区。欧洲和北美广泛栽培，中国甘肃省金昌市有引种栽培。

【化学成分】γ-亚麻酸（gamma linolenic acid，GLA）是玻璃苣提取物中的主要成分[1]。

【药理毒理研究】琉璃苣籽油是一种富含γ-亚麻酸（γ-linolenicacid，GLA）类的小品种特种油，其不饱和脂肪酸高且脂肪酸组成特殊，并含有多种生理活性物质，具有防治心血管疾病、降低胆固醇和抑制癌症等多种生理保健功能。同时，琉璃苣籽油因具有抗氧化作用而广泛应用于功能性食品和医药等领域且潜力巨大[2]。玻璃苣具有明显的抗脂质体过氧化作用，能够抑制血小板聚集及血栓素 A_2 的合成。并能抑制溃疡及胃出血，增加胰岛素分泌。同时亦具有抗炎、抗肿瘤、利尿、镇痛等药理作用[3]。研究发现，玻璃苣提取物具有抗抑郁[4, 5]、平喘[6]等多种复杂的药理作用。玻璃苣水提物对H22荷瘤小鼠肿瘤生长具有明显的抑制作用，具有良好的免疫增强作用；玻璃苣可能通过调节细胞免疫发挥其抗肿瘤作用[7]。玻璃苣醇提取物能明显增加更年期去势小鼠的脾系数和胸腺系数，对免疫系统有一定的保护作用[8]。玻璃苣醇提物能够在一定程度上改善更年期去势小鼠记忆功能；改善更年期去势小鼠的狂躁、失眠等症状[9]。抗炎镇痛：研究发现玻璃苣的水、醇提取物可明显减轻二甲苯致小鼠耳肿胀和醋酸致小鼠腹腔毛细血管通透性增高及减少小鼠的扭体次数[10]。

【参考文献】

[1] 刚宏林，马跃，马英南，等．玻璃苣生物碱提取工艺与抗乳腺癌药效学研究［J］．中医药信息，2016，33（3）：33-36.

[2] 李童．琉璃苣籽油提取工艺及其抗氧化活性研究与产品开发［D］．扬州大学，2017.

[3] Asadi-Samani，Bahmani，Rafieian-Kopaei.The chemical composition，botanical characteristic and biological activities of Borago officinalis：a review［J］．Asian Pac J Trop Med，2014，7S1：S22-28.

[4] 刚宏林，何志一，刘相辉，等．玻璃苣醇提物对慢性抑郁模型小鼠脑组织中神经递质的影响［J］．江苏大学学报（医学版），2012，22（2）：101-103.

[5] 陈晓明，刚洪林，苏云明．玻璃苣醇提取物对慢性应激抑郁模型小鼠行为学的影响［J］．甘肃中医学院学报，2014，31（6）：1-4.

[6] 刚宏林，何志一，李鸿钟，等．玻璃苣醇提取物对实验性哮喘豚鼠平喘作用机制的研究［J］．中医药信息，2011，28（6）：32-34.

[7] 刚宏林，于雅楠，马英南，等．玻璃苣水提物对荷瘤小鼠免疫调节作用的实验研究［J］．中医药信息，2016，33（1）：25-28.

[8] 陈晓明，刚洪林，苏云明．玻璃苣醇提取物对去势小鼠免疫功能及脑内神经递质的影响［J］．甘肃中医学院学报，2014，31（5）：1-4.

[9] 陈晓明，刚洪林，苏云明．玻璃苣醇提取物对去势小鼠行为学的影响［J］．牡丹江医学院学报，2014，35（3）：9-12.

[10] 刚宏林．玻璃苣提取物抗炎镇痛药理作用研究［C］．中国药学会、江苏省人民政府．2012年中国药学大会暨第十二届中国药师周论文集．中国药学会、江苏省人民政府：中国药学会，2012：1965-1969.

菠菜

【拉丁名】 Spinaciae CumRadice Herba.

【别名】 波斯菜、赤根菜、鹦鹉菜、菠薐、菠柃、红根菜、飞龙菜。

【科属】 藜科菠菜属。

【药用部位】 藜科菠菜属植物菠菜的全草。

【分布】 菠菜现遍布世界各个角落，中国各地均有普遍栽培。

【性味与归经】 味甘，性平。归肝、胃、大肠、小肠经。

【功能与主治】 解热毒，通血脉，利肠胃。用于头痛、目眩、目赤、夜盲症、消渴、便秘、痔疮。

【用法与用量】 内服：适量，煮食；或捣汁饮。

【化学成分】 研究表明，菠菜中的许多次生代谢产物如黄酮类、酚类、甾体类等有多种生物活性；菠菜中含有少量的生物碱、皂苷、糖类等化学成分[1]。

【药理毒理研究】相关药理研究表明，菠菜提取物在抗氧化、抗肿瘤、抗炎、抗高血脂、降糖等方面有良好的效果[1]。兴奋机体：德国一项最新研究发现，一种菠菜提取物——蜕皮甾酮与类固醇有着相似作用，确实可提高运动表现，并建议将其列入兴奋剂名单中[2]。菠菜中的黄酮类化合物在生理上也具有抗菌、抗炎、抗氧化、抗细胞增殖和抗变态反应等功效[3]。有报道菠菜含有多酚[4]，多酚类物质具有抗氧化作用，可以用其作为天然的抗氧化剂，应用于食品保鲜和医药行业中。

【参考文献】

[1] 吴开莉，吕华伟，颜继忠．菠菜中化学成分及药理活性研究进展［J］．食品与药品，2016，18（3）：222-227.

[2] 德国研究建议将菠菜提取物列入兴奋剂名单［J］．中国食品学报，2019，19（6）：167.

[3] Dehkharghanian M，Herv é Adenier，Vijayalakshmi M A.Study of flavonoids in aqueous spinach extract using positive electrospray ionisation tandem quadrupole mass spectrometry［J］．Food Chemistry，2010，121（3）：863-870.

[4] DENG G，XI L，XU X，et al.Antioxidant capacities and total phenolic contents of 56 vegetables［J］．Journal of Functionl Foods，2013（5）：260-266.

菠萝

【学名】Ananascomosus.

【别名】黄梨。

【科属】凤梨科凤梨属。

【药用部位】为凤梨科植物凤梨*Ananas comosus*（L.）Merr.［*Bromelia comosa* L.；*A. sativus Schult*. et Schult. f.］的果皮。

【分布】菠萝原产巴西、阿根廷及巴拉圭一带干燥的热带山地，但未发现真正的野生。大概在公元1600年以前传至中美和南美北部栽培。由于菠萝的芽苗较耐贮运，因而在短期内，即迅速传入世界各热带和亚热带地区。16世纪末至17世纪之间，传入中国南部各地区。世界约有61个国家和地区有栽培。除中国外，以泰国、美国、巴西、墨西哥、菲律宾和马来西亚等栽培较多。中国菠萝栽培主要集中在台湾、广东、广西、福建、海南等省，云南、贵州南部也有少量栽培，已有400多年的历史。台湾菠萝主产区在台南、台中及高雄一带。广东省菠萝栽培面积较大，产量较多，产地集中在汕头、湛江、江门等地区及广州市郊。广西主产区在南宁、武鸣、邕宁、宁明、博白等县市。

【行为与归经】性平，味甘、微酸、微涩、性微寒。

【功能与主治】解毒，止咳，止痢。主治咳嗽、痢疾。

【用法与用量】干燥皮，内服：煎汤，9~15g。

【化学成分】果实富含挥发油、多种有机酸、糖类、氨基酸、维生素等。还含1种菠萝蛋白酶。

【药理毒理研究】菠萝皮渣中含有多糖，多糖具有调节免疫、抗氧化、抗突变、抗肿瘤、降血脂[1]、血糖等多种生理活性。

【参考文献】

[1] 赵梅，慕鸿雁. 从麦麸中提取水不溶性膳食纤维的研究［J］. 食品工业，2013，34（1）：77-80.

伯尔硬胡桃

【学名】*Sclerocarya birrea* (A.Rich.) Hochst.

【别名】马鲁拉树、硬果漆。

【科属】漆树科。

【分布】原产于南部非洲的森林中。西非的萨赫勒和马达加斯加也有。现广泛分布于非洲，从北部的埃塞俄比亚到南方的夸祖鲁纳塔尔都有分布[1]。

【化学成分】伯尔硬胡桃果实富含维生素 C（含量相当于橙子的 8 倍）；还含糖、蛋白质、有机酸等。种子富含脂肪油、蛋白质等；仁油含有丰富的 ω-9 油酸，油中含有十八烯酸 70%~78%、亚油酸 4.0%~7.0%、α- 亚麻酸 0.1%~0.7%、棕榈酸 9%~12%、硬脂酸 5.0%~8.0%、花生四烯酸 0.3%~0.7%。另外，仁油还含维生素 E、甾醇、黄酮类化合物与抗氧化成分如原花青素，没食子酸鞣质和儿茶素等[1]。伯尔硬胡桃油具有独特的坚果香味，含有丰富的不饱和脂肪酸、维生素 E 及固醇和黄酮类物质[2]。

【药理毒理研究】种子油和果实提取物具有抗菌、抗氧化、润肤、抗皱、采集血液循环等作用。果实提取物富含维生素 C；种子的萃取油富含抗氧化剂和不饱和脂肪酸有助于重建皮肤自然屏障，深层保湿，能有效补充肌肤水分、滋养并更新肤质。可加强肌肤的抵抗力，高浓度的油酸及脂肪酸，能提升保湿效果，紧缩肌肤水分进而滋润肌肤，修护肌肤组织疤痕。因而提取物可用于护肤、抗衰化妆品，对于干性肌肤能够提供非常好的帮助；其优异的抗氧化能力，能够预防和减缓肌肤的水分流失，帮助重建损坏的肌肤。硬果漆油可以作为基础油单独使用或以一定比例与其他基础油来调制面油或者按摩油，用来制作乳霜也有非常好的效果[1]。树皮和树叶的提取物含有止泻、抗炎、防腐、杀菌、抗凝血、降血压、降血糖、抗痉挛和抗氧化等物质[2]。伯尔硬胡桃的果实可以鲜食，制作果酱，还可以用来酿酒及制造乙醇饮料。树皮、树叶和根均可作药用，提取物含有抗炎、抗菌、抗痉挛、抗凝血、降血压、降血糖等功效成分。伯尔硬胡桃油粕在作为有健康作用的天然抗氧化剂方面有较好的潜能[3]。

【参考文献】

[1] 肖正春，袁昌齐，束成杰，等. 非洲坚果油植物资源开发利用与展望［J］. 中国野生植物资源，2018，37（2）：1-3.

[2] 胡彦，孙佳，Neo C.Mokgolodi，等. 伯尔硬胡桃的性状及其在云南文山的育苗试验［J］. 中国果树，2015（3）：51-54，85.

[3] 孙佳. 马鲁拉油特性及其油粕中生物活性物质的研究［D］. 北京林业大学，2016.

墨水树

【拉丁名】Haematoxyli Lignum.

【别名】彩木、洋苏木、苏仿木。

【科属】云实科采木属。

【分布】原产墨西哥及西印度群岛；我国台湾、深圳等地有栽培。

【药理毒理研究】采木提取物中含有睾酮 5α- 还原酶抑制剂，可用作药物和化妆品，5α- 还原酶抑制剂可用于皮肤疾病，如痤疮、皮脂障碍症或脱发；或用作生发药。它可外用或内服。

菜豆

【学名】*Phaseolus vulgaris* Linn.

【别名】四季豆（江苏）、芸豆。

【科属】豆科菜豆属。

【分布】原产于美洲，中国均有栽培。已广植于各热带至温带地区。在我国，芸豆分布广泛，黑龙江、吉林、内蒙古、陕西、云南等 11 省均有种植。

【功能与主治】解热、利尿消肿。主治小便不利、水肿、脚气病、慢性肝炎、白细胞减少。

【化学成分】含有凝集素、黄酮类成分。菜豆种子中含有的主要皂苷为 B 组大豆皂苷，它们具有共同的苷元——大豆皂醇 B。

【药理毒理研究】菜豆凝集素（phaseolus vulgaris agglutinin，PHA）是菜豆中主要的毒性成分[1]。植物凝集素已在免疫学、细胞生物学、肿瘤防治、基因工程等许多方面得到应用，并在医学、农业上呈现出巨大的应用前景[2]。菜豆还能降低心脏病、肥胖和癌症的风险，在控制体重以及素食应用方面有很大的发展潜力[3]。菜豆营养价值高，含有丰富的碳水化合物、蛋白质、维生素和矿物质，且有增进食欲、防治癌症、改善心脑血管系统、防止便秘、增加胃肠揉动等功效，适合肥胖、糖尿病、冠心病、癌症患者食用，是人们生活生产中重要的作物之一。含有黄酮类成分具有抗癌、防癌作用、抗自由基活性、抗脂质过氧化、抗病毒、抗急性胰腺炎等药理作用，可用于多种疾病的治疗[4]。近年来研究发现皂苷对人类健康有益，如可降低人体胆固醇水平，抵抗真菌、微生物及病毒感染，抑制血小板凝聚以及抗癌等多种功效，豆类是人类获取天然皂苷的重要的来源，豆类中含有大豆皂苷，它们是一类三萜皂苷[5]。

【参考文献】

［1］李佳楠，杨薇，彭娜，等．菜豆毒性分析及毒性预测模型建立［J］．中国农业科学，2015（4）：727-734.

［2］FRASSINETTI S，GABRIELE M，CALTAVUTURO L，et al.Antimutagenic and antioxidant activity of a selected lectin-free common bean(Phaseolus vulgaris L.)in two cell-based models［J］．Plant Foods for Human Nutrition，2015，70（1）：35-41.

[3] 梁珊，高小丽，高金锋，等. 脱脂脱皮对芸豆营养成分及蛋白提取率的影响[J]. 西北农林科技大学学报（自然科学版），2015，43（9）：82-88.

[4] 涂建飞，卢立，张晶. 菜豆中总黄酮提取工艺及含量测定[J]. 人参研究，2013，25（2）：43-45.

[5] 孙健. 提取与加工方法对菜豆中主要皂苷的影响[J]. 中国粮油学报，2010，25（12）：96-100.

菜蓟

【学名】 *Cynara scolymus* L.

【别名】 洋蓟、球蓟、朝鲜蓟。

【科属】 菊科菜蓟属。

【药用部位】 为菊科植物菜蓟的叶。夏季采收，洗净，晒干。

【分布】 原产于地中海地区，西欧地区有栽培。江南沿海引种栽培。

【性味与归经】 味甘；性平。

【功能与主治】 疏肝利胆，清泄湿热。主黄疸、胞胁胀痛、湿热泻痢。

【用法与用量】 内服：煎汤，6~15g。

【化学成分】 化学研究表明，菜蓟主要含有黄酮、倍半萜内酯、酚酸类、木脂素等成分[1]。

【药理毒理研究】 菜蓟素有利胆和保护肝脏作用，并有抗脂肪肝作用，叶子提取物能加速大鼠肝脏重量的增加。菜蓟苦素对Helazzq癌细胞有细胞毒性作用。菜蓟鲜叶提取浓缩制成冲剂用于肝炎、肝胆病、消化系统疾病、肾脏病及过敏症。菜蓟叶作为民间药物治疗和预防人体疾病有着悠久的历史，常用于黄疸、消化不良、慢性蛋白尿症、术后贫血和肝病等[1]。朝鲜蓟内含多酚类、黄酮类、萜类、菊糖及天门冬酰胺等物质，是一种高营养的保健蔬菜，具有抗氧化、抗衰老、抗肿瘤、抗微生物、降压、补肾功效。此外，常食菜蓟可保护肝肾，增强肝脏排毒功能，有降血脂、降胆固醇、促进氨基酸代谢及防止动脉粥样硬化、治疗消化不良、防止便秘、保护心血管等作用[2]。

【参考文献】

[1] 王增援，杨美莲，王金糖，等. 菜蓟叶的化学成分及其抗肿瘤活性研究[J]. 药用资源材，2019（6）：1301-1305.

[2] 秦桂芝，杨尚军，白少岩. 朝鲜蓟化学成分及药理活性的研究进展[J]. 食品与药品，2016，18（1）：65-68.

苍耳子

【拉丁名】 Xanthii Folium.

【别名】 卷耳、葹、苓耳、地葵、枲耳、葈耳、白胡荽、常枲、爵耳。

【科属】 菊科苍耳属。

【药用部位】 以全草、根、花和带总苞的果实入药。

【分布】分布于中国东北、华北、华东、华南、西北及西南各省区。俄罗斯、伊朗、印度、朝鲜和日本也有分布。

【性味与归经】苦、辛，微寒；小毒。

【功能与主治】祛风，散热，除湿，解毒。感冒、头风、头晕、鼻渊、目赤、目翳、风温痹痛、拘挛麻木、风癞、疔疮、疥癣、皮肤瘙痒、痔疮、痢疾。

【用法与用量】内服：煎汤，6~12g，大剂量 30~60g；或捣汁；或熬膏；或入丸、散。外用：适量，捣敷；或烧存性研末调敷；或煎水洗；或熬膏敷。

【化学成分】主要有酚酸、倍半萜内酯类等成分，还有三萜、黄酮、木脂素等成分。

【药理毒理研究】对降血糖、呼吸系统、心血管、抗炎有药理作用。苍耳子具有体外抑菌活性和杀虫活性[1]。研究发现苍耳子中含有的咖啡奎宁酸类化合物可能为抗炎镇痛的主要活性成分之一，其水提取物有抗过敏活性[2]。苍耳子作为临床治疗鼻渊头痛的常用药，具有抗炎、镇痛、抗过敏、调节免疫等多种药理作用。在调节免疫功能方面，苍耳子水煎液中琥珀酸被认为可能是苍耳子调节免疫功能的活性成分之一。王龙妹等[3]发现，苍耳子水煎液对细胞免疫作用明显。张芩等[4]发现，玉屏风散合苍耳子散可调节机体免疫功能。苍耳子挥发油具有支气管哮喘气道重塑的作用，可以治疗哮喘[5]。

毒性：苍耳对小鼠精巢有影响，影响生精小管管壁直径，精子数量，并且降低了雌鼠所怀幼仔个数。说明苍耳能起到降低雄性小鼠的生育能力的作用[6]。消化系统：苍耳子毒副作用在胃肠道比较突出，而以恶心、上腹部不适、呕吐、疼痛、腹泻为主要症状。泌尿系统：苍耳子毒蛋白可引起肾脏的广泛损害，绝大部分中毒患者尿常规检查均有不同程度的蛋白尿、颗粒管型和红白细胞。心血管系统：口服苍耳子可引起中毒性心肌炎。呼吸系统：苍耳子轻度中毒对呼吸系统无明显损害，仅部分患者双肺可闻及湿性啰音。苍耳毒蛋白、苍耳苷严重中毒时可引起呼吸困难，呈叹息样呼吸，晚期可出现呼吸衰竭而死亡。

【参考文献】

［1］周雍，王伟，魏磊，等．苍耳子不同萃取相的抗菌及杀蚜活性［J］．江苏农业科学，2019，21：165-167.

［2］庄延双，胡静，蔡皓，等．苍耳子化学成分及药理作用研究进展［J］．南京中医药大学学报，2017，33（4）：428-432.

［3］王龙妹，傅惠娣，周志兰．枸杞子、白术、细辛、苍耳子对白细胞介素 -2 受体表达的影响［J］．中国临床药学杂志，2000，9（3）：172.

［4］张芩，叶林峰．玉屏风散合苍耳子散治疗变应性鼻炎疗效的 Meta 分析［J］．武汉大学学报（医学版），2017，38（1）：159-164.

［5］颜玺，郭亚蕾，薛中峰．苍耳子挥发油对支气管哮喘大鼠气道重塑的影响［J］．中国实验方剂学杂志，2019，25（14）：106-111.

［6］何凤琴，魏芝艳．苍耳种子对小鼠睾丸和卵巢的毒理作用［J］．陕西农业科学，2015，61（12）：44-46.

藏菖蒲（水菖蒲）

【拉丁名】Calami Rhizoma Acori.

【别名】泥昌、水昌、水宿、茎蒲、白昌、溪荪、兰荪、菖蒲、昌阳、泥菖蒲、蒲剑、水八角草、家菖蒲、臭蒲、大叶菖蒲、土菖蒲、藏菖蒲。

【科属】天南星科菖蒲属。

【药用部位】南星科植物菖蒲的根茎。采收和储藏：栽种2年后即可采收。全年均可采收，但以8~9月采挖者良。挖取根茎后，洗净泥沙，去除须根，晒干。

【药材性状】根茎扁圆柱形，少有分枝；长10~24cm，直径1~1.5cm。表面类白色至棕红色，有细纵纹；节间长0.2~1.5cm，上侧有较大的类三角形叶痕，下侧有凹陷的圆点状根痕，节上残留棕色毛须。质硬，折断面海绵样，类白色或淡棕色；横切面内皮层环明显，有多数小空洞及维管束小点；气较浓烈而特异，味苦辛。

【分布】分布于全国各地。

【性味与归经】味辛、苦，性温。归心、肝、胃经。

【功能与主治】化痰开窍，除湿健胃，杀虫止痒。用于痰厥昏迷、中风、癫痫、惊悸健忘、耳鸣耳聋、食积腹痛、痢疾泄泻、风湿疼痛、湿疹、疥疮。

【用法与用量】内服：煎汤3~6g；或入丸、散。外用：适量，煎水洗或研末调敷。

【化学成分】水菖蒲含有单萜、倍半萜等挥发油成分及黄酮、醌、生物碱等非挥发性成分，具有抗糖尿病、抗氧化、抗微生物等多种药理及生理作用[1]。

【药理毒理研究】研究发现：新鲜水菖蒲根部的水提物在小鼠切创模型上表现出明显的促愈作用，同时在LPS诱导的炎症模型上体现了明显的抗炎作用[1]。药学研究表明，水菖蒲具有显著的抗菌、杀虫、保护中枢神经系统的作用[2, 3]。水菖蒲对粮虫及德国小蠊有一定触杀作用。研究发现：水菖蒲提取物对台湾乳白蚁和樱桃红蟑螂都具有较佳的触杀效果，在高浓度时，短时间内就会使试虫死亡[4]。中枢神经系统作用：天南星科植物菖蒲的根和根茎在古代医学系统中常用来治疗各种神经系统疾病。还具有抑菌作用、改善心血管系统作用、抗肿瘤作用[5]。

【参考文献】

[1] 王常丽，吴琼，陈宇峰，等．水菖蒲水提物的抗炎与促愈活性研究［J］．中国药师，2015，18（5）：730-733.

[2] SANDEEP R，ARUN KJ，AMIT B，et al.Anti-oxidant and anti-microbial properties of some ethno-therapeutically important medicinal plants of Indian Himalayan Region［J］．Biotech，2016，6（2）：1.

[3] CHEN HP，YANG K，ZHENG LS，et al.Repellant and insecticidal activities of shyobunone and isoshyobunone derived from the essential oil of Acorus calamus Rhizomes［J］．Pharmacogn Mag，2015，11（44）：675.

[4] 王芝榕，崔英敏，李玲芸，等．水菖蒲提取物对害虫触杀的初步研究［J］．饲料博览，2019（1）：27-29，33.

[5] 李娟，李顺祥，麻晓雪，等．水菖蒲化学成分与药理作用的研究进展 [J]．中成药，2013，35（8）：1741-1745.

番红花

【拉丁名】Croct Stigma.

【别名】西红花、藏红花。

【科属】鸢尾科番红花属。

【药用部位】鸢尾科植物番红花的柱头。10~11 月中下旬，晴天早晨采花，于室内摘取柱头，晒干或低温烘干。

【药材性状】柱头线形，长约 3cm，暗红色，上部较宽而略扁平，顶端边缘具不整齐的齿状，下端有的残留一小段黄色花柱。体轻，质松软，无油润光泽，干燥后质脆易断。气特异微有刺激性，味微苦。性平，味甘。

【分布】原产于欧洲南部，中国各地常见栽培。一般认为番红花原产于地中海地区、小亚细亚和伊朗。

【性味与归经】性平，味甘；归心、肝经。

【功能与主治】活血化瘀，凉血解毒，解郁安神。用于经闭症瘕、产后瘀阻、温毒发斑、忧郁痞闷、惊悸发狂。

【用法与用量】内服：煎汤，1~3g；冲泡或浸酒炖。

【化学成分】西红花中 4 个主要的生物活性成分为西红花苦苷、西红花苷、西红花酸和西红花醛，此外还含有超过 150 种的挥发性化合物以及大量的胡萝卜素、玉米黄质、番茄红素和多糖等[1]。

【药理毒理研究】对血液系统的作用：番红花热水提取物具有显著的抗血凝作用。对子宫的作用：煎剂对小鼠、豚鼠、兔、犬及猫的离体、在体子宫均有兴奋作用。可引起子宫节律性收缩，提高子宫的紧张性与兴奋性，大剂量时可出现痉挛性收缩，已孕子宫更为敏感。降压作用：煎剂 0.24g/kg 静脉注射，可使麻醉猫、狗血压维持较长时间下降。肾小球肾炎的治疗作用。抗肿瘤作用，对学习记忆的影响：乙醇提取物（CSE）对乙醇诱发的学习和记忆障碍有改善作用，能改善 30% 乙醇处理小鼠记忆获得障碍和 40% 乙醇处理小鼠记忆再现缺失。其他作用：煎剂可使小白鼠、豚鼠、家兔及狗的离体肠管兴奋性增强，产生节律性收缩，但时间不长。番红花能延长小鼠动情周期。番红花花瓣多糖有增强免疫应答的作用。藏红花酸有降血脂作用，肌内注射，能抑制饲喂高胆固醇饲料引起的家兔胆固醇和三酰甘油的升高。藏红花酸钠盐及藏红花苷均有利胆作用，静脉注射能增加兔胆汁分泌，使血中胆红素有明显减少。番红花花提取物对紫外线诱导斑马鱼鱼鳍损伤具有保护作用[2]。西红花可治疗流产及视网膜病变、压疮、溃疡及难愈合性伤口、抑郁症、性功能障碍、阿尔茨海默病及认知功能障碍、早期黄斑病、经前综合征和月经紊乱[3]、抗疲劳[4]。

【参考文献】

[1] THAIE SZ，MOUSAVI SZ.New application and mechanisms of action of saffron and

its important ingredients [J]. Crit Rev Food Sci Nutr，2010，50 (8)：761–786.
[2] 刘杰，邬凤娟，郑康帝，等. 番红花提取物对紫外线损伤斑马鱼鱼鳍的保护作用 [J]. 日用化学品科学，2019，42 (9)：26–29.
[3] 李颜，郭澄. 西红花及其活性成分的国内、外临床研究概况 [J]. 中国药房，2019，30 (17)：2431–2435.
[4] 王歆君，雷鸣宇，杨巧丽，等. 六味西红花口服液活血化瘀及抗疲劳作用的研究 [J]. 中国民族民间医药，2017，26 (19)：21–23.

茅苍术

【拉丁名】 Swordlike Athactylodes Rhizome.

【别名】 茅术、南苍术、穹窿术。

【科属】 菊科。

【药用部位】 为菊科植物茅苍术的根茎。春、秋季采挖，除去泥沙，晒干，撞去须根。

【药材性状】 根茎不规则连珠状或结节状圆柱形，稍弯曲，偶有分歧，长 3~10cm，直径 0.5~2cm。表面灰棕色，有皱纹、横曲纹及须根痕，顶端具茎痛。质坚实，断面黄白色或灰白色，有多数红棕色油室。气香特异。味微甘、辛、苦。

【分布】 分布于江苏、浙江、安徽、江西、湖北、河北、山东等地，江苏茅山地区是茅苍术道地药材的产区。全国各地广泛栽培。

【性味与归经】 性温，味辛、苦。

【功能与主治】 燥湿健脾，祛风，散寒，明目。用于脘腹胀满、泄泻、水肿、脚气痿辟、风湿痹痛、风寒感冒、雀目夜盲。

【化学成分】 苍术主要含有挥发油，含量 5%~9%，挥发油的主要成分为苍术醇 (atractylol)、β- 桉叶醇 (β-eduesmol)、茅术醇 (hinesol) 苍术酮 (atractylone)、苍术素 (atractylodin) 等。

【药理毒理研究】 苍术具有抗溃疡、保肝、抗肿瘤、抗炎和降血糖等药理作用，在临床应用广泛，根茎是其主要入药部位。苍术素作为苍术的有效成分之一，具有促进胃排空、抗炎、抗肿瘤、降血糖、利尿等药理活性[1]。药理研究显示苍术及其提取物具有抗炎、抗肿瘤和免疫调节等作用[2]。

【参考文献】

[1] 高丽，张文慧，黄惠丽，等. 苍术素现代研究概况 [J]. 医学信息，2018，31 (17)：37–40，44.
[2] 张明发，沈雅琴. 苍术抗炎、抗肿瘤和免疫调节作用的研究进展 [J]. 药物评价研究，2016，39 (5)：885–890.

毛金竹

【拉丁名】 Lophathert Herba.

【别名】金毛竹、毛巾竹、淡竹。

【科属】禾本科刚竹属植物。

【药材性状】叶呈狭披针形，长7.5~16cm，宽1~2cm，先端渐尖，基部钝形，叶柄长约5mm，边缘之一侧较平滑，另一侧具小锯齿粗糙，平行脉，次脉6~8对，小横脉甚显著，叶面深绿色，无毛，背面色较淡。气弱，味淡。以色绿、完整、无枝梗者为佳。

【分布】原产于中国，分布于中国黄河流域以南。输入日本及欧洲。生于林中。

【性味与归经】味甘淡、性寒。

【功能与主治】有清热除烦、生津利尿的功效。用于治疗热病烦渴、小儿惊痫、咳逆吐血、面赤、小便短赤、口糜舌疮等症。

【用法与用量】竹叶内服：煎汤6~12g。

【化学成分】从刚竹属植物中发现的化学成分有黄酮及其苷类、二萜酸类、木脂素类、生物碱类、醌类、糖类、挥发性成分、酚酸及其衍生物类等。目前毛金竹叶中分离得：4-羟基-6, 7-二甲氧基-1-萘酸（4-hydroxy-6, 7-dimethoxy-1 naphthoic acid），苜蓿素（tricin），苜蓿素-7-O-β-D-吡喃葡萄糖苷（tricin 7-O-β-D-glucopyranoside），苜蓿素-7-O新橙皮糖苷（tricin-7-O-neohesperidoside），牡荆苷（vitexin），荭草苷（orientin），异荭草苷（isoorientin），胸腺嘧啶（5 methyluracil），尿嘧啶（uracil），胸腺嘧啶脱氧核苷（thymidine），黄嘌呤（xanthine），β-谷甾醇（β sitosterol），胡萝卜苷（daucosterol），丁二酸（sucinic acid）。

【药理毒理研究】刚竹属植物药理作用主要表现为抗氧化、抗衰老、抗菌、抗心肌缺血缺氧、抗血栓、调节血脂、抗癌等。毛金竹竹叶具有抗菌、抗衰老及抗氧化作用。

竹竿通直，节间节度中等而变幅不大，竹壁较厚，竹材坚韧篾编织使用。笋可食。

枸杞

【拉丁名】Lycii Fructus.

【别名】狗奶子、狗牙根、狗牙子、牛右力、红珠仔刺、枸杞菜。

【科属】茄科枸杞属植物。

【药用部位】为茄科植物宁夏枸杞的成熟果实。

【药材性状】

1. 西枸杞 为植物宁夏枸杞的干燥成熟果实。呈椭圆形或纺锤形，略压扁，长1.5~2cm，直径4~8mm。表面鲜红色至暗红色，具不规则的皱纹，略有光泽，一端有白色果柄痕。肉质柔润，内有多数黄色种子；扁平似肾脏形。无臭，味甜，嚼之唾液染成红黄色。以粒大、肉厚、种子少、色红、质柔软者为佳。

2. 津枸杞 又名津血杞、杜杞子。为植物枸杞的干燥成熟果实。呈椭圆形或圆柱形，两端略尖，长1~1.5cm，直径3~5mm。表面鲜红色或暗红色；具不规则的皱纹，无光泽。质柔软而略滋润，内藏多数种子，种子形状与上种略同。无臭，味甜。以粒大、肉厚、种子少、色红、质柔软者为佳。粒小、肉薄、种子多、色灰红老质次。

【分布】分布于中国东北、河北、山西、陕西、甘肃南部以及西南、华中、华南和华东各省区；朝鲜，日本，欧洲有栽培或逸为野生。

【性味与归经】味甘，性平；归肝、肾、肺经。

【功能与主治】滋肾，润肺，补肝，明目。治肝肾阴亏、腰膝酸软、头晕、目眩、目昏多泪、虚劳咳嗽、消渴、遗精。

【用法与用量】内服：煎汤，10~20g；熬膏、浸酒或入丸、散。

【化学成分】已多糖、多种氨基酸、微量元素、维生素、牛磺酸、生物碱等，尚分离出β-谷甾醇、亚油酸。日本产枸杞果实含玉蜀黍黄素、甜菜碱和一种硫胺素抑制物。果皮含酸浆果红素。

【药理毒理研究】

1. 抗脂肪肝的作用 宁夏枸杞子的水浸液（20%，8毫升/天灌胃），对由四氯化碳毒害的小鼠，有轻度抑制脂肪在肝细胞内沉积、促进肝细胞新生的作用。水提取物的抗脂肪肝的作用还表现在，防止四氯化碳引起的肝功能紊乱（以胆碱酯酶、转氨酶的活性作指标）。如给大鼠较长期（75天）口服枸杞水提取物或甜菜碱，可升高血及肝中的磷脂水平；受四氯化碳毒害后的大鼠，肝中磷脂、总胆甾醇含量减低，事先或同时给甜菜碱或枸杞水提取物则有所升高；同时对BSP、SgPT、碱性磷酸酶、胆碱酯酶等试验均有改善作用。枸杞对脂质代谢或抗脂肪肝的作用，主要是由于其中所含的甜菜碱所引起，后者在体内起甲基供应体的作用。

2. 拟胆碱样作用 枸杞的水提取物静脉注射，可引起兔血压降低，呼吸兴奋；阿托品或切断迷走神经可抑制此反应。它还能抑制离体兔心耳、兴奋离体肠管（在离体豚鼠小肠上，8mg枸杞水提取物≌组胺1μg，其作用可被苯海拉明或阿托品所阻断）、收缩兔耳血管等。甜菜碱无此作用，对兔耳血管则为扩张作用。甲醇、丙酮、乙酸乙酯等提取物亦有轻度降压作用。故枸杞的上述作用为甜菜碱以外的成分所引起。甜菜碱口服作用很小；皮下注射，作用类似胆碱。它作为一个有效的甲基供应体，几与胆碱相等。对机体无毒，亦不易被机体利用，以原形排出体外；其盐酸盐在溶液中易于解离出盐酸。枸杞提取物还能显著促进乳酸菌之生长及产酸，可用于食品工业。

3. 毒性 果实水溶性提取物小鼠皮下注射器的半数致死量为83.2g/kg；甜菜碱盐酸盐小鼠皮下注射的半数致死量为18.7g/kg。甜菜碱进入体内以原形排出，大鼠静脉注射2.4g/kg，未见毒性反应，小鼠腹腔注射25g/kg，10分钟之内出现全身痉挛，呼吸停止。

【民间应用】泡茶。

没药

【拉丁名】Myrrha.

【别名】末药、明没药。

【来源】橄榄科植物地丁树或哈地丁的干燥树脂 *Commiphora myrrha* (Nees) Engl.。

【药材性状】

1. 天然没药 呈不规则颗粒性团块，大小不等。大者直径长达6cm以上。表面黄棕色或红棕色，近半透明部分呈棕黑色，被有黄色粉尘。质坚脆，破碎面不整齐，无光泽。

2. 胶质没药 呈不规则块状和颗粒，多黏结成大小不等的团块，大者直径长达6cm以上，表面棕黄色至棕褐色，不透明，质坚实或疏松[1]。

【分布】主产于索马里、埃塞俄比亚及阿拉伯半岛南部。

【性味】味辛、苦，性平。

【功能与主治】用于胸痹心痛、胃脘疼痛、痛经经闭、产后瘀阻、癥瘕腹痛、风湿痹痛、跌打损伤、痈肿疮疡等病症的治疗。

【用法与用量】内服：煎汤，3~10g；或入丸、散。外用：适量，研末调敷。

【化学成分】没药中主要化学成分类型有单萜、倍半萜、三萜、甾体、木脂素等[2]。没药树含树脂25%~35%，挥发油2.5%~9%，树胶57%~65%，此外为水分及各种杂质3%~4%。树脂的大部分能溶于醚，不溶性部分含α及β罕没药酸，可溶性部分含α，β与γ没药酸、没药尼酸、α与β罕没药酚。尚含罕没药树脂、没药萜醇。挥发油在空气中易树脂化，含丁香油酚、间苯甲酚、枯醛、蒎烯、二戊烯、柠檬烯、桂皮醛、罕没药烯等。树胶水解得阿拉伯糖、半乳糖和木糖。

【药理毒理研究】抗肿瘤活性、保肝作用、凝血作用、镇痛作用、神经保护作用及其他作用等。没药的水浸剂（1∶2）在试管内对堇色毛癣菌、同心性毛癣菌、许兰氏黄癣菌等多种致病真菌有不同程度的抑制作用。没药的抗菌作用可能与含丁香油酚有关，参见丁香条。含油树脂部分能降低雄兔高胆甾醇血症（饲氢化植物油造成）的血胆甾醇含量，并能防止斑块形成，也能使家兔体重有所减轻。与其他含油树脂的物质相似，没药（一般用酊剂）有某些局部刺激作用，可用于口腔洗剂中，也可用于胃肠无力时以兴奋肠蠕动。水浸剂用试管稀释法1∶2，对堇色毛癣菌等皮肤真菌有抑制作用。所含挥发油对霉菌有轻度抑制作用。没药煎剂（20mg/kg）股动脉注射，可使麻醉狗股动脉血流量增加，血管阻力下降。

【参考文献】

[1] 王国强. 全国中草药汇编[M]. 北京：人民卫生出版社，2014.

[2] 韩璐，孙甲友，周丽，等. 没药化学成分和药理作用研究进展[J]. 亚太传统医药，2015，11（3）：38-42.

蔓胡颓子

【拉丁名】Elaeagni Glabrae Fructus.

【别名】耳环果、羊奶果、甜棒槌、砂糖罐、桂香柳。

【科属】胡颓子科胡颓子植物。

【药用部位】为胡颓子科植物蔓胡颓子 *Elaeagnus glabra* Thunb. 和角花胡颓子果实、叶、根。

【药材性状】广东等地尚产一种角花胡颓子 *Elaeagnusgonyanthes Benth.* 与本种的区别点为：花单生；花被管四棱，于子房顶部收缩，上端4裂；果具长柄。功用与蔓胡颓子基本相同。

【分布】产于江苏、浙江、福建、台湾、安徽、江西、湖北、湖南、四川、贵州、广东、广西；常生于海拔1000m以下的向阳林中或林缘。日本也有分布。

【性味与归经】味酸，性平；归大肠经。

【功能与主治】果可食或酿酒；叶有收敛止泻、平喘止咳之效，根行气止痛，治风湿骨痛、跌打肿痛、肝炎、胃病。

【用法与用量】内服：煎汤，9~18g。

【化学成分】叶含生物碱、黄酮苷、酚类、糖类、氨基酸、有机酸。

【民间应用】果可食或酿酒。

蔓荆子

【拉丁名】Vitics Simplicifoliae Fructus.

【别名】白背木耳、白背杨、水捻子、白布荆。

【科属】马鞭草科牡荆属植物。

【药用部位】为马鞭草科牡荆属植物单叶蔓荆 *Vitex trifolia* L. var. *simplicifolia* Cham. 或蔓荆 *Vitex trifolia* L. 的干燥成熟果实。秋季果实成熟时采收，除去杂质，晒干。

【药材性状】本品呈球形，直径4~6mm。表面灰黑色或黑褐色，被灰白色粉霜状茸毛，有纵向浅沟4条，顶端微凹，基部有灰白色宿萼及短果梗。萼长为果实的1/3~2/3，5齿裂，其中2裂较深，密被茸毛。体轻，质坚韧，不易破碎。横切面可见4室，每室有种子1枚。气特异而芳香，味淡、微辛。

【分布】产于福建、台湾、广东、广西、云南。生于平原、河滩、疏林及村寨附近。印度、越南、菲律宾、澳大利亚也有分布。

【性味与归经】辛、苦，微寒；归肺、膀胱、肝经。

【功能与主治】疏散风热，清利头目。用于风热感冒头痛、齿龈肿痛、目赤多泪、目暗不明、头晕目眩。

【用法与用量】5~9g。

【化学成分】蔓荆果实含少量（0.01%）蔓荆子碱及含2.60%的脂肪油，主要成分是肉豆营蔻酸（myristic acid），棕榈酸（palmitic acid），硬脂酸（stearic acid），棕榈油酸（palmitoleicaid），油酸（oleic acid）和亚油酸（linoleic acid）以及0.90%的不皂化物系少量的石蜡（paraffin），γ-生育酚（γ-tocopherol）和β-谷甾醇（β-sitosterol）。另含对-羟基苯甲酸（p-hydroxy benzoic acid），对-茴香酸（p-anisic acid）及香草醛（vanillin）。

【药理毒理研究】

1. 镇静止痛作用 用于神经性头痛，对于高血压有效。炮制品提取物有镇痛作用。生蔓荆子醇总提取物注射液（Ⅰ）：生品水总提取物注射液（Ⅲ），制法为生蔓荆子50g，加800ml蒸馏水，分二次回流提取，合并滤液，蒸发浓缩，残渣加95%乙醇200ml搅拌，取滤液浓缩至25ml。炒黄制品水总提取物注射液（Ⅳ），制法同（Ⅲ）。以上制品每1ml相当生药2g。采用热板法，将小鼠（18~22g）放在（55±0.5）℃的热板上（室温 20℃ ±1℃）。以小鼠接触热板到舐足时间为痛反应指标，5 分钟重复测一次痛阈，两次痛反应时间的均数作为正常痛阈值，正常值在 30 秒内者用于试验。动物分六组，在给药后 10、20、30、40、50、60 分钟时测定痛阈均值。比较给药前后痛阈变化及各组间区别。结果表明：样品Ⅰ～Ⅱ在剂量为 30g/kg 时，ip 给药后 20 分钟痛阈显著提高，30 分钟左右作用最强，作用持续 30~60 分钟。30 分钟时，经方差分析四种样品与生理盐水（阴性对照）和吗啡（阳性对照）比较均有极显著性差异（$P < 0.01$）。40 分钟时两组间方差分析得：Ⅰ号（生品）、Ⅱ号（炒黄品）比较，$P < 0.01$，且Ⅰ号作用大于Ⅱ号，Ⅱ号与Ⅳ号样品比较，$P < 0.01$。Ⅱ号作用强于Ⅳ号样品。

2. 退热作用 镇静体温中枢。蔓荆子水煎液 1∶10 浓度，对病毒 ECHO11 株有抑制作用。蔓荆子黄素对金黄色葡萄球菌、蜡样芽孢杆菌、巨大芽孢杆菌均有明显的抑制作用。本品水煎液 1∶10 浓度对病毒 ECHO11 株有抑制作用。

【民间应用】泡酒治疗三叉神经痛。

蔓生百部

【拉丁名】Stemonae Japonicae Radix.

【别名】婆妇草、药虱药。

【科属】百部科植物。

【药用部位】为百部科植物蔓生百部的块根。春、秋季采挖，除去须根，置沸水中略烫或蒸至无白心，取出，晒干。

【药材性状】根与直立百部类同，两端稍狭细，表面淡灰白色，多不规则皱褶及横皱纹；味较苦。

【分布】产于浙江、江苏、安徽、江西等地；生于海拔 300~400m 的山坡草丛、路旁和林下。日本曾引入栽培，有变为野生者。

【性味与归经】性微温，味甘、苦。

【功能与主治】温润肺气，止咳，杀虫。治疗风寒咳嗽，百日咳，肺结核，老年咳喘，蛔虫、蛲虫病，皮肤疥癣、湿疹。

1. 润肺止咳 用于新久咳嗽，如急、慢性支气管炎、百日咳及肺结核等。配麻黄、杏仁治小儿风寒咳喘；配紫菀、贝母、寒水石治小儿肺热咳嗽。

2. 灭虱杀虫 用于头虱、体虱。浓煎灌肠治蛲虫。

【用法与用量】内服：煎汤，5~15g；浸酒或入丸、散。外用：煎水洗或研末调敷。

【化学成分】含百部碱（stemonine）、次百部碱（stemonidine）、异次百部碱（isostemonidine）、原百部碱（protostemonine）、蔓生百部碱（stemonamine）、异蔓生百部碱（isostemonamine）等。

【药理毒理研究】

1. 抗菌作用 蔓生百部水浸液在体外对某些致病真菌有一定的抑制作用；但也有报道对真菌并无抗菌作用的。

2. 杀虫作用 蔓生百部与其他种百部（品种未鉴定）的水浸液及乙醇浸液，对蚊蝇幼虫、头虱、衣虱以及臭虫等皆有杀灭作用。

3. 止咳作用 药典记载，70% 蔓生百部提取物具有止咳作用，效果弱于其他百部。

盘叶忍冬

【拉丁名】 Lonicerae Hypoglauace Caulis.

【别名】 大叶银花、叶藏花、杜银花、土银花。

【科属】 忍冬科忍冬属盘叶忍冬。

【药用部位】 以花蕾入药。

【分布】 产于河北西南部、山西南部、陕西中部至南部、宁夏和甘肃的南部、安徽西部和南部、浙江西北部和南部（龙泉）、河南西北部、湖北西部和东部（罗田）、四川及贵州北部。生林下、灌丛中或河滩旁岩缝中，海拔（700）1000~2000（3000）m。

【性味与归经】 甘，寒；归肺、胃、大肠三经。

【功能与主治】 清热解毒。用于外感风热或温热病初起，发热而微恶风寒者。

【用法与用量】 内服：煎汤，3~9g。外用：适量，捣敷。

【药理毒理研究】 药理试验表明，盘叶忍冬具有广泛的抗菌作用，对痢疾杆菌、伤寒杆菌、大肠埃希菌、百日咳杆菌、白喉杆菌、铜绿假单胞菌、结核分枝杆菌、葡萄球菌、链球菌、肺炎双球菌等均具有抑制作用，其还有抗流感病毒的作用[1]。大剂量盘叶忍冬对毛细血管通透性的抑制率为 29.39%，而阿司匹林为 42.27%，具有一定的抗炎作用，故盘叶忍冬大剂量具有较好的镇痛、抗炎作用。

【参考文献】

[1] 李雪萍，高晓东，张永东，等. 甘肃产盘叶忍冬对小鼠镇痛作用的实验研究[J]. 卫生职业教育，2010，8：139-140.

牻牛儿苗

【学名】 *Erodium stephanianum* Willd.

【别名】 太阳花。

【科属】 牻牛儿苗科牻牛儿苗属。

【药用部位】 全草供药用。

【药材性状】 牻牛儿苗全株被白色柔毛。茎类圆形，长 30~50cm 或更长，直径 1~7mm，表面灰绿色带带紫色，有分枝，节明显而稍膨大，具纵沟及稀疏茸毛，质脆折断后纤维性。叶片卷曲皱缩，质脆易碎，完整者为二回羽状深裂，裂片狭线形，全缘或具 1~3 粗齿。蒴果长椭圆形，长约 4cm，宿存花柱长 2.5~3cm，形似鹳喙，成熟时 5 裂，向上卷曲呈螺旋。气微，味淡。

【分布】 分布于长江中下游以北的华北、东北、西北、四川西北和西藏。生于干山坡、农田边、沙质河滩地和草原凹地等。俄罗斯西伯利亚和远东、日本、蒙古、哈萨克斯坦、中亚各国、阿富汗和克什米尔地区、尼泊尔亦广泛分布。

【性味与归经】药用资源味苦、微辛，性平。祛风湿，活血通络，清热解毒。蒙药味苦、微辛，性平、锐、腻、糙。燥“希日乌素”，调经，活血，明目，退翳。

【功能与主治】祛风，活血，清热解毒。治疗风湿疼痛、拘挛麻木、痈疽、跌打、肠炎、痢疾。

【用法与用量】内服：煎汤，9~15g；或浸酒；或熬膏。外用：适量，捣烂加酒炒热外敷或制成软膏涂敷。

【化学成分】全草含挥发油，其主要成分为牻牛儿醇。还含槲皮素及其他色素。

【药理毒理研究】

1. 抗菌作用　全草煎剂在试管内对卡他球菌、金黄色葡萄球菌、弗氏痢疾杆菌、β链球菌、肺炎球菌等有较明显的抑制作用；其中所含鞣酸对其抑菌有一定影响。

2. 抗病毒作用　全草煎剂对亚洲甲型流感病毒京科 68-1 株和副流感病毒Ⅰ型仙台株有较明显的抑制作用（通过鸡胚，用血球凝集试验）；其叶和茎均对前者作用较强，根部作用较弱；所含鞣酸对其抗病毒作用影响不大。

毛梗豨莶

【学名】*Siegesbeckia glabrescens* Makino.

【别名】肥猪苗、光梗豨莶、光豨莶、毛豨莶、棉仓狼、棉苍狼、少毛豨莶。

【科属】菊科豨莶属。

【药用部位】全草入药。

【药材性状】豨莶草叶正面均匀分布长约 0.3mm 的非腺毛，叶背面非腺毛较正面略长，其中也散在分布了少数腺毛。花序梗上密被长约 1mm 的非腺毛。总苞上具有腺毛，腺毛顶端有丰富的黏液。瘦果倒卵形，常稍向一侧弯曲，顶端截形，上部有 1 个环状突起。果实表面不光滑，有纵横交错的纹理，其中纵纹较明显，排列紧密，横纹排列不规则。花盘柄上有散在分布的非腺毛和有柄腺毛。毛梗豨莶草与豨莶草不同之处在于，其花序梗上分布的非腺毛较稀疏。果实顶端呈截形，没有环状突起。果实表面纵纹较明显，但排列较为疏松，2 列之间间距为 0.1mm 左右。花盘柄上分布长 0.1~0.4mm 的非腺毛[1]。

【分布】产于浙江、福建、安徽、江西、湖北、湖南、四川、广东及云南等省。日本、朝鲜也有分布。生长于路边、旷野荒草地和山坡灌丛中，海拔 300~1000m。

【性味与归经】性寒，味辛、苦。

【功能与主治】祛风湿、通经络、清热争毒。主风湿痹痛、筋骨不利、腰膝无力、半射不遂、高血压病、疟疾、黄疸、痈肿、疮毒、风疹湿疮、虫兽咬伤。

【用法与用量】内服：煎汤，9~12g，大剂量 30~60g；捣汁或入丸、散。外用：适量，捣敷；或研末撒；或煎水熏洗。

【化学成分】毛梗豨莶草除了含有豨莶苷和苷元外，还含有大花酸等有机酸类成分[2]，另外鉴别出奇任醇、豨莶精醇、isopropylidenkirenol、3α, 15, 16-trihydroxy-ent-pimara-8（14）-en-15, 16-acetonide、16α, 17-dihydroxy-ent-kaura-19-oic acid、

2-desoxy-4-epi-pulchellin、aphanamol I、3-O-甲基槲皮素、槲皮素、香草醛、反式对羟基肉桂酸[3]。

【药理毒理研究】抗肿瘤作用、抗多发性硬化症、抗炎与祛风湿作用、抗菌、抗光老化[4]。

【民间应用】【彝药】阿鲁戳，米米，黑米，阿都米吉，肥猪草：全草入药治风湿性关节疼痛、肝痛、头痛、咽喉肿痛。

【参考文献】

[1] 高飞燕，周建理. 药用资源豨莶草的微性状鉴别 [J]. 中国药用资源杂志，2013，38（3）：331-333.

[2] 张荣强，李强. 豨莶草近五年研究进展 [J]. 求医问药，2011，9（7）：191.

[3] 丁林芬，王海垠，王德升，等. 毛梗豨莶化学成分的研究 [J]. 中成药，2019，41（4）：840-843.

[4] 朱伶俐，徐丽，刘春玲，等. 近5年豨莶草药理作用研究进展 [J]. 江西中医药，2018，49（10）：73-76.

毛果一枝黄花

【拉丁名】Saidaginis Herba.

【别名】朝鲜一枝蒿、一枝黄花、兴安一枝黄花。

【来源】菊科一枝黄花属植物。

【药用部位】干燥全草入药。

【分布】产于新疆阿尔泰山及天山地区生林下林缘和灌丛中。海拔1200~2620m。此种在苏联高加索、蒙古及欧洲有广泛的分布。

【性味与归经】味苦；微辛；性凉。

【功能与主治】疏风清热，解毒消肿。主风热感冒、咽喉肿痛、肾炎、膀胱炎、痈肿疔毒、跌打损伤。

【用法与用量】内服：煎汤，10~30g。外用：鲜品捣敷；或煎浓汁浸洗。

【化学成分】全草或地上部分含一枝黄花酚苷（leiocapo-side），毛果一枝黄花皂苷（virgaureasaponin）Ⅰ、Ⅱ、Ⅲ，毛果一枝黄花酚苷（virgaureoside）A，还含类黄酮类，山柰酚（kaempferol），槲皮素（quercetin），异彩鼠李素（isorhamhetin），山柰酚-3-O-β-D-葡萄糖鼠李糖苷（kaempferol-3-O-β-D-glucorhamno-side），异鼠李素-3-O-β-D-葡萄糖鼠李糖苷（isorhamnetin-3-O-β-D-glucorhamnoside），鼠李素-3-O-β-D-葡萄糖鼠李糖苷（rhamnetin-3-O-β-D-glucoramnoside），槲皮素-3-O-β-D-芸香糖苷（quercetin-3-O-β-D-rutinoside），山柰酚-3-O-芸香糖苷（kaempferol-3-O-rutinoside），槲皮素-D-葡萄糖苷（quercetin-D-glucoside），山柰酚-D-葡萄糖苷（kaempferol-D-glucoside），另含挥展油类，主要有α-蒎烯（α-pinene），β-月棱烯（β-myrcene），柠檬烯（limonene），β，ζ-榄香烯（β，ξ-elemene），β-荜澄茄油宁烯（β-cubenene），β-丁香烯（β-caryophyllene），反式-β-金合欢烯（trans-β-farnesene），大牻牛儿

烯（germacrene）D、B、ξ–荜澄茄烯（ξ–cadinene），丁香烯氧化物（caryophyllene oxide），匙叶桉油烯醇（spathulenol），α–荜澄茄醇（α–cadineol），苯甲酸苄酯（benzyl benzoate）。此外还含多糖（polysaccharides）及金属元素钾、钠、钙、镁。

花及开花的顶部含类黄酮及其苷，槲皮素，山柰酚，异鼠李素及它们的3–O–葡萄糖，苯酚二葡萄糖苷（phenolic digluco–side），一枝黄花酚苷，可能含有五桠果素–3–O–糖苷（dillenetin–3–O–glucogenin）等。

【药理毒理研究】抗炎作用、抗菌作用、利尿作用、抑制二氢叶酸还原酶活性。

毛诃子

【拉丁名】Terminaliae Beuiricae Fructns.

【别名】毗梨勒。

【科属】使君子科植物。

【药用部位】本品系藏族习用药材，以使君子科植物毗黎勒（Gaertn.）Roxb. 的干燥成熟果实。冬季果实成熟时采收，除去杂质，晒干。

【药材性状】本品呈卵形或椭圆形，长2~3.8cm，直径1.5~3cm。表面棕褐色，被红棕色绒毛，较细密，具5棱脊，棱脊间平滑或有不规则皱纹。质坚硬。果肉厚2~5mm，暗棕色或浅绿黄色。果核淡棕黄色。种子1，种皮棕黄色，种仁黄白色，有油性。气微，味涩、苦。

【分布】产于云南南部。

【性味与归经】甘、涩，平。

【功能与主治】清热解毒，收敛养血，调和诸药。用于各种热证、泻痢、黄水病、肝胆病、病后虚弱。

【用法与用量】3~9g，多入丸散服。

【化学成分】毛诃子主要含有三萜皂苷、强心苷、木脂素、鞣质类、脂肪酸、维生素等[1]。

【药理毒理研究】抗氧化活性、治疗四氯化碳引起的肝损伤、降低胆固醇作用、抗菌活性等[1]。

【民间应用】复方三果汤散。

【参考文献】

[1] 王舒. 药用植物毛诃子研究进展[J]. 安徽农业科学，2015，43（5）：65–66.

毛喉鞘蕊花

【拉丁名】Colei Herba.

【别名】名鞘蕊苏、束毛鞘蕊花、福考鞘蕊花。

【科属】唇形科鞘蕊花属植物。

【药用部位】根或全草。

【药材性状】毛喉鞘蕊花药材茎四棱形，具四纵槽，直径5~15mm，密被柔毛，具对生分支。叶对生，多破碎，完整者呈椭圆形，顶端钝或急尖，叶基部下延，边缘有钝齿，两面密被绒毛，叶柄长6~15mm，亦密被绒毛。花序为轮伞花序，由6~10朵花组成，排成总状。花萼钟形，喉部内面密被长柔毛。花冠外面被稀疏的腺点，花丝在中部以下合生成鞘状；小坚果圆形，压扁，黑色或棕黑色。根茎呈类圆柱形，其上着生肉质或半肉质根数条。质稍韧，断面略呈纤维性。气微香，味微苦。

【分布】产于云南东北部（东川）。生于旷野山坡上，海拔2300m。印度、斯里兰卡、尼泊尔、不丹及热带非洲也有。

【化学成分】毛喉鞘蕊花化学成分多样，目前，研究者已从其根、地上部分及栽培品中不断发现新的化学成分，分离出的化学成分主要有萜类、黄酮、甾醇、挥发油等。萜类为其主要活性成分，主要包括单萜、倍半萜类、二萜类、三萜类等。[1]

【药理毒理研究】降血压作用、抑制血小板聚集作用、降低眼内压作用、平喘解痉作用、抗肿瘤作用[1]。

【民间应用】在印度民间以全草煎服，用于治疗感冒、咳嗽及呼吸系统疾病等。[1]

【参考文献】

[1] 夏伟，刘江. 毛喉鞘蕊花的研究进展[J]. 云南中医药用资源杂志，2012，33（7）：64-67.

木棉花

【拉丁名】Gossampini Flos.

【别名】木棉、斑枝花、琼枝。

【科属】木棉科木棉属植物。

【药用部位】干燥花。

【药材性状】性状鉴别本品呈干缩的不规则团块状，长5~8cm；子房及花柄多脱离。花萼杯杯状，长2~4.5cm，3或5浅裂，裂片钝圆、反卷，厚革质而脆，外表棕褐色或棕黑色，有不规则细皱纹；内表面灰黄色，密被有光泽的绢毛。花瓣5片，皱缩或破碎，完整者倒卵状椭圆形或披针状椭圆形，外表棕黄色或深棕色，密被星状毛，内表面紫棕色或红棕色，疏被星状毛。雄蕊多数，卷曲；残留花柱稍粗，略长于雄蕊。气微，味淡微甘涩。以花朵大、完整、色棕黄者为佳。

【分布】野生或栽培。分布于广东、广西、福建、台湾、云南等地。产于广东、广西等地。

【性味与归经】味甘，淡、性凉；归大肠经。

【功能与主治】清热，利湿，解毒，止血。治疗泄泻、痢疾、血崩、疮毒、金创出血。

①《生草药性备要》："治痢症，白者更妙。"

②《本草求原》："红者去赤痢，白者治白痢，同武彝茶煎常饮。"

③《岭南采药录》："消暑。"

④《药用资源新编》："利尿及健胃。"

⑤《南宁市药物志》："去湿热。治血崩，金创。"

⑥《广西药用资源志》："去湿毒，治恶疮。"

⑦广州部队《常用中草药手册》："清热利湿，治肠炎，菌痢。"

【用法与用量】内服：煎汤，10~15g。

【化学成分】花萼含水分85.66%，蛋白质1.38%，碳水化合物11.95%，灰分1.09%，总醚抽出物0.44%，不挥发的醚抽出物0.18%。种子含蛋白质9.3%，其氨基酸组成主要有丙氨酸（alanine），缬氨酸（valine），异亮氨酸（isoleucine），亮氨酸（leucine），精氨酸（arginine），甘氨酸（glycine）及天冬氨酸（aspartic acid）；种子油脂肪酸组成主要有：肉豆蔻酸（myristic acid）13.44%，棕榈酸（palmitic acid）43.61%，花生酸（arachidic acid）2.32%，山萮酸（behenic acid）14.39%，亚油酸（linoleic acid）26.24%等；种子还含类胡萝卜素（carotenoid），β-谷甾醇（β-sitosterol），α-生育酚（α-tocopherol），正-二十六烷醇（n-hexaconsanol），棕榈酸十八烷醇酯（octadeccyl palmitate），没食子酸（gallic acid），1-没食子酰-β-葡萄糖（1-galloyl-β-glucose），没食子酸乙酯（ethyl gallate），鞣酸（tannic acid），葡萄糖（glucose），鼠李糖（rhamnose），木糖（xylose）。

【药理毒理研究】抗菌、抗炎作用、抗肿瘤作用、肝损伤保护作用[1]。

【民间应用】木棉祛湿汤。

【参考文献】

［1］苏秀芳，黄长军．木棉的化学成分及药理作用的研究进展［J］．广西民族师范学院学报，2010，27（5）：13-15.

木蓝

【拉丁名】Indigoferae Tinctoriae Caulis et Folium.

【别名】槐蓝、大蓝、大蓝青、水蓝、小青、印度蓝、青仔草、野青靛。

【来源】豆科木蓝属植物。

【药用部位】木蓝的叶及茎。夏、秋采收。

【药材性状】性状鉴别枝条圆柱形，有纵棱，被白色丁字毛。羽状复叶互生，小叶9~13，常脱落，小叶倒卵状距圆形或倒卵形，长1~2cm，宽0.5~1.5cm，先端钝，有短尖，基部近圆形，两面被丁字毛，叶柄、叶轴与小叶柄均被白色丁字毛。气微，味微苦。

【分布】分布于华东及湖北、湖南、广东、广西、四川、贵州、云南等地。

【性味与归经】苦；寒。

【功能与主治】清热解毒，凉血止血。主乙型脑炎、腮腺炎、急性咽喉炎、淋巴结炎、目赤、口疮、痈肿疮疖、丹毒、疥癣、虫蛇咬伤、吐血。

【用法与用量】内服：煎汤，15~30g。外用：适量，煎水洗，或捣敷。

【化学成分】全草含靛苷［indican（glucoside）］，鱼藤素（deguelin），去氢鱼藤素（dehydrodeguelin），鱼藤醇（rotenol），鱼藤酮（rotenone），灰叶素（tephrosin），苏门

答腊酚（sumatrol），组胺（histamine）。叶子含有香豆精成分，黄酮类成分，蓝色染料（bluedye）。种子含多糖（holoside），半乳糖甘露聚糖（galactomannan）。茎、叶、果中含黄酮类化合物芹菜素（apigenin），山柰酚（kaempferol），木犀草素（luteolin）和槲皮素（quercetin）。

【药理毒理研究】抗菌活性：木蓝山豆根水煎剂的抑菌作用最强，能抑制革兰阴性菌和革兰阳性菌的生长，对呼吸道感染菌如金黄色葡萄糖球菌、β- 链球菌和草绿色链球菌有效，对肠道感染菌如福氏痢疾杆菌、副伤寒乙杆菌等也有效。此外，还具有抑制环氧合酶（COX）和脂氧酶活性、保肝作用、抗癌及抗肿瘤活性。

木槿树皮

【学名】*Cortes Hibisoi.*

【别名】槿皮、川槿皮、白槿皮、芦树皮、槿树皮、碗盖花皮。

【科属】锦葵科木槿属植物。

【药用部位】木槿的茎皮或根皮。4~5 月，剥下茎皮或根皮，洗净晒干。

【药材性状】干燥的茎皮或根皮呈半圆筒或圆筒状，长 15~25cm，宽窄及厚薄多不一致，通常宽 0.7~1cm，厚约 2mm。外皮粗糙，土灰色，有纵向的皱纹及横向的小突起（皮孔）；内表面淡黄绿色，有明显之丝状纤维。不易折断，体质轻泡。气弱，味淡。以长、宽、厚、少碎块者为佳。

【分布】全国各地均有栽培。主产于四川。

【性味与归经】甘、苦、性微寒；归大肠、肝、心、肺、胃、脾经。

【功能与主治】清热，利湿，解毒，止痒。治肠风泻血、痢疾、脱肛、白带、疥癣、痔疮。

《本草拾遗》："止肠风泻血，痢后热渴，作饮服之，令人得睡，并炒用。"《纲目》："治赤白带下，肿痛疥癣，洗目令明，润燥活血。"《医林纂要》："补肺渗湿，去热，安心神，通利关节。治肺痈，肠痈，衄血，消渴，心烦不眠。"《饮片新参》："治黄疸。"《陕西药用资源志》："煎液可洗治痔疮。"

【用法与用量】内服：煎汤，5~15g。外用：酒浸搽擦或煎水熏洗。

【化学成分】茎皮含辛二酸（suberic acid），1- 二十八醇（1-octacosanol），β- 谷甾醇（β-sitosterol），1, 22- 二十二碳二醇（1, 22-docosanediol），白桦脂醇（betulin），古柯三醇（erythrotriol），壬二酸（nonanedioic acid）；又含脂肪酸包括肉豆蔻酸（myristic acid），棕榈酸（palmitic aicd），月桂酸（lauric acid）；另含铁屎米酮（canthin-6-one）。根皮含鞣质（tannin），黏液质（mucilage）。

【药理毒理研究】茎与根的乙醇浸液，在蒸去乙醇后用试管稀释法，1∶100 对金黄色葡萄球菌、枯草杆菌，1∶20 对痢疾杆菌、变形杆菌均有抑制作用。

木蝴蝶

【拉丁名】Oroxyli Semen.

【别名】千层纸、千张纸、破布子、满天飞。

【科属】紫葳科木蝴蝶属植物。

【药用部位】以种子、树皮入药。秋季种子成熟时，摘取果实，晒干，剥出种子；树皮随用随采。

【药材性状】种子类椭圆形，扁平而菲薄。外种皮除基部外，三边延长成宽大的翅，呈半透明薄膜状，淡棕白色，有绢样光泽，并有放射状纹理，边缘多破碎。连翅种子长径 5.5~8cm，短径 3.5~4cm，除去翅后，种子长径 2~3cm，短径 1.5~2cm。剥去膜质的外种皮后可见一层薄膜状的胚乳，紧裹于子叶之外。珠柄线形，黑棕色，着生于基部。子叶 2 枚，黄绿色，扁平，蝶形，质脆，胚根明显。气无，味微苦。以干燥、色白、大而完整者为佳。

【分布】生长于山坡、溪边、山谷及灌木丛中。分布于福建、广西、云南、贵州、四川、广东等地。主产于云南、广西、贵州。此外，福建、广东、四川凉山彝族自治州亦产少量。

【性味与归经】苦，寒；归肺、肝、胃经。

【功能与主治】种子：清肺热，利咽喉，止咳，止痛。用于急性咽喉炎、声音嘶哑、支气管炎、百日咳、胃痛。树皮：清热利湿。用于传染性肝炎、膀胱炎。

【用法与用量】种子 5~15g，树皮 25~50g。

【化学成分】种子含脂肪油 20%，其中油酸占 80.4%。又含苯甲酸（benzoic acid），白杨素（chrysin），木蝴蝶苷（oroxin）A、B，黄芩苷元（baicalein），特土苷（tetuin），5- 羟基 -6, 7 二甲氧基黄酮（5-hydroxy-6, 7-dimethoxyflavone），木蝴蝶素（oroxylin）A，5, 6- 二羟基 -7- 甲氧基黄酮（5, 6-dihydroxy-7-methoxyflavone），粗毛豚草素（hispidulin），芹菜素（apigenin），高山黄芩素（scutel-larein），白杨素 -7-O-β-D-glucopyra-noside），白杨素 -7-O-β- 龙胆二糖苷（chrysin-7-O-β-gen-tiobioside），黄芩苷（baicalin），高山黄芩苷（scutellarin），木蝴蝶定（oroxindin）即汉黄芩素 -7-O-β-D- 葡萄糖醛酸苷（wogonin-7-O-β-D-glucuronde）。叶含黄芩苷元、高山黄芩素、高山黄芩苷。

【药理毒理研究】种子、茎皮含黄芩苷元，有抗炎、抗变态反应、利尿、利胆，降胆固醇的作用。种子和茎皮中含白杨素，对人体鼻咽癌（KB）细胞有细胞毒活性，其半数有效量为 13mg/ml。

【民间应用】鱼腥草木蝴蝶猪肺汤、木蝴蝶冰糖饮。

皱皮木瓜

【学名】*Chaenomeles speciosa* (Sweet) Nakai.

【别名】贴梗海棠、铁脚梨、木瓜、宣木瓜。

【科属】蔷薇科木瓜属植物。

【药用部位】贴梗海棠的干燥近成熟果实。夏、秋二季果实绿黄时采收，置沸水中烫至外皮灰白色，对半纵剖，晒干。

【药材性状】本品长圆形，多纵剖成两半，长4~9cm，宽2~5cm，厚1~2.5cm。外表面紫红色或红棕色，有不规则的深皱纹；剖面边缘向内卷曲，果肉红棕色，中心部分凹陷，棕黄色；种子扁长三角形，多脱落。质坚硬。气微清香，味酸。

【分布】栽培或野生，分布于华东、华中及西南各地。主产于安徽、浙江、湖北、四川等地。此外，湖南、福建、河南、陕西、江苏亦产。安徽宣城产者，习称宣木瓜，质量较佳。

【性味与归经】酸，温。

【功能与主治】平肝舒筋，和胃化湿。用于湿痹拘挛、腰膝关节酸重疼痛、吐泻转筋、脚气水肿。

【用法与用量】6~9g。

【化学成分】果实含苹果酸（malic acid）、酒石酸（tartaric acid）、枸橼酸（citric acid）和皂苷，还含齐墩果酸（oleanolic acid）。

【药理毒理研究】

1. 保肝作用　以四氯化碳造成大鼠肝损伤，自造型之日起，以10%木瓜混悬液按每日300mg/100g体重，给大鼠灌胃，连续10天，同对照组比较，给药组肝细胞坏死和脂变较轻；可防止肝细胞肿胀，气球样变，并促进肝细胞修复，显著降低血清丙氨酸转氨酶水平。

2. 抗菌作用　抗菌药物筛选发现木瓜有较强抗菌作用。新鲜木瓜汁（每1ml滤液含生药1g）和木瓜煎剂（1g/ml）对肠道菌和葡萄球菌有较明显抑菌作用，抑菌圈直径为18~35mm；对肺炎链球菌抑菌作用较差，抑菌圈直径为8~12mm。较敏感细菌有志贺痢疾杆菌、福氏痢疾杆菌、宋内痢疾杆菌及其变种、致病性大肠埃希菌、普通大肠埃希菌、变形杆菌、肠炎杆菌、白色葡萄球菌、金黄色葡萄球菌、铜绿假单胞菌、甲型溶血性链球菌等。木瓜注射液（去鞣质）浓度1g/ml，仍有相似强度的抗菌活性。0.1mol/L氢氧化钠调木瓜汁pH为3、4、5、6、6.5、7.5进行抑菌试验，结果随pH提高木瓜抗菌作用减弱。以木瓜水溶性部分中分离提取木瓜酚经体外抑菌试验证明，其抑菌作用明显，对各型痢疾杆菌抑菌圈为19~28.6mm。

3. 其他作用　曾发现木瓜提取物对小鼠腹水癌有抑制作用，该提取物为熔点177~178℃的结晶。木瓜提取液85mg/d腹腔注射，共7天，对小鼠腹腔巨噬细胞吞噬呈抑制作用。

4. 毒性　用体重18~25g小鼠25只，每1ml含0.5g生药的木瓜注射液进行尾静脉注射，每次0.2ml，分别以3小时、8小时、20小时进行毒性试验，结果均未见动物死亡。

【民间应用】冰糖炖木瓜。

木芙蓉

【拉丁名】Hibisci Mutabilis Folium.

【别名】酒醉芙蓉、芙蓉花。

【科属】锦葵科木槿属植物。

【药用部位】花、叶均可入药。

【药材性状】干燥花呈钟形，或团缩成不规则椭圆状；小苞片 8~10 枚，线形；花萼灰绿色，5 裂，表面被星状毛；花冠淡红色、红褐色至棕色，皱缩，质软，中心有黄褐色的花蕊。

【分布】多栽培于庭园。分布于全国大部地区。主产于浙江、江苏等地。

【性味】辛，凉。

【功能与主治】清热，凉血，消肿，解毒。治痈肿、疔疮、烫伤、肺热咳嗽、吐血、崩漏、白带。

《本草图经》："主恶疮。"

《滇南本草》："止咳嗽，解诸毒疮。"

《滇南本草图说》："敷疮，清肺凉血，散热消肿。"

《纲目》："治一切大小痈疽，肿毒恶疮，消肿、排脓、止痛。"

《生草药性备要》："消痈肿，散疮疡肿毒，理鱼口便毒，又治小儿惊风肚痛。"

《分类草药性》："治目疾，女人白带，补气和血。"

《贵州民间方药集》："通经活血，治妇科崩带诸病。"

《四川药用资源志》："治腹泻。"

《本草推陈》："外敷打扑伤，肿痛。"

《上海常用中草药》："凉血，止血，清热解毒，消肿，排脓，止痛。"

【用法与用量】15~50g；外用适量，以鲜叶、花捣烂敷患处或干叶、花研末用油、凡士林、酒、醋或浓茶调敷。

【化学成分】木芙蓉的化学成分主要包括黄酮、有机酸、挥发性成分，以及豆甾、蒽醌、香豆素、三萜、木脂素和无机元素等其他成分[1]。

【药理毒理研究】抗非特异性炎症作用、抗肾病作用、抗糖尿病作用、抗菌作用、抗病毒作用、免疫调节作用、抗寄生虫作用[1]。

【民间应用】木芙蓉煎蛋，芙蓉花粥。

【参考文献】

[1] 夏晓旦，黄婷，薛嫚，等. 木芙蓉化学成分与药理作用的研究进展 [J]. 中成药，2017，39（11）：2356-2360.

木鳖籽

【英文名】Momordicae Semen.

【别名】藤桐、木别子、漏苓子[1]。

【科属】葫芦科苦瓜属植物木鳖。

【药用部位】以种子、根和叶入药。根、叶夏季采集，多鲜用。冬初采集果实，沤烂果肉，洗净种子，晒干[1]。

【药材性状】种子略呈扁平圆板状，中间稍隆起，直径 2~3cm，厚约 5mm。表面灰褐色或灰黑色，粗糙，有凹陷的网状花纹，周边两侧均有十数个相对的锯齿状突起。外种皮质坚而脆，内种皮薄膜状，表面灰绿色，绒毛样，其内为两片大形肥厚子叶，黄白色，富油质，有特殊的油腻气，味苦。以籽粒饱满、不破裂、体重、内仁黄白色、不泛油者为佳。

【分布】分布于广西、四川、湖北、河南、安徽、浙江、福建、广东、贵州、云南等地。主产于广西、四川、湖北。此外，湖南、贵州、云南、广东、安徽亦产。

【性味与归经】苦微甘，凉，有毒；归肝、胃、脾经。

【功能与主治】消肿散结，祛毒。治痈肿、疔疮、瘰疬、痔疮、无名肿毒、癣疮、风湿痹痛，筋脉拘挛。

《日华子本草》："醋摩消肿毒。"

《开宝本草》："主折伤，消结肿恶疮，生肌，止腰痛，除粉刺皯蹭，妇人乳痈，肛门肿痛。"

《纲目》："治疳积痞块，利大肠泻痢，痔瘤瘰疬。"

《本草备要》："泻热，外用治疮。利大肠，治泻痢疳积，瘰疬疮痔，乳痈，蚌毒。消肿追毒，生肌除皯。"

《本草求原》："治一切寒湿郁热而为痛风瘫痪、行痹、瘙厥、脚气、挛症、鹤膝。"

【用法与用量】0.9~1.2g；外用适量，研末，用油或醋调涂患处。

【化学成分】含木鳖子酸（momordic acid）、丝石竹皂苷元（gypsogenin）、齐墩果酸（oleanolic acid）、α- 桐酸（α-elaeostearic acid）、氨基酸、甾醇。

【药理毒理研究】乙醇 - 水浸出液和乙醇浸出液，试验于狗、猫及兔等麻醉动物，有降压作用。但毒性较大，无论静脉或肌内注射，动物均于数日内死亡。大鼠静脉注射木鳖子皂苷，血压暂时下降，呼吸短暂兴奋，心搏加快。注射于狗股动脉可暂时增加下肢血流量，其作用强度约为罂粟碱的 1/8。对离体蛙心和离体兔十二指肠均为抑制作用，而对豚鼠回肠则能加强乙酰胆碱的作用、拮抗罂粟碱的作用，高浓度时且引起不可逆性收缩。大鼠口服或皮下注射木鳖子皂苷，能显著抑制角叉菜胶引起的足腺浮肿。对兔红细胞有溶血作用。

种子的皂苷：6.6mg/kg 给大鼠静脉注射可致短暂的呼吸兴奋和血压下降，并能增加狗后肢末梢血管的血流，对离体蛙心有抑制作用；2×10^{-4}g/ml 浓度能增加乙酰胆碱对豚鼠回肠的兴奋作用；灌胃或皮下注射对角叉菜胶引起的大鼠足部肿胀炎症有抑制作用；有溶血作用；对小鼠的半数致死量静脉注射为 32.35mg/kg，腹腔注射为 37.34mg/kg。

木鳖子提取物对麻醉狗、猫及兔等有降压作用，大鼠静脉注射木鳖子皂苷，可使血压暂时下降，心搏加快，呼吸短暂兴奋。注射于狗股动脉可暂时增加下肢血流量，其作用强度约为罂粟碱的 1/8。另外具有抗炎及溶血作用。

小鼠静脉注射木鳖子皂苷半数致死量为 32.35mg/kg，腹腔注射则为 37.34mg/kg。木鳖子毒性较大，无论动脉或静脉给药。动物均于数天内死亡，小鼠静脉注射的半数致死量为 32.35mg/kg，腹腔注射则为 37.34mg/kg。

【民间应用】木鳖子鸡蛋汤。

【参考文献】

[1] 王国强. 全国中草药汇编 [M]. 北京：人民卫生出版社，2014.

牡丹

【学名】 *Paeonia suffruticosa* Andrews.

【别名】 鼠姑、鹿韭、白茸、木芍药、百雨金、洛阳花、富贵花。

【科属】 芍药科芍药属植物。

【药用部位】 根、皮、花。

【药材性状】 性状鉴别茎呈细圆柱形，略弯曲，长短不一，直径约5mm，表面棕褐色，被短柔毛，质硬，不易的断。叶多皱缩破碎，完整者展平后呈卵圆形或阔椭圆形，长10~13cm，宽5~12cm，下面密生绒毛；叶柄长4.5~8.5cm。有时可见花簇生于叶腋，花序外有总苞片，总花梗长1~2.5cm，被绒毛；花冠漏斗状，被短柔毛。气微，味苦。

【分布】 全国各地多有栽培观赏。

【性味与归经】 苦；淡；平。

【功能与主治】 活血调经。主妇女月经不调；经行腹痛。

【用法与用量】 内服：煎汤，3~6g。

【化学成分】 牡丹花主要含紫云英苷（astragalin）。还含牡丹花苷（paeonin），蹄纹天竺苷（pelargonin）。根含牡丹酚、牡丹酚苷、牡丹酚原苷、芍药苷。尚含挥发油0.15%~0.4%及植物甾醇等。

【药理毒理研究】

1. 对中枢的作用 小鼠腹腔注射或口服牡丹酚，具有镇静、催眠、镇痛作用；使正常小鼠体温降低（腹腔注射或灌胃），对人工发热小鼠（注射伤寒和副伤寒杆菌所致）也有退热作用；还有抗电休克或药物引起的惊厥作用。

2. 降压作用 静脉注射牡丹皮水煎剂（相当生药0.75g/kg），对麻醉犬、猫和大鼠皆有降压作用；牡丹酚和除去牡丹酚的水煎液，在急性动物实验中亦有降压效力；试验性高血压（“原发”型和肾型）犬或大鼠口服，都能出现一定降压作用，但作用出现较慢，可能由于在胃肠道吸收缓慢。

3. 抗菌作用 试管内对白色葡萄球菌、枯草杆菌、大肠埃希菌、伤寒杆菌等有较强抗菌作用。牡丹皮对痢疾杆菌、伤寒杆菌等作用显著（试管内两倍稀释法），在pH 7.0~7.6杀菌力最强。琼脂平板挖沟法等也证明对伤寒杆菌、痢疾杆菌、副伤寒杆菌、大肠埃希菌、变形杆菌、铜绿假单胞菌、葡萄球菌、溶血性链球菌、肺炎球菌、霍乱弧菌等多种细菌都有不同程度的抑制作用。牡丹酚在试管内对大肠埃希菌、枯草杆菌、金黄色葡萄球菌等也有抑制作用。牡丹皮浸液在试管内对铁锈色小芽孢菌等10种皮肤真菌也有一定抑制作用。

4. 其他作用 牡丹酚对大鼠后肢足跖浮肿有抑制作用，并能降低血管通透性，牡丹皮除去牡丹酚后即失去上述作用。用鸡胚试验表明，牡丹皮有一定抗病毒作用，但给小鼠灌胃、再感染流感病毒，则结果不一，故其抗病毒作用尚不能肯定。喜马拉雅山产之喜马牡丹热浸液对各种动物子宫均有兴奋作用，但对蛙心则抑制，对兔、豚鼠肠管有解痉作用。药用牡丹之乙醇提取物，蒸去乙醇，对蛙心有洋地黄样作用，能兴奋子宫，抑制大鼠及兔肠管，轻度降低大白鼠血压，但无镇痛及抗惊厥作用（电休克及五甲烯四氮唑的休克）。

【民间应用】牡丹花茶、牡丹面膜、牡丹精油。

木兰

【拉丁名】Magnoliae Lilflorae Flos.

【别名】木兰花，紫玉兰，辛夷，木笔。

【科属】木兰科木兰属植物。

【药用部位】干燥花蕾入药。

【药材性状】长 1.5~3cm，直径 1~1.5cm。基部枝梗较粗壮，皮孔浅棕色。苞片外表面密被灰白色或灰绿色茸毛。花被片 9，内外轮同型。

【分布】原产于我国中部，现在各省均有栽培。

【性味与归经】辛，温，无毒；归胃、肺经。

【功能与主治】赤疱酒、痈疽水肿，治酒疸，利小便，疗重舌。

【用法与用量】内服：煎汤，3~10g，宜包煎；或入丸、散。外用：适量，研末搐鼻；或以其蒸馏水滴鼻。

【化学成分】

1. 望春玉兰 花蕾含挥发油 3.4%，其中主成分为β- 蒎烯（β-pinene），1, 8- 桉叶素（1, 8-cineole）及樟脑（camphor），还含：α- 蒎烯（α-pinene），α- 及β- 水芹烯 phellandrene），香桧烯（sabinene），α- 及γ- 松油烯（terpinene），叔丁基苯（tert-butyl-benzene），水化香桧烯（sabinene hydrate），沉香醇（agarol），α- 及β- 松油醇（terpineol），4- 松油醇（4-terpineol），β- 榄香烯（β-elemene），须式及反式的丁香烯（caryophylene），β- 芹子烯（β-selinen），β-，γ- 及δ- 荜澄茄烯（cadinene），香榧醇（torreyol）。另据报道，花蕾的干品含挥发油 2% ~2.5%，其中主要成分为：α- 及β- 蒎烯，1, 8- 桉叶素，香桧烯，α- 松油烯，月桂烯（myrcene），α- 柠檬烯（α-limonene），4- 松油醇，还含：樟烯（camphene），蒈烯（carene），α- 及γ- 松油醇（terpineol），水化香桧烯，聚伞花素（cymene），α- 松油烯，甲基庚烯酮（methyl heptenone），樟脑，乙酸龙脑酯（bornyl acetate），丁香烯，α-（廿律）草烯（α-humulene），双环榄香烯（bicycloelemene），柠檬醛（citral）a、b，香茅醇（citronellol），牻牛儿醇（geraniol），甲基丁香油酚（methyleugenol），榄香醇（elemol），香榧醇，橙花叔醇（nerolidol），荜澄茄油烯（cubebene），金合欢醇（farnesol），反，反 - 金合欢醛（farnesal），芳樟醇（linalool），反式水化香桧烯（trans-sabinene hydrate），8- 荜澄茄烯，邻苯二甲酸二乙酯（diethyl phthalate）等。花蕾还含木质体成分：松脂酚二甲醚（pinoresinol dimethyl ether），望春花素（magnolin），鹅掌楸树脂醇 B 二甲醚（lirioresinol B dimethyl ether），发氏玉兰素（fargesin），刚果荜澄茄脂素（aschantin），去甲氧基刚果荜澄茄脂素

（demethoxyaschantin），望春玉兰脂素（biondinin）A，玉兰脂素（denudatin）B，发氏玉兰脂酮（fargespone)A、B、C。

2. 玉兰 花蕾和花分别含挥发油 0.29%~0.67% 和 0.08%~0.09%，其中主成分是 1, 8- 桉叶素，还含 α- 及 β- 蒎烯，樟烯，香桧烯，β- 月桂烯，柠檬烯，对聚伞花素（p-cymene），顺式的 3- 己烯 -1- 醇（3-hexen-1-ol)，须式及反式的芳樟醇氧化物（linalool oxide），正十五烷（n-pentadecane），α-（王古）（王巴）烯（α-copaene），β- 旁波烯（β-bourbonene），右旋的 4- 松油醇，左旋的乙酸龙脑酯，β- 丁香棉、α- 松油醇，α- 葎草烯，α- 及 γ- 衣兰油烯（muurolene），大牻牛儿烯（germacrene）D，α- 乙酸香茅醇酯（α-cit-ronellyl acetate），β- 芹子烯，乙酸牻牛儿醇酯（geranyl acetate），α-，γ- 及 δ- 荜澄茄烯，牻牛儿醇，对聚伞花素 -8- 醇（p-cymen-8-ol），菖蒲烯（calamenene），正十九烷（n — nonadecane），丁香烯氧化物（caryophyllene oxide），右旋反式橙花叔醇（trans-neroidol），榄香醇，β- 桉叶醇（β-eudesmol）等。花还含黄酮类成分：芸香苷（rutin），槲皮素 -7- 葡萄糖苷（quercetin-7-glucoside）。叶含挥发油 0.04%~0.15%，其中主成分是 β- 丁香烯和橙花叔醇，其余成分与花中所含类似，但少含了正十五烷、正十九烷、对聚伞花素 -8- 醇，并多含了 α- 松油醇，γ- 松油烯，β- 榄香烯。叶中还含新木脂体成分：玉兰脂素（denudatin）A 及 B，玉兰脂酮（denudatone），布尔乞灵（burchellin），细叶青蒌藤烯酮（futoenone），蔚瑞昆森（veraguensin）。树皮含挥发油，其中主成分是 1, 8- 桉叶素，右旋的 4- 松油醇和左旋的 α- 松油醇。还含生物碱：柳叶木兰碱（salicifoline），木兰箭毒碱（magnocurarine）。

3. 武当玉兰 花蕾含挥发油，其中主成分是乙酸龙脑酯，反式丁香烯，丁香烯氧化物，β- 桉叶醇，还含 α- 及 β- 蒎烯，樟烯，月桂烯，柠檬烯，桉叶素，γ- 松油烯，对聚伞花素，樟脑，芳樟醇，葎草烯，香橙烯（aromadendrene），佛术烯（eremophilene），顺式及反式 -β- 金合欢烯（β-farnesene），芳 - 姜黄烯（ar-curcumene），γ- 荜澄茄烯，α- 及 γ- 衣兰油烯，香茅醇，菖蒲烯，甲基丁香油酚，榄香醇，γ- 桉叶素，香榧醇等。花含挥发油 1.0%，其中主成分是月桂烯，对聚伞花素，α- 及 β- 蒎烯，还含侧柏烯（thujene），樟烯，γ- 松油烯，4- 侧柏醇（4-thujanol），香桧烯，2- 对盖烯 -4- 醇（p-2-men-then-4-ol），1, 4 桉叶素（1, 4-cineole），δ- 荜澄茄醇（δ-cadinol），芳樟醇，樟脑，3- 癸烯 -2- 酮（3-decen-2-one），4- 松油醇，α- 松油醇，香桧醇（sabinol），1- 对盖烯 -3- 醇（p-1-menthen-3-ol），对异丙基苯甲醛（p-isopropylbenzaldehyde），牻牛儿醇，异龙脑（isoborneol），1, 4- 卡达二烯（1, 4-cadaladiene），α- 荜澄茄油烯，百里香酚（thymol），α-（王古）（王巴）烯，α-，β-，γ- 及 δ- 荜澄茄烯，α- 金合欢烯，葎草烯，β- 丁香烯，姜黄烯（curcumene），α- 衣兰油烯，二氢 -α-（王古）（王巴）-8- 醇（dihydro-α-copaene-8-ol）等。树皮含挥发油，其主要成分为 β- 桉叶醇。树皮还含生物碱：柳叶木兰碱，木兰箭毒碱，武当木兰碱（magnospren gerine）。

【药理毒理研究】

1. 局部收敛、刺激和麻醉作用 辛夷挥发油制成的芳香水剂或乳剂，滴入兔结膜囊中，立即产生结膜血管扩张、充血、瞳孔微有扩大；滴于麻醉兔的皮下组织及肠黏膜面上，可产生一层乳白色蛋白凝固薄膜，静脉亦扩张，微血管扩张尤为显著。辛夷 1：1 浸剂或 1：4 煎剂豚鼠皮下给药，均有浸润麻醉作用；辛夷饱和溶液注射于蛙坐骨神经处，可产生阻断麻醉作用。辛夷醇浸膏（3.75g 生药 /kg），用于大鼠十二指肠给药。观察给药前后大鼠鼻黏膜血流量，结果给药后 30 分钟与给药前比较有明显差异 $P < 0.05$，60 分钟时鼻黏膜血流量仍有增高趋势。

2. 抑菌、消炎作用 采用体外试管法测定辛夷的 MIC(mg/ml)，结果金葡菌为 3.13~6.25（水浸膏），6.25~12.5（醇浸臂），肺炎双球菌为 39.5（水浸膏）、4.69（醇浸膏），铜绿假单胞菌为 18.75~75（水浸膏）、75~300（醇浸膏），福氏志贺氏菌为 150（水浸膏）、300（醇浸膏），大肠埃希菌为 37.5~75（水浸膏）、150~300（醇浸膏）。对混合致炎液所致小鼠耳壳炎症有明显的抗炎作用，辛夷水浸膏的剂量为 1g/ml，醇浸膏为 0.75g/ml，与对照组比较 $P < 0.01$。

3. 镇痛作用 辛夷醇浸膏 6.5g/kg 和水浸膏 15g/kg 剂量，观察对小鼠热板法镇痛的作用。结果醇浸膏用药后 60~240 分钟痛阈值明显增加，$P < 0.01$，而水浸膏仅在 240 分钟时才有明显差异，$P < 0.01$。

4. 降压作用 辛夷的水或醇提物，肌内注射或腹腔注射，对麻醉犬、猫、兔及不麻醉大鼠均有降压作用。肌内注射对不麻醉犬也出现降压，1g（生药）/kg 时血压降低 40% 以上，静脉注射可见一过性呼吸兴奋现象。辛夷对试验性肾性高血压大鼠亦有降压作用，对肾性高血压犬则效果不明显，但对原发性高血压大有明显的降压效果。降压成分在去油水溶液中转溶于乙醚之部分。在降压原理方面，与中枢神经系统似无甚关系，而是直接抑制心脏，特别是扩张血管以及神经节阻断而来。口服时降压作用不明显，可能因有效成分不易被吸收的缘故。根含木兰花碱，故有降压作用。

5. 对横纹肌的作用 从望春花花蕾中得到的酚性生物碱，在蛙的腹直肌及坐骨神经缝匠肌标本上呈现箭毒样作用。以蛙腹直肌标本做试验，水煎剂则有乙酰胆碱样作用。用不同提取方法在上述标本上作比较试验，证明望春花花蕾与日本产的花蕾性质相同，而前者作用较强。

6. 对子宫及肠道平滑肌的作用 在人鼠及兔离体子宫，犬及兔在位子宫和兔子宫瘘管等试验中，证明辛夷煎剂和流浸膏能兴奋子宫。在未明显影响血压和呼吸的剂量时，静脉注射或灌胃给药，均呈现这种作用。灌胃量在 1~2.4g/kg 时，20~60 分钟后出现作用，可持续 8~24 小时。已孕子宫较未孕者更为敏感。兴奋子宫成分为溶于水及乙醇的非挥发性物质。

7. 对离体肠的影响 取雄性成鹑直肠 2~3cm，装入含有 20ml 含氧台氏液恒温浴管中，观察描记辛夷对组胺 1×10^{-3} 所致离体直肠痉挛性收缩的抑制作用，结果辛夷醇浸膏 5×10^{-3} 和水浸膏 2.5×10^{-3} 生药 g/ml，均有不同程度的抗组胺作用。

8. 抗过敏作用

（1）抗慢反应物质（SRS–A）的作用：辛夷油 20、30、40μg/ml 浓度，对 SRS–A 所致豚鼠离体回肠收缩的 ID_{50} 为 30μg/ml。辛夷油 40g/ml 剂量还能拮抗 SRS–A 对豚鼠肺条的收缩作用。

（2）辛夷油 10、20、30、40μg/ml 对组胺、乙酰胆碱拮抗作用的 ID_{50} 均为 18μg/ml。

（3）辛夷油 60μg/ml 剂量具有抗致敏豚鼠回肠过敏性收缩作用（$P < 0.01$）。

（4）按药理试验方法学用辛夷油 200mg/kg，最后腹腔注射 90 分钟后观察对豚鼠过敏性哮喘的作用。结果具有明显的保护作用（$P < 0.01$）。

9. 毒性 辛夷毒性较低，犬静脉注射煎剂 1g/kg，兔静脉注射 4.75g/kg 均未见死亡。辛夷酊剂（去醇）腹腔注射大鼠的 LD_{50} 为 22.5g（生药）/kg，小鼠为 19.9g（生药）/kg。腹腔注射后，动物最初 5~10 分钟走动不安，以后转趋安静，呼吸深且慢，出现耳壳及脚掌血管扩张，发绀，最后惊厥而死，如 1~2 小时内不死者可逐渐恢复。河南产辛夷（M.Biondii）醇浸膏对小鼠灌胃的 LD_{50} 为（38.21 ± 5.2）g（生药）/kg，四川产辛夷（M.Sprengeri）醇浸膏为 93.55g（生药）/kg。水浸膏给至最大浓度和体积未见毒性。柳叶木兰碱的急性 LD_{50}：小鼠腹腔注射为 171mg/kg，静脉注射为 46mg/kg。兔静脉注射的 MLD 约为 50mg/kg。动物死亡原因主要是呼吸麻痹。

10. 亚急性毒性 辛荑醇浸膏以 18g（生药）/kg，水浸膏以 30g、15g（生药）/kg，给予大鼠、与对照组比较，各项生化检查及病理切片均未见异常变化。

【民间应用】炒木兰菜。

牡荆叶

【拉丁名】Viticis Cannabifoliae Folinm.

【别名】荆叶。

【科属】马鞭草科植物。

【药用部位】牡荆 *Vitex negundo* L. var. *cannabifolia*（Sieb.et Zucc.）Hand.–Mazz. 的新鲜叶。夏、秋二季叶茂盛时采收，除去茎枝。

【药材性状】

1. 性状鉴别 掌状复叶多皱缩、卷贡，展平后小叶 3~5 枚，中间 3 小叶披针形，长 6~10cm，宽 2~5cm，基部楔形，先端长尖，边缘有粗锯齿；两侧小叶略小，卵状披针形。上表面灰褐色或黄褐色，下表面黄褐色，被稀疏毛。羽状叶脉于背面隆起。总叶柄长 3~8cm，密被黄色细毛。气特异，味微苦。以色绿、香气浓者为佳。

2. 显微鉴别 叶横切面：上、下表皮细胞各 1 列，长方形，外侧平周壁稍呈角质化；叶肉组织为不等面型，栅栏细胞 2 列，于中脉处中断；中脉下方突起，上下表皮内侧均有数列厚角细胞，维管束呈“V”字形，外韧型。

【分布】分布于华东及河北、湖南、湖北、广东、广西、四川、贵州。

【性味与归经】味辛、苦、性平；归肺经。

【功能与主治】解表化湿，祛痰平喘；解毒。主伤风感冒、咳嗽哮喘、胃痛、腹痛、暑湿泻痢、脚气肿胀、风疹瘙痒、脚癣、乳痈肿痛、蛇虫咬伤。

【用法与用量】内服：煎汤 9~15g，鲜者可爱和至 30~60g；或捣汁饮。外用：适量，捣敷；或煎水熏洗[1]。

【化学成分】牡荆叶含挥发油约 0.1%，其中主成分为 β- 丁香烯（β–caryophyllene），含量达44.94%，其次为香桧烯（sabinene），含量10.09%，还含α-侧柏烯（α-thujene）α-及β-蒎烯（pinene），樟烯（camphene），月桂烯（myrcene），α-水芹烯（α-phellandrene），对-聚伞花素（p-cymene），柠檬烯（limonene），1,8-桉叶素（1,8-cineole），α-及γ-松油烯（terpinene），异松油烯（terpinolene），芳樟醇（linalool），4-松油烯醇（terpinen-4-ol），α-松油醇（α-terpineol），乙酸龙脑酯（bornyl acetate），乙酸橙花醇酯（meryl acetate），β-及δ-榄香烯（elelmene），乙酸松油醇酯（terpinyl acetate），古巴烯（copaene），β-波旁烯（β-bourbonene），葎草烯（humulene），γ-前兰油烯（γ-muurolene），β-荜澄茄油烯（β-cubebene），佛术烯（eremophilene），β-甜没药烯（β-bisabolene），δ-荜澄茄烯（δ-cadinene），菖蒲烯（calamenene），丁香烯氧化物（car yophyllene oxide），β-桉叶醇（β-eudesmol）。

【药理毒理研究】

1. 祛痰作用 牡荆叶挥发油1.04g/kg和1.73g/kg灌胃，小鼠酚红法试验表明有显著祛痰作用。此作用主要通过迷走神经，切断迷走神经后祛痰作用减弱。给小鼠灌服或注射牡荆煎剂或粗提牡荆黄酮苷后，可由肺部排出，其祛痰作用也可能与此相关。也有认为牡荆叶的祛痰作用，与其减少痰液内酸性黏多糖纤维和促进其裂解有关。

2. 镇咳作用 牡荆叶油1.04g/kg灌胃，对氨水喷雾引咳的小鼠有显著镇咳作用，0.52g/kg时作用较弱。粗提牡荆黄酮苷静注能抑制电刺激麻醉猫喉上神经所致的咳嗽，其作用强度随剂量增加而增强，表明其镇咳作用与抑制咳嗽中枢有关。

3. 平喘作用 豚鼠恒压组胺喷雾法试验表明，牡荆叶油乳剂1g/kg灌服，能明显延长组胺Ⅳ级反应开始时间，半减少Ⅳ级反应发作鼠数，表明有一定平喘作用；离体气管法试验，牡荆叶油也有一定抗组胺作用。

4. 降血压作用 牡荆叶油乳剂100mg/kg十二指肠给药1小时后兔血压平均下降31%，持续2小时；牡荆叶油石油醚洗脱物5mg/kg和10mg/kg静脉注射，血压分别下降23%和39%。牡荆叶油的降压作用不受乙酰胆碱、阿托品或切断迷走神经影响表明与胆碱能神经无直接关系。

5. 对机体免疫功能的影响 牡荆挥发油0.35ml/（kg·d）灌胃，连续6天，有增强腹腔巨噬细胞对鸡红细胞吞噬作用的趋势。牡荆叶油主成分丁香烯能增加血清IgG水平，表明有增强体液免疫的作用。另有报道，牡荆叶油大剂量（1/8 LD_{50}）灌胃，能降低网状内皮系统对炭粒的吞噬能力。牡荆叶油对巨噬细胞吞噬功能低下的慢性气管炎患者，能使巨噬细胞的吞噬率、吞噬指数和消化程度显著提高，使之接近正常人水平。

6. 对血清蛋白的调节作用 给慢性气管炎患者每日口服β-丁香烯30mg（A组）、牡荆叶挥发油低沸点部分30mg（B组）、牡荆叶挥发油50mg（北方组和南方组），连续20天。结果A组γ-球蛋白明显回升；B组血清清蛋白回升，α2-球蛋白回降；北方组除β球蛋白外，其他蛋白成分，偏低者回升，偏高者回降，但均不显著；南方组清蛋白回升，β-和γ-球蛋白回降，α1-和α2-球蛋白下降。表明牡荆叶挥发油能使清蛋白回升，对γ-、β-和α-球蛋白有双向调节作用，表明有促进清蛋白合成和调节免疫球蛋白作用。

7. 镇静催眠作用 小鼠灌服牡荆叶油30分钟后能显著延长腹腔注射戊巴比妥钠40mg/kg所致催眠作用时间，也能增加腹腔注射阈下剂量（30mg/kg）引起催眠小鼠只数，表明有一定镇静催眠作用。

8. 抗菌作用 牡荆茎叶水煎剂在体外对金黄色葡萄球菌和炭疽杆菌有显著抗菌作用，对大肠埃希菌、乙型链球菌、白喉杆菌、伤寒杆菌、铜绿假单胞菌和痢疾杆菌等也有一定抗菌作用。

9. 其他作用 牡荆叶油对离体豚鼠回肠有显著的抗组胺作用。牡荆叶油乳剂1/8 LD_{50} 灌胃可使幼鼠胸腺明显萎缩，表明可能有增强肾上腺皮质功能的作用。

10. 毒性 ①急性毒性试验：牡荆叶挥发油小鼠灌胃的 LD_{50} 为7.40g/kg或8.68g/kg；牡荆叶挥发油乳剂小鼠灌胃的 LD_{50} 为5.20g/kg，腹腔注射为0.34g/kg；②亚急性毒性试验：小鼠口服牡荆叶挥发油1/10和1/20 LD_{50}，连续14天，全部存活，体重及主要器官的形态和组织学检查均未见异常。牡荆叶油灌服，对小鼠的 LD_{50} 分别为（8.68 ± 0.41）ml/kg及9.6ml/kg。

【民间应用】牡荆叶茶。

柠檬

【拉丁名】Limonia Osbeck Citms.

【别名】黎檬子、黎朦子、宜母子、宜蒙子、里木子、黎檬干、药果、梦子、宜母果、柠果。

【科属】芸香科柑橘属植物。

【药用部位】黎檬或柠檬的果实。

【药材性状】

1. 黎檬果实 近圆形或扁圆形，长约4.5cm，直径约5cm，一端有短果柄，长约3cm，另端有乳头状突起。外表面黄褐色，密布凹下油点。纵剖为两瓣者，直径3~5cm，部囊强烈收缩。横剖者，果皮外翻显白色，瓤翼8~10瓣，种子长卵形，具棱，黄白色。质硬，味酸、微苦。

2. 柠檬果实 长椭圆形，长4~6.5cm，直径3~5cm。

【分布】原产于亚洲。现我国南部多有栽培。

【性味与归经】酸、甘、凉；归肺，胃经。

【功能与主治】生津止渴、和胃安胎。主胃热伤津、中暑烦渴、食欲不振、脘腹痞胀、肺咳嗽、妊娠呕吐。

【用法与用量】内服：适量，绞汁饮或生食。

【化学成分】黎檬果皮含橙皮苷（hesperdin）、β-谷甾醇（β-sitosterol）、γ-谷甾醇（γ-sitosterol）。柠檬果皮含橙皮苷（hesperidin）、香叶木苷（diosmin）、柚皮苷（naringin）、新橙皮苷（neohesperidin）、咖啡酸（caffeic acid）。种子含黄檗酮（obacunone）、柠檬苦素（limonin）。

【药理毒理研究】橙皮苷、柚皮苷有抗炎作用，参见柚条。

【民间应用】柠檬水。

柠檬桉叶

【拉丁名】Eucalypti Citriodorae Folium.

【别名】香桉。

【科属】桃金娘科桉属植物。

【药用部位】柠檬桉的叶。秋季晴天采收；晒干或鲜用。

【药材性状】干燥叶片长椭圆形（幼叶）或卵状披针形（老叶），黄绿色。幼叶上面及叶柄有褐色刺毛，木栓斑点较多，粗糙，香气较浓。老叶上面平滑无毛，香气稍逊于幼叶。

【分布】广东、福建、广西、四川等地有栽培。产于广西、广东等地。

【性味与归经】味辛、苦、性微温；归脾、胃经。

【功能与主治】散风除湿，健胃止痛；角毒止痒。主风寒感冒、风湿骨痛、胃气痛、食积、痧胀吐泻、痢疾、哮喘、疟疾、疮疖、风疹、湿疹、顽癣、水火烫伤、炮弹伤。

【用法与用量】内服：煎汤，10~15g。外用：煎水洗。

【化学成分】含挥发油 0.5%~2.0%，其中主要成分为香茅醛、香茅醇、牻牛儿醇、异胡薄荷醇、1, 8- 桉叶素和愈创醇。尚含芸香苷、槲皮苷、槲皮素、莽草酸、奎宁酸、戊二酸、琥珀酸、苹果酸、柠檬酸和一种桉树素，可能是香豆精的衍生物。从该植物获得的树胶，有抗革兰阳性细菌的作用，其中含 6 种成分：香橙素 7- 甲醚、山柰酚 7- 甲醚、并没食子酸、香橙素二甲醚和柠檬桉醇。

【药理毒理研究】柠檬桉醇具有抗结核作用，其 1：1000000 浓度即能抑制人型结核分枝杆菌（H37Rv）的生长，效力与异烟肼相当；1：600000 能抑制金黄色葡萄球菌；1：60000 能抑制草分枝杆菌的生长。对某些真菌也有抑制作用，但对大肠埃希菌无效。同属植物的树干中有刺激皮肤的成分，而其所产生的树胶有高度的收敛性质。

【民间应用】

1.《南宁市药物志》 消肿散毒。治腹泻肚痛。煎汤洗疮疖，治皮肤诸病及风湿骨痛。

2.《广西药用资源志》 治痢疾。

木通

【拉丁名】Akebia Caulis.

【别名】山通草、野木瓜、通草、附支、丁翁、附通子、丁年藤、万年藤、山黄瓜、野香蕉、五拿绳、羊开口、野木瓜、八月炸藤、活血藤、海风藤。

【科属】木通科木通属植物。

【药用部位】白木通或三叶木通、木通的木质茎。9 月采收，截取茎部，刮去外皮，阴干。

【药材性状】白木通的干燥木质茎呈圆柱形而弯曲，长 30~60cm，直径 1.2~2cm。表面灰褐色，外皮极粗糙而有许多不规则裂纹，节不明显，仅可见侧枝断痕。质坚硬，难折断，断面显纤维性，皮部较厚，黄褐色，木部黄白色，密布细孔洞的导管，夹有灰黄色放射状花纹。中央具小形的髓。气微弱，味苦而涩。以条匀，内色黄者为佳。

【分布】产于长江流域各省区。生于海拔300~1500m的山地灌木丛、林缘和沟谷中。日本和朝鲜有分布。

【性味与归经】苦，凉；归心、脾、肾、膀胱经。

【功能与主治】泻火行水，通利血脉。治小便赤涩、淋浊、水肿、胸中烦热、喉痹咽痛、遍身拘痛、妇女经闭、乳汁不通。

【用法与用量】内服：煎汤，5~10g；或入丸、散。

【化学成分】木通藤茎含白桦脂醇（betulin），齐墩果酸（oleanolic acid），常春藤皂苷元（hederagein），木通皂苷（akeboside）、阿江仁橄酸皂苷、丝石竹皂苷、去甲常春藤皂苷、去甲齐墩果酸皂苷、去甲阿江仁橄酸皂苷、乌苏烷皂苷等。此外，尚含豆甾醇（stigmasterol)，β-谷甾醇（β-sitosterol），胡萝卜苷（daucosterol），肌醇（inositol），蔗糖及钾盐。花中含有矢车菊素-3-木糖基-葡萄糖苷（cyanidin-3-xyloglucoside)，矢车菊素-3-对香豆酰基-葡萄糖苷（cyanidin-p-coumaroyl-glucoside），矢车菊素-3-对-香豆酰基-木糖基-葡萄糖苷（cyanidin-3-p-coumaroylxylo-glucoside）等。木通的植物细胞经组织培养后分得木通种酸（quinatic acid），3β-羟基-30-降齐墩果-12, 20（29）-二烯-28-酸［3β-hydroxy-30-norolean-12, 20（29）-dien-28-oicacid］，3-表-30降齐墩果-12, 20（29）-二烯-28-酸［3-epi-30-norolean-12, 20（29）-dien-28-oic acid］，3β-羟基-29（或30）醛基-12-齐墩果烯-28-酸［3β-hydroxy-29(or 30）-al-olean-12-en-28-oicacid］，桦叶菊萜酸（mesembryanthemoidigenic acid），30-降常春藤皂苷元-3-葡萄糖基阿拉伯糖苷［30-norhed-eragenin-3-O-β-gluco（1→3）-a-L-arabinopyranoside］，30-降常春藤皂苷元-3-木糖基阿拉伯糖苷［30-norhederagenin-3-O-β-D-xylo（1→2）-a-L-arabinopyranoside］，30-降齐墩果酸-3-木糖基阿拉伯糖苷［30-noroleanolic acid 3-O-β-D-xyl（1→2）-a-L-arabinopyr-anoside］，3-表松叶菊萜酸（3-eip-mesembryanthemoidigenicacid），3-乙酰-3-表松叶菊萜酸（3-O-acetyl-mesembryanthe-moidigenic acid），3-乙酰基松叶菊萜酸（3-O-acetyl-mesembryan-themoidigenic acid），3-O-乙酰基3-表-30-三对节萜（3-O-acetyl-3-epi-serratagenic acid），3-乙酰基-30-三对节萜酸（3-O-acetyl ser-ratagenic acid）及齐墩果酮酸（oleanonic acid）。

【药理毒理研究】

1. 利尿作用　家兔在严密控制进水量的情况下，每日灌服酊剂（用时蒸去乙醇加水稀释过滤）0.5g/kg，连服五天，有非常显著的利尿作用，灰分则无利尿作用，说明其利尿主要不是由于钾盐，而是其他的有效成分。家兔口服或静脉注射煎剂，亦出现利尿作用。

2. 抗菌作用　据初步体外试验结果，木通水浸剂或煎剂对多种致病真菌有不同程度的抑制作用。同属植物长序木通（产我国台湾省及日本）中提得的皂苷，对大鼠、小鼠有利尿作用；对大鼠的试验性关节炎也有某些抑制作用，它能延长环己巴比妥钠引起的小鼠睡眠时间，有一定的镇痛作用。低浓度对家兔离体肠管和心房无明显作用，高浓度则使肠管收缩，心房抑制。对离体兔耳血管有收缩作用，口服毒性很小，注射给药则有一定毒性。

木香

【拉丁名】Aucklandiae Radix.

【别名】蜜香、青木香、五香、五木香、南木香、广木香。

【来源】菊科植物。

【药用部位】木香的干燥根。秋、冬二季采挖，除去泥沙及须根，切段，大的再纵剖成瓣，干燥后撞去粗皮。

【药材性状】本品呈圆柱形或半圆柱形，长5~10cm，直径0.5~5cm。表面黄棕色至灰褐色，有明显的皱纹、纵沟及侧根痕。质坚，不易折断，断面灰褐色至暗褐色，周边灰黄色或浅棕黄色，形成层环棕色，有放射状纹理及散在的褐色点状油室。气香特异，味微苦[1]。

【分布】栽培于海拔2500~4000m的高山地区，在凉爽的平原和丘陵地区也可生长。分布于我国陕西、甘肃、湖北、湖南、广东、广西、四川、云南、西藏等地，以云南西北部种植较多，产量较大。原产印度。

【性味与归经】辛、苦，温；归脾、胃、肺经。

【功能与主治】行气止痛，健脾消食。用于胸脘胀痛、泻痢后重、食积不消、不思饮食。煨木香实肠止泻，用于泄泻腹痛。

【用法与用量】1.5~6g。

【化学成分】根油主含去氢木香内酯（dehydrocostus-lactone），木午烯内酯（costunolide），含量达50%，还含木香匝醛（saussureal），4β-甲氧基去氢木香内酯（4β-methoxydehy-drocotuslactone），木香内酯（costuslactone），二氢木香内酯（dihydrocostuslactone），α-环木香烯内酯（α-cyclocostunolide），β-环木香烯内酯，土木香内酯（alantolactone），异土木香内酯（isoalantollactone），异去氢木香内酯（isodehydrocostuslactone），异中美菊素（isozaluzanin）C，12-甲氧基二氢去氢木香内酯（12-methoxydihydrodehydrocostuslactone），二氢木香烯内酯（dihydro-costunolide），木香烯（costene），单紫杉烯（aplotaxene），（E）9-异丙基-6-甲基-5, 9-癸二烯-2-酮[（E）-9-isopropyl-6-methyl-5, 9-decadien-2-one]，（E）-6, 10-二甲基-9-亚甲基-5-十一碳烯-2-酮[（E）-6, 10-dimethyl-9-methyleneundec-5-en-2-one]，对-聚伞花素（p-cymene），月桂烯（myrcene），β-榄香烯（β-elemene），柏木烯（cedrene），葎草烯（humulene），β-紫罗兰酮（β-ionone），芳樟醇（linalool），柏木醇（cedrol），木香醇（costol），榄香醇（elemol），白桦脂醇（etulin），β-谷甾醇（β-sitosterol），豆甾醇（stigmasterol），森香酸（costic acid），棕榈酸（palmitic acid）和亚油酸（linoleic acid）等。

根还含天冬氨酸（sapartic acid），谷氨酸（glutamic acid），甘氨酸（glycine），天冬酰胺（aspartic acid），谷氨酸（glutamic acid），甘氨酸（glycine），天冬酰胺（asparagine），瓜氨酸（citrulline），γ-氨基丁酸（γ-aminobutic acid）等20种氨基酸，胆胺（cholamine），木香萜胺（saussureanine）A、B、C、D、E，左旋马尾松树脂醇-4-O-β-D-吡喃葡萄糖苷（massoniresinol-4-O-β-D-glucopyranoside），毛连菜苷B（picriside B），醒香苷（syringin）等。

【药理毒理研究】

1. 对呼吸系统的作用 豚鼠离体气管与肺灌流试验证明，木香水提液、醇提液、挥发油及总生物碱能对抗组胺与乙酰胆碱对气管与支气管的致痉作用。挥发油中所含总内酯、木香内酯、二氢木香内酯等内酯成分以及去内酯挥发油均能对抗组胺、乙酰胆碱与氯化钡引起的支气管收缩作用，其中以二氢木香内酯作用较强。腹腔注射给药对吸入致死量组胺或乙酰胆碱气雾剂豚鼠有保护作用，可延长致喘潜伏期，降低死亡率，以上结果表明其扩张支气管平滑作用特点与罂粟碱相似。将胸内套管刺入麻醉猫胸膜腔描记呼吸，静脉注射云木香碱可出现支气管扩张反应。而将动物脑破坏后再给药则无效，提示其作用与迷走中枢抑制有关。水提液、醇提液、挥发油、去内酯挥发油与总生物碱静注对麻醉犬呼吸有一定的抑制作用。其中以挥发油作用较强，挥发油所含各内酯成分对呼吸无明显影响。犬机械刺激致咳试验证明，挥发油中各内酯成分和去内酯挥发油无镇咳作用。

2. 对肠道的作用 木香水提液、挥发油和总生物碱对小鼠离体小肠先有轻度兴奋作用，随后紧张性与节律性明显降低。对乙酰胆碱、组胺与氯化钡所致肠肌痉挛有对抗作用。小剂量煎剂对离体小肠的作用无一定规律性，大剂量则呈抑制作用。挥发油亦可抑制离体兔小肠运动，使其节律变慢，收缩不规则。去内酯挥发油、总内酯以及木香内酯、二氢木香内酯挥发油与二氢木香内酯作用较强。

3. 对心血管的作用 低浓度的木香挥发油及从挥发油中分离出的各种内酯部分均能不同程度地抑制豚鼠与兔离体心脏的活动，对离体蛙心也有抑制作用。小剂量的水提液与醇提液能兴奋在体蛙心与犬心，大剂量则有抑制作用。云木香碱1~2mg静脉注射能兴奋在体猫心，对心室的兴奋作用比心房明显。

离体兔耳与大鼠后肢血管灌流试验还表明，去内酯挥发油、总内酯，有较明显的血管扩张作用，其他内酯部分作用较小。小剂量总生物碱可扩张离体兔耳血管，大剂量反而引起收缩反应。水提液与醇提液给麻醉犬静脉注射有轻度升压反应，耐去内酯挥发油、总内酯、木香内酯、二氢木香内酯和去氢木香内酯等静脉注射可使麻醉犬血压中度降低（30~40mmHg），且降压作用比较持久。将动物颈部脊髓和两侧迷走神经切断或阿托品化或给神经节阻断药、抗肾上腺素药或抗组织胺药均不改变上述降压反应。初步认为其降压机制在于心脏抑制和扩张血管所致。

4. 抗菌作用 挥发油1：3000浓度能抑制链球菌、金黄色与白色葡萄球菌的生长，对大肠埃希菌与白喉杆菌作用微弱；总生物碱无抗菌作用。本品煎剂除对副伤寒甲杆菌有轻微抑制作用外，对金黄色葡萄球菌、痢疾杆菌等7种致病菌无效。另有报道，煎剂对许兰氏黄癣菌及其蒙古变种等10种真菌有抑制作用。

5. 毒性 大鼠腹腔注射的半数致死量如下：总内酯300mg/kg、二氢木香内酯200mg/kg。对其总生物碱静脉注射的最大耐受量，小鼠为100mg/kg，大鼠为90mg/kg。本品挥发油混入大鼠饲料中，每天服用量为1.77mg/kg（雄鼠）或2.17mg/kg（雌鼠），连续给药90天，结果对大鼠的生长、血常规与血尿素氮均没有影响，主要脏器病理检验亦未见异常。

【民间应用】木香瘦肉汤、香砂葛粉糊。

木贼

【拉丁名】Equiseti Hiemalis Herba.

【别名】锉草、笔头草、笔筒草、节骨草。

【科属】木贼科木贼属植物。

【药用部位】木贼的干燥地上部分。夏、秋二季采割，除去杂质，晒干或阴干。

【药材性状】本品呈长管状，不分枝，长40~60cm，直径0.2~0.7cm。表面灰绿色或黄绿色，有18~30条纵棱，棱上有多数细小光亮的疣状突起；节明显，节间长2.5~9cm，节上着生筒状鳞叶，叶鞘基部和鞘齿黑棕色，中部淡棕黄色。体轻，质脆，易折断，断面中空，周边有多数圆形的小空腔。气微，味甘淡、微涩，嚼之有沙粒感。

【分布】产于黑龙江、吉林、辽宁、内蒙古、北京、天津、河北、陕西、甘肃、新疆、河南、湖北、四川、重庆。海拔100~3000m。日本、朝鲜半岛、俄罗斯、欧洲、北美及中美洲有分布。

【性味与归经】甘、苦，平；归肺、肝经。

【功能与主治】散风热，退目翳。用于风热目赤、迎风流泪、目生云翳。

【用法与用量】3~9g。

【化学成分】地上部分含挥发油，其中有机酸为琥珀酸（succinic acid），延胡索酸（fumaric acid），戊二酸甲酸（glutaric acid methyl ester），对羟基苯甲酸（p-hydroxybenzoic acid），间羟基苯甲酸（m-hydroxybenzoic acid），阿魏酸（ferulic acid），香草酸（vanillic acid），咖啡酸（caffeic acid），对甲氧基桂皮酸（p-methoxycinnamic acid），间甲氧基桂皮酸（m-methoxycinnamic acid）。又含黄酮苷类：山柰酸-3,7-双葡萄糖苷（kaempferol-3,7-diglucoside），山柰酚-3-葡萄糖-7-葡萄糖苷（kaempferol-3-diglucoside-7-glucoside），山柰酚-3-葡萄糖-7-双葡萄糖苷（kaempferol-3-glucoside-7-diglucoside），棉花皮异苷（gossypitrin），草棉苷（herbacetrin），蜀葵苷元-3-双葡萄糖苷-8-葡萄糖苷[herbacetin-3-β-D-（2-O-β-D-glucopyranosidoglucopyranoside）-8-β-D-glucopyranoside]，棉花皮素-3-双葡萄糖苷-8-葡萄糖苷[gossypetin-3-β-D-（2-O-β-D-glucopyranosidoglucopyranoside）-8-β-D-glucopyranoside]。另含生物碱犬问荆碱（palustrine）及微量烟碱（nicotine），香草醛（vanillin），对羟基苯甲醛（p-hydroxybenzaldehyde），葡萄糖（glucose），果糖（fructose），及磷、硅、鞣质、皂苷等。

【药理毒理研究】木贼所含的硅酸盐和鞣质有收敛作用，从而对于接触部位，有消炎、止血作用。同属植物问荆全草有利尿作用；临床上曾用以治糖尿病，但动物实验未能证实。牲畜食木贼及木贼属植物可引起中毒，症状有四肢无力、共济失调、转身困难，牲畜活动时产生震颤及肌肉强直，脉搏弱而频，四肢发冷，血液化学分析表明维生素 B 缺乏，使用大量维生素 B 有解毒作用。

1. 对心血管的作用 木贼醇提液能增加离体豚鼠心脏冠脉流量。0.2ml/kg（100% 提取液）静脉注射对垂体后叶素引起的 T 波升高和心率减慢有一定的对抗和缓冲作用。木贼醇提物 10~15g/kg 腹腔注射或 20g/kg 十二指肠给药，对麻醉猫有持久的降压作用。降压强度和维持时间与剂量有一定的相关性。并能对抗组胺收缩血管作用，对切断脊髓的猫仍有降压作用，故认为其降压部位是外周性的。对家兔离体血管有明显扩张作用。

2. 其他作用 木贼中的阿魏酸有抑制血小板聚集及释放的作用在动物实验中有镇静、抗惊厥作用，其半数致死量小鼠腹腔注射为 946mg/kg，大鼠灌胃为 3000mg/kg。毒性表现为共济失调，肌肉强直及四肢发冷。血液分析表明维生素 B 缺乏，用大量维生素 B 治疗可恢复正常。

菟丝子

【拉丁名】Cuscutae Semen.

【别名】黄丝（北方诸省），豆寄生（江苏及北方诸省），龙须子（辽宁），豆阎王（河南），山麻子（河北），无根草（内蒙古、陕西、山西、河南、江苏），金丝藤（山西、江西），鸡血藤、黄丝藤、无叶藤（江西），无根藤（江西、四川、贵州、云南），无娘藤（四川、贵州、云南），雷真子、禅真（四川），“朱匣琼瓦”（藏语）。

【科属】本品为旋花科菟丝子属植物。

【药用部位】菟丝子的干燥成熟种子。秋季果实成熟时采收植株，晒干，打下种子，除去杂质。

【药材性状】本品呈类球形，直径 1~1.5mm。表面灰棕色或黄棕色，具细密突起的小点，一端有微凹的线形种脐。质坚实，不易以指甲压碎。气微，味淡。

【分布】产于黑龙江、吉林、辽宁、河北、山西、陕西、宁夏、甘肃、内蒙古、新疆、山东、江苏、安徽、河南、浙江、福建、四川、云南等省。生于海拔 200~3000m 的田边、山坡阳处、路边灌丛或海边沙丘，通常寄生于豆科、菊科、蒺藜科等多种植物上。分布于伊朗、阿富汗，向东至日本、朝鲜，南至斯里兰卡、马达加斯加、澳大利亚。

【性味与归经】甘，温；归肾、肝、脾经。

【功能与主治】滋补肝肾，固精缩尿，安胎，明目，止泻。用于阳痿遗精、尿有余沥、遗尿尿频、腰膝酸软、目昏耳鸣、肾虚胎漏、胎动不安、脾肾虚泻；外治白癜风。

【用法与用量】6~12g；外用适量。

【化学成分】菟丝子含树脂苷、糖类。大菟丝子含糖苷，维生素 A 类物质，其含量按维生素 A 计算为 0.0378%。大豆菟丝子含 β- 胡萝卜素、γ- 胡萝卜素、5, 6- 环氧 -α- 胡萝卜素、蒲公英黄质和叶黄素。

【药理毒理研究】菟丝子的酱油（用菟丝子及豆饼酿成）、浸剂、酊剂能增强离体蟾蜍心脏的收缩力，对心率的影响是前者使之增加，后二者则使之降低。对麻醉犬使血压下降，脾容积缩小，肠运动抑制，对离体子宫表现兴奋作用。菟丝子醇提水溶液皮下注射于小白鼠半数致死量为2.465g/kg，按30~40g/kg灌胃并不出现中毒症状；按0.05g/120g的菟丝子酱油、浸剂、酊剂给大白鼠灌胃，连续70天，并不影响动物的生长发育，亦未见病理改变。

南酸枣

【拉丁名】Choerospondiatis Fructus.

【别名】山枣（云南、广西、广东、湖北），山枣子、枣（福建），山桉果（广西），五眼果、五眼睛果（云南、广西、广东），酸枣（云南、贵州、广西），鼻子果、鼻涕果（云南、广西），花心木、醋酸果、棉麻树、啃不死（广东）。

【科属】漆树科南酸枣属植物南。

【药用部位】酸枣的鲜果或果核。鲜果：冬初采收。果核：取果实堆放发酵，使果肉腐烂，然后洗净、晒干。

【药材性状】

1. 性状鉴别　果实呈椭圆形或卵圆形，长2~3cm，直径1.4~2cm。表面黑褐色或棕褐色，稍有光泽，具不规则的皱褶；基部有果梗痕。果肉棕褐色。核近卵形，红棕色或黄棕色，顶端有5个（偶有4或6个）明显的小孔。质坚硬。种子5颗，长圆形。无臭，味酸。以个大、肉厚、色黑褐色者为佳。

2. 显微鉴别果实横切面　外果皮由表皮细胞和数列厚角细胞组成，表皮细胞外壁被有角质层，细胞内含有黄棕色色素块。中果皮宽广，最外方的数列细胞长圆形，排列整齐，从外向内细胞形状逐渐变大，切向延长，并呈不规则交错排列，细胞内含多数黄棕色的颗粒状物质，偶可见簇晶样物质，直径为10~25μm；内侧有压缩的中果皮颓废组织。内果皮由纤维状石细胞和少数的石细胞群组成，呈镶嵌状交错排列；石细胞呈类方形、类圆形、不规则形、胞腔和纹孔明显，胞腔中常可见黄棕色色素块；内果皮组织中，可见细微的维管束组织，导管的直径稍大于其周围的纤维状石细胞，此外尚有压缩的颓废组织。

3. 粉末特征　棕黄色。①外果皮细胞为不规则多角形或类圆形，细胞内含黄棕色色素块，有时可见加厚的角质层纹理。②中果皮薄壁细胞浅黄色，细胞内含丰富的颗粒状物质，偶见簇晶样物质。③内果皮石细胞呈类方形、类圆形或不规则形，直径为27~54（108）μm，胞腔和纹孔明显，胞腔中常含有黄棕色色素块。④内果皮纤维细胞多成群散在，偶见有细微的维管束组织通过。⑤棕红色色素块众多，呈不规则形。

【分布】产于西藏、云南、贵州、广西、广东、湖南、湖北、江西、福建、浙江、安徽，生于海拔300~2000m的山坡、丘陵或沟谷林中。分布于印度、中南半岛和日本。

【性味】味甘；酸；性平。

【功能与主治】行气活血，养心安神，消积，解毒。主气滞血瘀、胸痛、心悸气短、神经衰弱、失眠、支气管炎、食滞腹满、腹泻、疝气、烫火伤。

【用法与用量】内服：煎汤，30~60g；鲜果，2~3格言，嚼食；果核，煎汤，15~24g。外用：适量，果核煅炭研末，调敷。

【化学成分】预试果实含香豆素类化合物。

【药理毒理研究】

1. 广枣总黄酮（TFC）对动物耐缺氧和急性心肌缺血的保护作用

（1）广枣总黄酮对小鼠耐常压缺氧、耗氧速度和死亡时余氧量的影响　腹腔注射TFC 5.06mg/kg和11.2mg/kg能显著延长小鼠存活时间，且有明显的量效关系，尚能显著减慢小鼠的耗氧速度，30分钟时耗氧量明显低于对照组，而死亡时瓶中的余氧量却与对照组无明显差异（$P > 0.05$），表明广枣总黄酮具有提高小鼠耐缺氧的能力。

（2）TFC对大鼠急性实验性心肌缺血的影响　静脉注射TFC 5.06mg/kg及11.2mg/kg，均能显著对抗静脉注射垂体后叶素1.0μl/kg引起的心电图ST-T变化，即第一期ST段抬高和T波高耸；第二期ST段下移和T波低平或倒置的程度明显减轻，ST-T异常变化的时间明显缩短。具有明显保护大鼠垂体后叶素引起的急性心肌缺血。同时，TFC有对抗因急性心肌缺血所致严重的心律失常和心律减慢的作用，使心律失常的发生率由给药前的100%降至17.6%，心率较单纯给垂体后叶素增加9%~27%。

2. 广枣总黄酮抗心律失常作用　试验研究证实了广枣总黄酮的氯化钙－氯化乙酰胆碱、乌头碱、哇巴因、肾上腺素和氯化钡所引起的多种房性的室性心律失常模型有显著拮抗作用。静脉注射TFC 5.6mg/kg使CaC_{12}-Ach诱发小鼠房颤（扑）发生率由81%降至38%，TFC 11.2mg/kg静脉注射使大鼠AC发生室性早搏（VP）、室性心动过速（VT）、室性纤颤（VF）和心脏停搏（HS）的时间分别延长253%、104%、126%和71%；使豚鼠哇巴因（Oua）产生VP、VT、VF和HS时中毒剂量分别增加30%、41%、20%和35%，使家兔Adr性心律失常发生时间由（0.2±0.1）分钟延长至（0.5±0.2）分钟，持续时间由（7±5）分钟缩短为（2.3±1.5）分钟；使大鼠$BaCl_2$所致心律失常迅速恢复主窦性心律，心律失常持续时间为（2.2±1.1）分钟（$P < 0.01$）。

3. 广枣总黄酮对血小板聚集功能及血液流变学影响　静脉注射TFC 20mg/kg或10mg/kg对ADP诱导的兔血小板聚集有明显抑制作用，在给药后10分钟已具有显著作用，30分钟达到高峰，持续2小时后作用逐渐减弱。TFC亦能降低家兔血液流变学各项指标。能显著降低高、低的切变速度下的全血比黏度、血浆比黏度、红细胞压积和血沉，红细胞电泳时间显著缩短，从而改变血液流变性。试验研究证实从广枣的乙醇提取物中分离出的活血有效成分，体外具有抗ADP诱导的血小板聚集，其抗ADP诱导血小板聚集百分抑制率分别为：原儿茶酸（5mg/ml），（17.5±2）%；没食子酸（5mg/ml）（28.4±4）%；鞣花酸（0.36mg/ml）（65±10）%；3,3-O-二甲基鞣花酸（0.36mg/ml）（82.7±10）%；柠檬酸（5mg/ml）（60.6±11）%。且可使血流加快速度，改善血液循环和微循环。但TFC对纤维蛋白原未见明显改变。

4. 广枣总黄酮对麻醉犬左室功能和血流动力学的影响

（1）对左室功能的影响　静脉注射TFC 5.6mg/kg后除可使心率明显减慢外，对反映心肌收缩性能的 LVP，clp/dtmaxt-dp/dtmax 和左室前负荷的 LVEDP 等指标均无明显影响。对左室泵血功能的指标 CO 和 CI 也无显著降低作用，而心搏指数稍增加，但无统计学差异（$P > 0.05$）。

（2）对冠脉循环的影响　静脉注射 TFC 5.6mg/kg 后，具有明显扩张冠状血管作用，5 分钟对冠脉血流量明显增加达 21%，15 分钟时冠脉血流量的增加不显著，而冠脉阻力的降低仍有显著差异。

（3）对血压和外用血管阻力的影响　静脉注射 TFC5.6mg/kg 能明显降低动脉血压，5 分钟和 15 分钟时分别达 20% 和 24%，25 分钟时血压似明显低于正常（$P < 0.05$）。给 TFC 后，总外周阻力呈明显减低，5、15 和 25 分钟时分别达 22%、24% 和 16%，股动脉血流量和血管阻力亦有增加和减低。

（4）对左室做功和心肌耗氧的影响　静脉注射 TFC 5.6mg/kg 后，5 分钟和 15 分钟时的左室做功指数明显降低达 19% 和 15%（$P < 0.05$），由于 TFC 具有显著降低血压和减慢心率作用，故反映心肌耗氧的指标 TTI 显著降低，5、15 和 25 分钟时分别为 22%、24% 和 26%，均具有显著差异。TFC 一方面增加冠脉血流量，增加心肌的供血供氧；一方面又减少心肌耗氧量，故而使心肌的氧的供求达到新的平衡。

5. 广枣总黄酮对小鼠免疫功能的影响

（1）TFC 对小鼠免疫器官重量的影响　昆明种小鼠，体重（20 ± 2）g，鼠龄 35 天左右，雌雄各半。59 只小鼠随机分为：对照组，腹腔注射等容量生理盐水；环磷酰胺（Cy）组，Cy25mg/（kg · d），ih × 2 天；TFC 组：TFC 40.32 mg/（kg · d）和 20.16mg/（kg · d），腹腔注射 ×5 天；TFC+Cy 组，TFC 20.16mg/（kg · d），腹腔注射 ×5 天，Cy 25 mg/（kg · d）ib × 2 天。分别于停药次日处死动物剖取胸腺和脾脏称重，并计算胸腺和脾脏指数。结果表明，TFC 可明显增加正常和 Cy 所致免疫功能抑制小鼠胸腺和脾脏重量。对正常小鼠作用的特点为，TFC 40.32mg/kg 增加胸腺重量的作用强于脾脏，较对照组分别增加 69% 和 20%，20.16mg/kg 增加脾脏重量的作用强于胸腺，较对照组分别增加 45% 和 36%。TFC 还可明显对抗 Cy 对小鼠胸腺和脾脏的抑制作用，其重量较 Cy 组分别增加 51% 和 40%（$P < 0.01$）。

（2）TFC 对小鼠腹腔巨噬细胞吞噬功能的影响　TFC 40.32mg/kg 和 20.16mg/kg 可使正常和 Cy 所致免疫功能抑制小鼠巨噬细胞的吞噬功能明显增强，正常小鼠的吞噬指数较对照组分别增加 170% 和 162%（$P < 0.01$），免疫功能抑制小鼠吞噬指数较 Cy 组增加 271%（$P < 0.01$）。

（3）TFC 对小鼠外周血淋巴细胞 ANAE（+）细胞百分率的影响　TFC 具有非常显著增加正常及免疫功能抑制小鼠淋巴细胞 ANAE（+）细胞百分率，正常小鼠较对照组分别增加 121% 和 67%（$P < 0.01$），并呈现良好的量效反应关系。免疫功能抑制小鼠，TFC 20.16mg/kg 较 Cy 组增加 64%（$P < 0.01$）。

（4）TFC 对小鼠血清溶血素形成的影响　TFC 40.32mg/kg 正常小鼠半数溶血值（HC_{50}）与对照组无明显差异（$P > 0.05$），TFC 20.16m/kg 可使正常和免疫功能抑制小鼠 HC_{50} 值明显升高，正常小鼠较对照组增加 10%（$P < 0.05$），免疫功能抑制小鼠较 Cy

组增加 433%（$P < 0.01$），提示较小剂量 TFC 具有促进 IgM 介导的体液免疫作用。

（5）TFC 对小鼠血清抗体形成的影响　TFC 40.32mg/kg 和 20.16mg/kg 均具有非常显著促进正常和免疫功能抑制小鼠血清抗体形成作用，正常小鼠较对照组分别增加 67%（$P < 0.05$）和 494%（$P < 0.01$），免疫功能抑制小鼠较 Cy 组增加 78%（$P < 0.01$）。TFC 小剂量组的作用明显强于较大剂量组，此与 TFC 对小鼠 HC_{50} 的作用相一致。

（6）TFC 对小鼠血清溶菌酶含量的影响　TFC 40.32mg/kg 和 20.16mg/kg 腹腔注射 ×5 天使小鼠血清溶菌酶含量由对照组的（124.5 ± 16.9）μg，分别增加至（350 ± 94.3）μg 和（448.4 ± 104.2）μg（$P < 0.01$）。上述结果提示，TFC 具有非常显著增加小鼠体液免疫和细胞免疫功能，TFC 增加免疫功能的特点为较大剂量 TFC 促进细胞免疫功能强于小剂量，而小剂量 TFC 增强体液免疫功能则优于大剂量。TFC 可通过激活 T 淋巴细胞系统而增强细胞免疫功能，具有增强 IgM 和 IgG 介导的体液免疫作用。TFC 增强小鼠细胞免疫和体液免疫功能，可能与某促进单核 – 巨噬细胞系统的功能有关。

6. 毒性　急性毒性试验：体重 18~21g 健康小鼠，雌雄皆用，按序贯法求得小鼠尾静脉注射广枣总黄酮（TFC）的半数致死量为（112 ± 12）mg/kg。另有报道广枣总黄酮注射液对小鼠静脉注射半数致死量为 403.2mg/kg。

【民间应用】南酸枣糕。

毛蕊花

【学名】*Verbascum thapsus* L.

【别名】牛耳草、大毛叶、一炷香、虎尾鞭、霸王鞭。

【科属】玄参科毛蕊属植物。

【药用部位】毛蕊花的全草。夏、秋采集。鲜用或阴干。

【分布】生于山坡空旷地或荒地上。分布于云南、四川、新疆等地。

【性味与归经】辛苦，寒。

【功能与主治】清热解毒，止血散瘀。治肺炎、慢性阑尾炎、疮毒、跌打扭伤、创伤出血。

【用法与用量】内服：煎汤，15~25g。外用：研末或捣烂外敷。

【化学成分】全草含棉子糖（raffinose），水苏糖（stach-yose）。根含桃吉珊瑚苷，还含水苏糖，庚糖（heptose），辛糖（octose），壬糖（nonose）等。叶含鱼藤酮（rotenone）和香豆粗（coumarin）。

【药理毒理研究】抗病毒作用、抗过敏作用、泻下和利尿作用、降血糖作用。

茅瓜

【拉丁名】Solenae Amplexicaulis Radix.

【别名】解毒草、老鼠瓜、山熊胆、金丝瓜、老鼠黄瓜、老鼠香瓜、狗黄瓜、银丝莲、野黄瓜、老鼠拉冬瓜、大种老鼠拉冬瓜、天瓜、耗子瓜、小苦瓜蒌、王瓜、土瓜、野甜瓜、山天瓜、牛奶子、波瓜公、狗屎瓜、小鸡黄瓜。

【科属】葫芦科茅瓜属植物。

【药用部位】以块根入药。

【药材性状】块根纺锤形或纺锤状圆柱形，长 10~15cm，直径 0.8~2cm，下部有时分枝。表面黄棕色或红棕色，较平滑，有多数近椭圆形的横长突起。断面粉性或稍纤维状。气微，味淡微苦。

【分布】分布于江西、福建、台湾、广西、四川、贵州、云南等地。

【性味与归经】味甘、苦、微涩、性寒有毒；归肺、肝、胃经。

【功能与主治】清热解毒，化瘀散结，化痰利湿。主疮痈肿毒、烫火伤、肺痈咳嗽、咽喉肿痛、水肿腹胀、腹泻、痢疾、酒疸、湿疹、风湿痹痛。

【用法与用量】内服：煎汤，15~30g，或研末；或浸酒。外用：适量，鲜品捣敷。

【化学成分】根含酮，酸，甾体，二十四烷酸（lignocericacid），二十三烷酸（tricosanoic acid）和山萮酸（behenic acid），Δ7- 豆甾烯醇（Δ7-stigmastenol），葫芦箭毒素 B(calebassine B)，瓜氨酸（citrulline），精氨酸（arginine），赖氨酸（lysine），γ- 氨基丁酸（γ-aminobutyric acid），天冬氨酸（aspartic acid），谷氨酸（glutamicacid）等，还含钾、镁、钙、磷、钡、钛、锰、钴、铬、铜、镍、锶、锌等无机元素。

【药理毒理研究】块根水冷浸液给小鼠单次口服半数致死量为 10.8g（生药）/kg。加热后毒性未见明显减弱，半数致死量为 11.5g（生药）/kg。

茅香

【拉丁名】Hierochloes Odoratae Rhizoma.

【别名】香麻、香草[1]。

【科属】禾本科茅香属植物。

【药用部位】茅香 *Hierochloe odorata*（L.）Beauv.，以根状茎入药。春秋采收，切段晒干[1]。

【药材性状】块根纺锤形或纺锤状圆柱形，长 10~15cm，直径 0.8~2cm，下部有时分枝。表面黄棕色或红棕色，较平滑，有多数近椭圆形的横长突起。断面粉性或稍纤维状。气微，味淡微苦[1]。

【分布】产于内蒙古、甘肃、新疆、青海、陕西、山西、河北、山东、云南等省区。模式标本采自欧洲[1]。

【性味与归经】甘，寒[1]。

【功能与主治】凉血，止血，清热利尿。用于吐血，尿血，急、慢性肾炎浮肿，热淋[1]。

【用法与用量】50~100g[1]。

【化学成分】新鲜全草含 0.2% 的香豆素、对 - 香豆酸、阿魏酸、草木犀酸、果聚糖、香豆酸 β- 葡萄糖苷。

【参考文献】

[1] 王国强. 全国中草药汇编［M］. 北京：人民卫生出版社，2014.

玫瑰

【拉丁名】 Rosae Rugosae Flos.

【别名】 滨茄子、滨梨、海棠花、刺玫。

【科属】 蔷薇科蔷薇属植物。

【药用部位】 玫瑰的干燥花蕾。春末夏初花将开放时分批采收，及时低温干燥。

【药材性状】 干燥花略成半球形或不规则团状，直径 1.5~2cm。花瓣密集，短而圆，色紫红而鲜艳，中央为黄色花蕊，下部有绿色花萼，其先端分裂成 5 片。下端有膨大星球形的花托。质轻而脆。气芳香浓郁，味微苦。以朵大、瓣厚、色紫、鲜艳、香气浓者为佳。

【分布】 常生于我国中部以至北部的低山丛林中。庭院或花园中多有栽培。主产于江苏、浙江、福建、山东、四川、河北等地。

【性味与归经】 甘微苦，温；归肝、脾经。

【功能与主治】 理气解郁，和血散瘀。治肝胃气痛、新久风痹、吐血咯血、月经不调、赤白带下、痢疾、乳痈、肿毒。

【用法与用量】 内服：煎汤，5~10g；浸酒或熬膏。

【化学成分】 花含挥发油，内主含芳樟醇（linalool）、芳樟醇甲酸酯（linalyl formate）、β- 香茅醇（β-citronellol）、香茅醇甲酸酯（citronellyl formate）、香茅醇乙酸酯（citronellyl acetate）、牻牛儿醇（geraniol）、牻牛儿酸甲酸酯（geranyl formate）、牻牛儿酸乙酸酯（geranyl acetate）、苯乙醇（phenylethanol）、橙花醇（nerol）以及 3-甲基 -1- 丁醇（3-methyl-1-butanol）、反式 -β- 罗勒烯（trans-β-ocimene）、十五烷（pentadecane）、2- 十三烷酮（2-tridecanone）、1- 戊醇（1-pentanol）、1- 己醇（1-hexanol）、3- 己烯醇（3-hexenol）、乙酸己酯（hexyl acetat）、乙酸 -3- 己烯酯（3-hexenyl acetate）、苯甲醇（benzyl alcohol）、丁香油酚（eugenol）、甲基丁香油酚（methyl eugenol）等。花粉的挥发成分为：6- 甲基 -5- 庚烯 -2- 酮（6-methyl-5-hepten-2-one）、牻牛儿醇乙酸酯、橙花醛（neral）、牻牛儿醛（geranial)、牻牛儿醇、香茅酸乙酸酯、乙酸橙花醇酯（neryfacetate）、牛儿基丙酮（geranyl acetone）、十五烷、2- 十一烷酮（2-undecanone）、2- 十三烷酮、2- 十五烷酮（2-pentadecanone）、十四烷醛（tetradecanal）、十六烷醛（hexadecanal）、乙酸十四烷醇酯（tetradecyl acetate）、β-苯乙醇、丁香油酚、甲基丁香油酚、乙酸 -β- 苯乙醇酯（β-phenylethyl acetate）。对玫瑰香气起重要作用的微量成分为：β- 突厥酮（β-damascone）、玫瑰醚（roseoxide)、α-白苏烯（α-naginatene）。花还含槲皮素（quercetin）、矢车菊双苷（cyanin）、有机酸、β- 胡萝卜素（β-carotene）、脂肪油等。花托含鞣质成分：玫瑰鞣质（rugosin）A、B、C、D、E、F、G，木麻黄素（strictinin），异小木麻黄素（isostrictinin），长梗马兜铃素（pedunculagin)，木麻黄鞣亭（casuarictin），新唢呐素（tellimagrandin）Ⅰ及Ⅱ，1, 2, 3-三 -O- 没食子酰葡萄糖（1, 2, 3-tri-O-galloyl-β-D-glucose），1, 2, 6- 三 -O- 没食子酰葡萄糖（1, 2, 6-tri-O-galloyl-β-D-glucose）；其中长梗马兜铃素和新唢呐素Ⅰ具抗逆

病毒作用。果含枸橼酸（citric acid）、苹果酸（malic acid）、奎宁酸（quinic acid）、抗坏血酸（ascorbic acid）、槲皮素、异槲皮素（isoquercetin）、植物黄质（phytoxanthin）、玉红黄质（rubixanthin）、番茄烃（lycopene）、γ- 胡萝卜素（γ-carotene）、葡萄糖（glucose）、果糖（fructose）、木糖（xylose）、蔗糖（sucrose）等。种子油中含多星的不饱和脂肪酸，并含 β- 谷甾醇（β-Sitosterol）。种子含维生素（vitamin）E 及 F。茎叶含槲皮素，芸香苷（rutin）等黄酮类化合物。叶含异槲皮素，芹菜素（apigenin）等黄酮类成分和 6- 去甲氧基 -4-O- 甲基茵陈色原酮（6-demethoxy-4-O-methylcapillarisin）、6- 去甲氧基茵陈色原酮（6-demethoxycapillarisin）等色原酮类成分。又含多种倍半萜类成分：玫瑰萜醛（rugosal）A、D，表玫瑰萜醛（epirugosal）D，玫瑰酸（rugosic acid）A、B、C、D，1, 4- 胡萝卜二烯醛（carota-1, 4-dienal），1, 4- 胡萝卜二烯酸（carota-1, 4-dienoic acid），玫瑰没药萜醇（bisaborosaol）A、B_1、B_2、C_1、C_2、D、E_1、E_2、F_2，哈曼拉希酸（hamanasic acid）A，胡萝卜烯醛（dancenal），环氧胡萝卜烯醛（epoxydaucenal）A、B，异胡萝卜烯醛（isodaucenal），异胡萝卜烯酸（isodaucenoic acid），11- 羟基 -12- 氢化异胡萝卜烯醛（11-hydrox-12-hydroisodaucenal），11, 12- 去氢胡萝卜烯醛（11, 12-dehydrodaucenal），11, 12- 去氢胡萝卜烯酸（11, 12-dehydrodaucenoic acid），羟基异胡萝卜烯酸（hydroxyisodaucenal），异胡萝卜烯酸（isodaucenol），玫瑰醛（carotarosal）A，玫瑰螺烯酮（rosacorenone），玫瑰螺烯醇（rosacorenol），断玫瑰醛（secocarotanal），胡萝卜烯（daucene），异胡萝卜烯（isodaucene），1, 4- 胡萝卜二烯（carota-1, 4-diene），3（4），8（15）- 菖蒲二烯［accra-3（4），8（15）-diene］，3（4），7（8）- 菖蒲二烯［accra-3（4），7（8）-diene］。还含酯类成分：4′- 羟基 - 顺 - 桂皮酸二十二醇酯（4′-hydroxy-cis-cinnamic acid docpsul ester），4′- 羟基 -2, 3- 二氢桂皮酸二十五醇酯（4′-hydroxy-2, 3-dihydrocinnamic acid pentacosyl ester），4′- 羟基 - 顺 - 桂皮酸二十六醇酯（4′-hydroxy-cis-cinnamic acid hexacosyl ester），4′- 羟基 - 顺 - 桂皮酸二十八烷酯（4′-hydroxy-cis-cinnamic acid octacosyl ester）。根含糊皮素，儿茶精（catechin），胡萝卜苷（daucosterol），菜油甾醇葡萄糖苷（campesterol glucoside），委陵菜酸 -28-O- 葡萄糖酯苷（tormentic acid 28-O-glucoside），野雅椿酸 -28-O- 葡萄糖酯苷（euscaphicacid 28-O-glucoside），异阿江榄仁酸 -28-O- 葡萄糖酯苷（aujunic acid 28-O-glucoside）。

【药理毒理研究】

1. 抗病毒作用　玫瑰花提取物对人免疫缺陷病病毒（艾滋病病毒）、白血病病毒和 T 细胞白血病病毒均有抗病毒作用。其所含长梗马兜铃素和新唢呐素 I 对感染小鼠白血病病毒细胞的逆转录酶有抑制作用，其 IC_{50} 分别为 0.04μg/ml 和 0.10μg/ml，小鼠灌服这两种成分的 LD_{50} 均大于 100mg/kg。

2. 其他作用　玫瑰花水煎剂能解除小鼠口服锑剂的毒性反应，但仅对口服酒石酸锑钾有效，且同时使其抗血吸虫作用消失，故这一作用可能由于玫瑰花煎剂改变了酒石酸锑钾的结构所致。玫瑰油对大鼠有促进胆汁分泌的作用。儿茶精类物质有烟酸样作用，可用于放射病的综合治疗，并有抗肿瘤作用。

【民间应用】香料。

茉莉花

【拉丁名】Jasmini Sambac Flos.

【别名】茉莉、小南强、柰花、鬘华、木梨花。

【科属】木犀科素馨属植物。

【药用部位】茉莉的花入药。7 月前后花初开时，择晴天采收，晒干。贮存干燥处。

【药材性状】花多呈扁缩团状，长 1.5~2cm，直径约 1cm。花萼管状，有细长的裂齿 8~10 个。花瓣展平后呈椭圆形，长约 1cm，宽约 5mm，黄棕色至棕褐色，表面光滑无毛，基部连合成管状；质脆。气芳香，味涩。以朵大、色黄白、气香浓者为佳。

【分布】多栽培于湿润肥沃土壤中。分布于江苏、浙江、福建、台湾、广东、四川、云南等地。产于江苏、四川、广东等地。

【性味与归经】辛、微甘；性温。

【功能与主治】理气止痛，辟秽开郁。主湿浊中阻、胸膈不舒、泻痢腹痛、头晕头痛、目赤、疮毒。

【用法与用量】内服：煎汤，3~10g；或代茶饮。外用：适量，煎水洗目或菜油浸滴耳。

【化学成分】花香成分主要有芳樟醇（linalool），乙酸苯甲酯（benzyl acetate）须式 - 丁香烯（cis-caryophyllene），乙酸 3- 已烯酯（3-hyexenyl acetate），苯甲酸甲酯（methyl benzoate），顺 -3- 苯甲酸已烯酯（cis-3-hexenyl benzoate），邻氨基苯甲酸甲酯（methyl anthranilate），吲哚（indole），顺式 - 茉莉酮（cis-jasmone），素馨内酯（jasminelactone）及茉莉酸酸甲酯（methyl jas-monate）等数十种。从花的乙醇提取物中分得 9′- 去氧迎春花苷元（9′-deoxyjasminigenin），迎春花苷（jasminin）和 8, 9- 二氢迎春花苷（8, 9-dihydrojasminin）。

【药理毒理研究】理气，开郁，辟秽，和中。

【民间应用】香料。

泡桐

【拉丁名】Paulounia Tomentosa.

【别名】桐叶、白桐叶[1]。

【科属】玄参科植物。

【药用部位】泡桐或毛泡桐的根果入药，根秋季采挖，果夏季采收。夏、秋季采摘，鲜用或晒干[1]。

【性味与归经】味苦；性寒[1]。

【功能与主治】清热解毒，止血消肿。主痈疽、疔疮肿毒、创伤出血[1]。

【用法与用量】外用：以醋蒸贴、捣敷或捣汁涂。内服：煎汤，15~30g[1]。

【化学成分】毛泡桐叶含桃叶珊瑚苷（aucubin），泡桐苷（paulownioside），毛蕊花苷（verbascoside），异毛蕊花苷（isoverbascoside），熊果酸（ursolic acid），乙酸熊果酸（acetylursolicacid）α、β[1]。

【药理毒理研究】

1. 抗菌和抗病毒作用 毛泡桐皮的乙醚、乙醇及丙醇提取物均有抗菌活性，体外抗菌试验证明，毛泡桐提取物对金黄色葡萄球菌、枯草杆菌作用较强，对卡尔斯伯金酵母菌次之，对大肠埃希菌较弱。毛泡桐茎丁醇提取物对金黄色葡萄球菌、化脓性链球菌和类链球菌有抗菌作用，其主要有效成分为紫葳新苷Ⅰ，对上述细菌的最小抑菌浓度（MIC）为150μg/ml。毛泡桐叶中分离出的几种结晶，对8种常见菌和流感病毒、仙台病毒均有一定抑制作用。毛泡桐木部所含右旋芝麻素（dsesamin）对流感病毒、仙台病毒和结核分枝杆菌有抑制作用。毛泡桐叶中所含熊果酸在体外对革兰阳性细菌、革兰阴性细菌和酵母菌的最低抑菌浓度分别为50~400μg/ml，200~800μg/ml和100~700μg/ml。泡桐花提取物也有较强的抑菌作用[1]。

2. 镇咳、祛痰和平喘作用 泡桐果和泡桐木屑提取物能显著延长二氧化硫所致小鼠咳嗽出现时间，并能显著延长豚鼠因组胺喷雾引起的翻倒时间，表明有平喘作用。泡桐叶泡沫提取物使小鼠呼吸道酚红排出量明显增加，表明有祛痰作用[1]。

3. 对中枢神经系统的作用 熊果酸有明显的安定和降温作用，能降低大鼠的正常体温，减少小鼠自发活动，并能增强戊巴比妥的催眠作用和抗戊四唑的抗惊厥作用[1]。

4. 抗癌作用 熊果酸在体外对培养的肝癌细胞有显著抑制作用，并能延长荷艾氏腹水癌小鼠的生命[1]。

5. 增强杀昆虫剂作用 毛泡桐含泡桐素和芝麻素，此二成分对除虫菊酯和烯丙除虫菊酯的杀昆虫（蝇、蚊等）作用有增效作用[1]。

6. 其他作用 泡桐果有降压作用，对高血压患者的降压作用更明显。熊果酸尚有抗炎作用，增加肝糖原，降低心肌和横纹肌肌糖原作用和糖皮质激素样作用。动物实验表明，熊果酸100mg/kg有降低血清转氨酶的作用。毛泡桐柄木质部尚含有梓醇，试验表明梓醇有利尿和泻下作用。毛泡桐树皮含丁香苷，试验表明丁香苷有明显止血作用，用于术中止血，使出血明显减少[1]。

【参考文献】

[1] 国家中医药管理局《中华本草》编委会. 中华本草［M］. 上海：上海科学技术出版社，1999.

毛叶香茶菜

【学名】 *Isodon japonicus* (Burm. f.) H. Hara.

【别名】 四稜杆、山苏子、猛一撒（河南）。

【科属】 唇形科香茶菜属植物。

【药用部位】 以全草或根入药。

【分布】 产于江苏、河南、山西南部、陕西南部、甘肃南部及四川北部；生于山坡、谷地、路旁、灌木丛中，海拔可达2100m。日本也有，等模式标本采自日本。

【性味与归经】苦、甘、凉。

【功能与主治】有健胃、活血消肿、清热解毒之功效，全草均可入药。主治肝炎、胃炎、乳腺炎、闭经、跌打损伤、关节疼痛及蛇虫咬伤等。

【用法与用量】10~25g。

【化学成分】含有二萜类化合物、三萜类化合物、苯丙素类化合物、有 1 个甾体类化合物 β- 胡萝卜苷，3 个黄酮类化合物：胡麻黄素、鼬瓣花亭、异槲皮苷[1]。

【药理毒理研究】抗肿瘤作用、抑菌作用、抗炎作用及血管生成抑制作用[1]。

【参考文献】

[1] 底雪梅. 毛叶香茶菜化学成分及药理作用研究进展[J]. 安徽医药，2015，19（12）：2255-2258.

玫瑰茄

【拉丁名】Hibisci Flos.

【别名】山茄子（广州）。

【科属】锦葵科木槿属植物。

【药用部位】以根、种子入药。11 月中、下旬，叶黄籽黑时，将果枝剪下，摘取花萼连同果实，晒 1 天，待缩水后脱出花萼，置干净草席或竹箩上晒干。

【药材性状】本品略呈圆锥状或不规则形，长 2.5~4cm，直径约 2cm，花萼紫红色至紫黑色，5 裂，裂片披针形，下部可见与花萼愈合的小苞片，约 10 裂，披针形，基部具有去除果实后留下的空洞。花冠黄棕色，外表面有线状条纹，内表面基部黄褐色，偶见稀疏的粗毛。体轻，质脆。气微清香，味酸。

【分布】我国台湾、福建、广东和云南南部热地引入栽培。原产东半球热带地，现全世界热带地区均有栽培。

【性味与归经】酸、凉；归肾经。

【功能与主治】敛肺止咳，降血压，解酒。主肺虚咳嗽、高血压、醉酒。

【用法与用量】内服：煎汤，9~15g；或开水泡。

【化学成分】玫瑰茄的叶、花、花萼及种子含有多糖，有机酸（除常见的乙醇酸、柠檬酸外，尚有一种于植物界罕见的“木槿酸”）、天然色素、蛋白质及维生素 C 等多种化学成分。

【药理毒理研究】抗氧化、抑制 α- 淀粉酶、刺激人角化细胞增殖、抑制癌细胞、抑制成脂分化、降压、松弛回肠条、抗动脉粥样硬化[1]。

【民间应用】泡茶。

【参考文献】

[1] 顾关云，蒋昱. 玫瑰茄的化学成分与生物活性[J]. 现代药物与临床，2010，25（2）：109-115.

梅

【拉丁名】Mume Fructus.

【别名】春梅（江苏南通）、干枝梅（北京）、酸梅、乌梅。

【来源】蔷薇科杏属植物梅。

【药用部位】果、茎叶均可入药。

【分布】我国各地均有栽培，但以长江流域以南各省最多，江苏北部和河南南部也有少数品种，某些品种已在华北引种成功。日本和朝鲜也有。

【性味与归经】（生梅、青梅）酸、平、无毒。（乌梅，即青梅熏黑者）酸、温、平、涩、无毒；归肝、脾经。（白梅、盐梅、霜梅，即青梅用盐汁渍者，久则上霜）酸、咸、平、无毒。

【功能与主治】

1. **痈疽疮肿**　用盐梅烧存性，研为末，加轻粉少许，以香油涂搽患处四围。

2. **喉痹乳蛾**　用青梅二十枚、盐十二两，淹五天；另用明矾三两，桔梗、白芷、防风各二两，皂荚三十个，共研为末，拌梅汁和梅，收存瓶中。每取一枚，噙咽津液。凡中风普厥，牙关不开，用此方擦牙，很有效。

3. **泻痢口渴**　用乌梅煎汤代茶喝。

4. **赤痢腹痛**　用陈白梅同茶、蜜水各半煎服。

5. **大便下血及久痢不止**　用乌梅三两烧存性，研为末，加醋煮米糊和成丸子，如梧子大。每服二十丸，空腹服，米汤送下。

6. **小便尿血**　用乌梅烧存性，研为末，加醋、糊做成丸子，如梧子大。每服四十丸，酒送下。

7. **血崩**　用乌梅内七枚，烧存性，研末，米汤送服。一天服二次。

8. **大便不通**　用乌梅十颗，泡热水中去核，做成枣子大的丸子，塞肛门内，不久即可通便。

9. **霍乱吐泻**　用盐梅煎汤细细饮服。

10. **蛔虫上行**　出于口鼻，用乌梅煎汤频饮，并含口中好安。

11. **主咳**　用乌梅肉微炒，罂粟壳去筋膜、蜜炒，等分为末。每服二钱，睡时蜜汤调下。

12. **伤寒**　用乌梅十四枚，盐五合，加水一升煎取半升，一次服下取吐，吐后须避风。

【用法与用量】乌梅：内服：煎服，3~10g，大剂量可用至30g。外用：适量，捣烂或炒炭研末外敷。止泻止血宜炒炭用。

【化学成分】乌梅：柠檬酸、苹果酸、琥珀酸、酒石酸、碳水化合物、谷甾醇、蜡样物质及齐墩果酸样物质。

【药理作用】乌梅水煎剂在体外对多种致病性细菌及皮肤真菌有抑制作用；能抑制离体兔肠管的运动；有轻度收缩胆囊作用，能促进胆汁分泌；在体外对蛔虫的活动有抑制作用；对豚鼠的蛋白质过敏性休克及组胺性休克有对抗作用，但对组胺性哮喘无对抗作用；能增强机体免疫功能。

【民间应用】盆花，制作梅桩。鲜花可提取香精，花、叶、根和种仁均可入药。果实可食、盐渍或干制，或熏制成乌梅入药，有止咳、止泻、生津、止渴之效。梅又能抗根线虫危害，可作核果类果树的砧木。

梅花

【拉丁名】Mume Flos.

【别名】白梅花、绿萼梅、绿梅花。

【科属】蔷薇科植物。

【药用部位】梅 *Prunus mume*（Sieb.）Sieb.et Zucc. 的干燥花蕾。初春花未开放时采摘，及时低温干燥。

【药材性状】本品呈类球形，直径 3~6mm，有短梗。苞片数层，鳞片状，棕褐色。花萼 5，灰绿色或棕红色。花瓣 5 或多数，黄白色或淡粉红色。雄蕊多数；雌蕊 1，子房密被细柔毛。体轻。气清香，味微苦、涩。

【分布】我国各地多已栽培，以长江流域以南各地最多。

【性味与归经】微酸、涩，平；归肝、胃、肺经。

【功能与主治】开郁和中，化痰，解毒。用于郁闷心烦、肝胃气痛、梅核气、瘰疬疮毒。

【用法与用量】3~5g。

【化学成分】梅花含挥发油，其中主要含苯甲醛（benzaldehyde），苯甲醇（benzyl alcohol），4- 松油烯醇（terpinen-4-ol），棕榈酸（palmitic acid），苯甲酸（benzoic acid），异丁香油酚（isoeugenol）等共 70 余种成分。

【药理毒理研究】抗氧化作用、抗血小板凝集作用、防止黑色素沉积作用、抗抑郁作用[1]。

【民间应用】观赏。

【参考文献】

[1] 王灿灿，张伟，吴德玲，等. 白梅花化学成分及其药理作用研究进展［J］. 广州化工，2017，45（24）：40-42，72.

蓬莪术

【拉丁名】Curcumae Rhizoma.

【别名】莪术、蒁药、蓬蒁、广术、文术、黑心姜。

【科属】姜科植物。

【药用部位】蓬莪术 *Curcuma phaeocaulis* Val.、广西莪术 S.G.Lee et C.F.Liang 或温郁金 Y.H.Chen et C.Ling 的干燥根茎。后者习称“温莪术”。冬季茎叶枯萎后采挖，洗净，蒸或煮至透心，晒干或低温干燥后除去须根及杂质。

【药材性状】根茎圆锥形，上端较尖，下端钝圆，长 2~6cm，直径 2~3cm。表面淡黄色，稍皱缩，有明显的环节，节上有鳞片样叶柄残基，并有圆点状根痕。质坚实，断面黄绿色，内皮层环圆形，中柱占大部分。气微香，味苦辣。

干燥的根茎，呈卵圆形或纺锤形，质坚实而重，极难折断，破开面灰褐色至黄绿色，角质状，有光泽，并有一黄白色环及白色的筋脉小点。稍有香气，鼓掌微苦而辛。以个均匀、质坚实、断面灰褐色者为佳。

【分布】生于山谷、溪旁及林边等的阴湿处。主产于广西、四川。

【性味与归经】苦辛，温。入肝、脾经。

【功能与主治】行气破血，消积止痛。主血气心痛、饮食积滞、脘腹胀痛、血滞经闭、痛经、症瘕瘤痞块、跌打损伤。

【用法与用量】内服：煎汤，7.5~15g；或入丸、散。

【化学成分】根茎含挥发油，油中含的成分有莪术呋喃酮（curzerenone）、表莪术呋喃酮（epicurzerenone）、莪术呋喃烃（curzenene）、莪术双酮（curdione）、莪术醇（curcumol）、樟脑、龙脑等。

【药理毒理研究】抗肿瘤作用、抗早孕作用、抗菌作用、升高白细胞的作用、抗炎作用、保肝作用、抗炎作用、抑制血小板聚集和抗血栓形成。

佩兰

【拉丁名】Fupatorii Herba.

【别名】兰草、泽兰、圆梗泽兰、省头草。

【科属】菊科泽兰属植物。

【药用部位】佩兰的干燥地上部分。夏、秋二季分两次采割，除去杂质，晒干。

【药材性状】干燥的全草，茎多孑直，少分枝，呈圆柱形或扁压状，直径 1.5~4mm。表面黄棕色或黄绿色，有纵纹及明显的节，节不膨大。质脆，易折断，折断面类白色，可见韧皮部纤维伸出，木质部有疏松的孔，中央有髓；有时中空。叶片多皱缩，破碎，完整者多呈 3 裂，中央裂片较大，边缘有粗锯齿，两面均无毛，色暗绿或微带黄，质薄而脆，易破碎。气微香，味微苦。以干燥、叶多、色绿、茎少、未开花、香气浓者为佳。

【分布】分布于河北，山东、江苏、广东、广西、四川等地。主产于江苏、浙江、河北、山东等地。

【性味与归经】辛，平；归脾、胃、肺经。

【功能与主治】芳香化湿，醒脾开胃，发表解暑。用于湿浊中阻、脘痞呕恶、口中甜腻、口臭、多涎、暑湿表证、头胀胸闷。

【用法与用量】内服：煎汤，7.5~15g（鲜者 15~25g）。

【化学成分】兰草全草含挥发油 1.5%~2%，油中含对 – 聚伞花素乙酸、橙花醇酯和 5- 甲基麝香草醚，前两者对流感病毒有直接抑制作用。叶含香豆精，邻 – 香豆酸及麝香草氢醌。

大麻叶泽兰的叶，花中都含泽兰苦素和一倍半萜内酯，叶中又含泽兰苷。

上述两种植物的根中都含有兰草素。

【药理毒理研究】 佩兰挥发油对流行性感冒病毒有抑制作用。佩兰能引起牛羊慢性中毒，侵害肾、肝而生糖尿病。鲜叶或干叶的醇浸出物含有一种有毒成分，具有急性毒性，家兔给药后，能使其麻醉，甚至抑制呼吸，使心率减慢，体温下降，血糖过多及引起糖尿诸症。口服佩兰能引起小鼠动情周期暂停，排卵受到抑制。佩兰 100% 水煎剂，用试管稀释法，对白喉杆菌、金黄色葡萄球菌、八叠球菌、变形杆菌、伤寒杆菌等有抑制作用。其挥发油对流感病毒有抑制作用。

迷迭香

【拉丁名】 Rosmarihi Herba.

【别名】 艾菊、海之露[1]。

【科属】 唇形科迷迭香属植物迷迭香[2]。

【药用部位】 全草入药。

【分布】 原产于欧洲及北非地中海沿岸，曹魏时即曾引入我国，今我国园圃中偶有引种栽培。

【性味与归经】 味辛，性温。

【功能与主治】 发汗，健脾，安神，止痛。主治各种头痛，防止早期脱发。

【用法与用量】 内服：煎汤，4.5~9g。外用：适量，浸水洗。

【化学成分】 迷迭香中提取分离得到的化学成分丰富，有酸酚类、黄酮类、萜类与精油类等[1]。

【药理毒理研究】 抗肿瘤、抗菌、抗氧化、消炎、抗抑郁症[1]。

【民间应用】 调味、食用、迷迭香茶、迷迭香精油。

【参考文献】

［1］汪镇朝，张海燕，邓锦松，等. 迷迭香的化学成分及其药理作用研究进展［J］. 中国实验方剂学杂志，2019，25（24）：211-218.

［2］赵登高. 迷迭香化学成分的研究［C］. 中国化学会. 中国化学会第十九届全国有机分析及生物分析学术研讨会论文汇编. 中国化学会：中国化学会，2017：99.

密蒙花

【拉丁名】 Buddlejae Flos.

【别名】 蒙花（本草求真），小锦花（雷公炮炙论），黄饭花（南宁市药物志），疙瘩皮树花（药用资源材手册），鸡骨头花（四川药用资源志），羊耳朵（滇南本草），蒙花树（陕西平行），米汤花（四川），染饭花（云南丽江），黄花树（广西那坡）。

【科属】 马钱科醉鱼草属植物密蒙花。

【药用部位】 以干燥花蕾或花序入药。

【药材性状】本品粉末棕色。非腺毛通常为4细胞，基部2细胞单列；上部2细胞并列，每细胞又分2叉，每分叉长50~500μm，壁甚厚，胞腔线形。花冠上表面有少数非腺毛，单细胞，长38~600μm，壁具多数刺状突起。花粉粒球形，直径13~20μm，表面光滑，有3个萌发孔。腺毛头部顶面观1~2细胞，2细胞者并列呈哑铃形或蝶形；柄极短。

【分布】产于山西、陕西、甘肃、江苏、安徽、福建、河南、湖北、湖南、广东、广西、四川、贵州、云南和西藏等省区。生于海拔200~2800m向阳山坡、河边、村旁的灌木丛中或林缘。适应性较强，石灰岩山地亦能生长。分布于不丹、缅甸、越南等。

【性味与归经】甘，微寒；归肝经。

【功能与主治】清热泻火，养肝明目，退翳。

【用法与用量】煎服，3~9g。

【化学成分】密蒙花的主要活性成分为黄酮、苯乙醇苷、三萜及其皂苷类化合物[1]。

【药理毒理研究】抗炎、抗氧化、抑制醛糖还原酶及乙酰胆碱酯酶等作用及潜在预防和延缓糖尿病并发症的效果[1]。

【参考文献】

[1] 谢国勇，石璐，王飒，等. 密蒙花化学成分的研究[J]. 中国药学杂志，2017，52（21）：1893-1898.

三棱

【拉丁名】Spaganii Rhizoma.

【别名】黑三棱。

【科属】黑三棱科黑三棱属植物。

【药用部位】以干燥块茎入药。冬季至次年春采挖，洗净，削去外皮，晒干。

【药材性状】本品呈圆锥形，略扁，长2~6cm，直径2~4cm。表面黄白色或灰黄色，有刀削痕，须根痕小点状，略呈横向环状排列。体重，质坚实。无臭，味淡，嚼之微有麻辣感[1]。

【分布】主产于江苏、河南、山东、江西；辽宁、安徽、浙江、四川、湖北等地亦产。

【性味与归经】苦辛，平；归肝、脾经。

【功能与主治】破血行气，消积止痛。主症癥瘩块、瘀滞经闭、痛经、食积胀痛、跌年伤痛。

【用法与用量】内服：煎汤，5~10g；或入丸、散。

【化学成分】块茎含挥发油、淀粉[1]。

【药理毒理研究】

1. 对家兔离体小肠运动的影响　三棱水煎者沸30分钟，制成含生药75%的煎剂，在100ml保养液中加入三棱煎剂0.2ml，观察对离体肠管的影响，试验重复8次，结果表明，三棱可引起肠管收缩加强，紧张性升高，但其作用可被不同浓度的阿托品所拮抗。对离体兔子宫也有兴奋作用。

2. 对大白鼠血液凝固的影响 大鼠体重（200±50）g，禁食（不禁水）14~15小时，三棱煎剂6~8ml灌胃，连续2次，间隔1.5小时，总量相当药用资源15~20g，给药后1.5小时，麻醉后自颈总动脉放血。对照组用自来水。观察药物对体外血栓形成的时间、长度、重量、血小板计数和聚集功能、凝血酶原时间、白陶土部分凝血活酶时间，血浆纤维蛋白原以及优球蛋白溶解时间的影响。有报道用小鼠做三棱的活血作用试验，结果表明三棱水煎剂灌胃给药（每只相当生药10g），有抑制血小板聚集、延长血栓形成时间、缩短血栓长度和减轻重量的作用，还有延长凝血酶原时间及部分凝血活酶的趋势，降低全血黏度。其结果对传统的活血化瘀药提供了理论依据。试验中还发现荆三棱（scirpusyagara）的抑制血栓形成，降低全血黏度的作用强于本品，对血小板聚集功能的抑制作用，则本品强于荆三棱。

本品水煎剂（4g生药/ml）灌胃给药，NIH小鼠10只，剂量480g生药/kg，连续7日，灌胃后活动减少，静卧不动，第2日恢复正常，未见死亡；灌胃给药，观察7日，LD_{50}为（233.3±9.9）g生药/kg。死亡前出现短暂的抽搐、惊跳、呼吸抑制而死亡。

【参考文献】

［1］王国强. 全国中草药汇编［M］. 北京：人民卫生出版社，2014.

三七

【拉丁名】Notoginseng Radix et Rhizoma.

【别名】大叶三七、参三七、滇三七、旱三七、假人参、金不换盘龙七、人参三七、山漆田七、野三七、竹节人参参田七、汉三七、人参田七、田漆田三七。

【科属】五加科有参属植物。

【药用部位】干燥根和根茎。秋季花开前采挖，洗净，分开主根、支根及茎基，干燥。支根习称“筋条”，茎基习称“剪口”。

【药材性状】主根呈类圆锥形或圆柱形，长1~6cm，直径1~4cm。表面灰褐色或灰黄色，有断续的纵皱纹及支根痕。顶端有茎痕，周围有瘤状突起。体重，质坚实，断面灰绿色、黄绿色或灰白色，木部微呈放射状排列。气微，味苦回甜。筋条呈圆柱形，长2~6cm，上端直径约0.8cm，下端直径约0.3cm。剪口呈不规则的皱缩块状及条状，表面有数个明显的茎痕及环纹，断面中心灰白色，边缘灰色。

【分布】分布于广西西南部、云南东南部，一般为栽培；江西、湖北及其他省近年也有栽培。

【性味与归经】块根：甘、味苦，温；花：甘，凉。归肝、胃经。

【功能与主治】块根：活血祛瘀，止血，消肿止痛。用于衄血、吐血、咯血、便血、功能性子宫出血，产后血瘀腹痛，跌打损伤。

【用法与用量】块根：5~15g，研末用白开水送服。不宜入煎剂。花：适量，开水冲泡当茶饮[1]。

【化学成分】块根含三七皂苷A（arasaponin A，C30H52O10）、三七皂苷B

（arasaponin B，$C_{23}H_{38}O_{10}$），二者水解后分别生成皂苷元 A、皂苷元 B 及一分子葡萄糖。又近举报道，含有五种三萜皂苷，其苷元为人参二醇及人参三醇等。三七块根除含有皂苷外，尚含有生物碱和黄酮苷。三七叶含皂苷，水解后其皂苷元以人参二醇较多，可明显检出有齐墩果酸，但人参三醇含量极少[1]。

【药理毒理研究】三七块根流浸膏能缩短家兔血液凝固时间，有止血作用。三七有增加冠状动脉血流量、减慢心率、减少心肌氧消耗的作用。并能对抗因脑垂体后叶素所致的血压升高、冠状动脉收缩的作用。三七块根对动物实验性“关节炎”有预防和治疗作用。三七灌胃能促进小白鼠肝糖原的积累。

毒性：三七皂苷给猴等动物静脉注射，有溶血作用，对小鼠静注其半数致死量为 460mg/kg。对金鱼毒性极轻[1]。

【参考文献】

[1] 王国强. 全国中草药汇编 [M]. 北京：人民卫生出版社，2014.

肉豆蔻

【拉丁名】Myristicae Semen.

【别名】肉果、玉果、顶头肉。

【科属】肉豆蔻科肉豆蔻属植物。

【药用部位】肉豆蔻的干燥种仁。

【药材性状】本品呈卵圆形或椭圆形，长 2~3cm，直径 1.5~2.5cm。表面灰棕色或灰黄色，有时外被白粉（石灰粉末）。全体有浅色纵行沟纹及不规则网状沟纹。种脐位于宽端，呈浅色圆形突起，合点呈暗凹陷。种脊呈纵沟状，连接两端。质坚，断面显棕黄色相杂的大理石花纹，宽端可见干燥皱缩的胚，富油性。气香浓烈，味辛。

【分布】分布于马来西亚、印度尼西亚、巴西等地。主产于马来西亚及印度尼西亚。

【性味与归经】辛，温；归脾、胃、大肠经。

【功能与主治】温中，下气，消食，固肠。治心腹胀痛、虚泻冷痢、呕吐、宿食不消。

【用法与用量】内服：煎汤，2.5~10g；或入丸、散。

【化学成分】含挥发油 2%~9%，包括 d- 莰烯及 α- 蒎烯等。其脂肪中，肉豆蔻酸含量达 70%~80%，并含有毒物质肉豆蔻醚。

【药理毒理研究】肉豆蔻油除有芳香性外，尚具有显著的麻醉性能。对低等动物可引起瞳孔扩大、步态不稳，随之以睡眠、呼吸变慢、剂量再大则反射消失。对猫引起麻醉之剂量，常同时招致肝脂肪变性而死亡。人服 7.5g 肉豆蔻粉可引起眩晕乃至谵妄与昏睡，曾有服大量而致死的病例报告；猫服 1.9g/kg 可引起半昏睡状态并于 24 小时内死亡，肝有脂肪变性。肉豆蔻油的毒性成分为肉豆蔻醚，二者中毒症状相似，肉豆蔻醚对猫的致死量为 0.5~1.0ml/kg（在胃肠道的吸收不完全），如皮下注射 0.12ml 即可引起广泛的肝脏变性。肉豆蔻油 0.03~0.2ml 可用作芳香剂或祛风剂、肠胃道的局部刺激剂。

肉豆蔻醚、榄香脂素对正常人有致幻作用，而另一芳香性成分洋檫木醚则无此作用，肉豆蔻醚对人的大脑有中度兴奋作用，但与肉豆蔻不完全相同；后者可引起血管状态不稳定、心率变快、体温降低、无唾液、瞳孔缩小、情感易冲动、孤独感、不能进行智力活动等。肉豆蔻及肉豆蔻醚能增强色胺的作用：体内及体外试验均对单胺氧化酶有中度的抑制作用。其萜类成分有抗菌作用。

牛蒡根

【英文名】Great Burdock Achene.

【别名】恶实根、鼠粘根、牛菜。

【科属】菊科牛蒡属植物。

【药用部位】以根入药。

【药材性状】性状鉴别呈纺锤形，肉质而直立。皮部黑褐色，有皱纹，内呈共同白色。味微苦而性黏。

【分布】分布于东北、西北、中南、西南及河北、山西、山东、江苏、安徽、浙江、江西、广西等地。

【性味与归经】味苦；微甘；性凉。归肺、心经。

【功能与主治】散风热，消毒肿。主风热感冒、头痛、咳嗽、热毒而肿、咽喉肿痛、风湿痹痛、症瘕积块、痈疖恶疮、痔疮脱肛。

【用法与用量】内服：煎汤，6~15g；或捣汁；工研末；或浸酒。外用：适量，捣敷；或熬膏涂；或煎水洗。

【化学成分】

1. 含愈创木内酯类化合物 牛蒡种噻吩 -α（lappaphen-a），牛蒡种噻 -b（lappaphen-b）。又含硫炔类化合物，牛蒡酮（arctinone）a、b，牛蒡醇（arctinol）a、b，牛蒡醛（arctinal）、牛蒡酸（arctic acid）b、c，牛蒡酸 b 甲酯（methyl arctate b），（11E）-1, 11- 十三碳二烯 -3, 5, 7, 9- 四炔［（11E）-1, 11-tridecadien-3, 5, 7, 9-tetrayne］，（3E, 11E）-1, 3, 11- 十三碳三烯 -5, 7, 9- 三炔［（3E, 11E）-1, 3, 11-tridecatrien-5, 7, 9-triyen］，（3E）-3- 十三碳烯 -5, 7, 9, 11- 四炔 -1, 2- 环氧化合物［（3E）-3-tridecen-5, 7, 9, 11-tetrayne-1, 2-epoxide］,(4E、6E、12E)-4, 6, 12- 十四碳 -8, 10- 二炔 -1, 3- 二乙酸酯［（4E，6E，12E）-4, 6, 12-tetradecatrie］-8, 10-diyn-1, 3-diyl diac-etate，（4E, 6Z）-4, 6- 十四碳二烯 -8, 10, 12- 三炔 -1, 3- 二乙酸酯［（8Z, 15Z）- 十七碳 -1, 8, 15- 三烯 -11, 13- 二炔［（4E, 6Z）］-4, 6-tetradecadien-8, 10, 12-triyn-1, 3-diyl diac-etate-［（8Z, 15Z）-heptadeca-1, 8, 15-trien-11, 13-diyn］。

2. 根中的挥发性成分 有去氢木香内酯（dehydrocostus lactone），去氢二氢木香内酯（dehydrodihydrocostus lactone），3- 辛烯酸（3-octenoic acid），3- 已烯酸（3-hexenoic acid），2- 甲基丙酸（2-methy propionic acid），2- 甲基丁酸（2-methylbu-tyric acid），2- 甲氧基 -3- 甲基吡嗪（2-methoxy-3-methylpyrazine），苯乙醛（phenyacetaldehyde），苯甲醛（benzaldehyde），丁香烯（caryophyllene），1- 十七碳烯（1-heptadecene），1- 十五碳烯（1-pen-tadecene）等成分。还含多种挥发性有机酸，此外，还含 α，β- 香树酯

醇（α，β-amyrin），羽扇豆醇（lupeol），蒲公英甾醇（taraxas-terol），ϕ-蒲公英甾醇（ϕ-taraxasterol），豆甾醇（stigmasterol），谷甾醇（sitosterol）。

【药理毒理研究】

1. 抗菌和抗真菌作用 牛蒡酸是一种含硫的炔酸，有抗菌和抗真菌作用。有研究采用GC-MS技术从牛蒡根挥发油中分离出68个组分，鉴定了其中63个组分，占挥发油总量的87.67%，主要为亚麻酸甲脂、亚油酸、三甲基-8-亚甲基-十氢化-2-萘甲醇、苯甲醛等。

2. 抗突变及抗癌作用 牛蒡根中含多种多酚物质，如咖啡酸、绿原酸、异绿原酸等，一般认为均有抗突变和抗癌的作用。试验证明，牛蒡根抗突变作用的能力与其多酚含量之间可能存在正相关。菊糖广泛存在于包括牛蒡在内的菊科植物中，活性广泛，也具有抗肿瘤的功能。

3. 镇咳及促有丝分裂作用 从牛蒡根部得到一种低分子量呋喃果聚糖，它在猫的镇咳试验中表现出与一些临床上用于治疗咳嗽的非麻醉性合成制剂相同的镇咳活性。在促有丝分裂试验中，这种果聚糖的生物学反应与酵母聚糖免疫调节剂相当。

4. 抗衰老作用 将牛蒡根水煮浓缩后对大鼠灌胃30天后，发现大鼠的肝组织、血清中的SOD活性明显提高，而脑组织、血清中的MDA含量明显降低，提示牛蒡根具有抗衰老的作用。

5. 肝保护作用 牛蒡根水提液对CCl_4或对乙酰氨基酚诱导的小鼠肝损伤有保护作用，它可以剂量依赖性地降低SGOT和SGPT的水平，从组织病理学上减轻肝损伤的程度。牛蒡根水提液还对慢性乙醇消耗导致肝损伤并被CCl_4加重的小鼠模型有保护作用。肝保护的作用机制很可能是牛蒡根具有抗氧化作用，可以排除肝细胞中CCl_4等的有毒代谢产物。

6. 清除重金属离子的作用 环境中的重金属污染会通过食物链进入人的机体，并产生多种疾病，而牛蒡根对重金属离子具有较强的吸附、清除作用，其吸附能力依次是Pb、Cd、Hg、Ca和Zn。另外，牛蒡根中所含有的天门冬氨酸、精氨酸具有健脑的功效；牛蒡菊糖具有治疗冠心病、糖尿病等作用；绿原酸还能抗艾滋病病毒、抗过敏等。相对于牛蒡子而言，牛蒡根在抗癌、治疗艾滋病、抗衰老、健脑以及清除重金属污染等方面有重要作用。

7. 良好的减肥、降血脂作用 牛蒡根粉对营养性肥胖模型小鼠的体重和生殖器周围脂肪重量有明显的降低作用，对小鼠生化指标有显著影响。牛蒡根粉有良好的减肥、降血脂功效。

牛尾草

【学名】 *Isodom ternifolius* (D. Don) kudô.

【别名】 四楞草、龙胆草（云南广南），鸭边窝（云南莲山），扫帚草（云南耿马）三叶扫把，常沙，牛尾巴蒿（云南思茅），马鹿尾（云南镇康，龙陵），三叉金（广西平南），三姊妹、三托艾、伤寒头（广西），虫牙药、兽药（贵州兴义）。

【科属】禾本科狐茅属植物牛尾草。

【药用部位】全草入药。

【药材性状】根茎呈不规则结节状，横走，有分枝，表面黄棕色至棕褐色，每节具凹陷的茎痕或短而坚硬的残基。根着生于根茎一侧，圆柱状，细长而扭曲，长20~30cm，直径约2mm，少数有细小支根；表面灰黄色至浅褐色，具细纵纹和横裂纹，皮部常横裂露出木部。质韧，断面中央有黄色木心。气微，味微苦、涩。以根多而长、质韧者为佳。

【分布】产于云南南部、西南部及东南部，贵州南部，广西及广东；生于空旷山坡上或疏林下，海拔140~2200m。尼泊尔、印度、不丹、缅甸、泰国、老挝、越南北部也有。模式标本采自尼泊尔。

【性味与归经】甘，平；归肝、肺经。

【功能与主治】治痢疾肠炎、黄疸性肝炎、咽喉炎、扁桃腺炎、尿道感染、膀胱炎、急性肾炎、肿胀疼痛、流感、疟疾、毒蛇咬伤、牙痛等症，亦可外用洗各种毒疮及红肿部分；叶研末敷黄水疮尤为有效，内服可治小儿疳积。

【用法与用量】内服：煎汤，9~15g，大量可用至30~60g；浸酒或炖肉。外用：适量，捣敷。

【化学成分】根茎、根含新替告皂苷元-3-O-α-L-吡喃鼠李糖基-（1→6）-β-D-吡喃葡萄糖苷[neotigogenin-3-O-α-L-rhamnopyranosyl-（1→6）-β-D-glucopyranoside]，新替告皂苷元-3-O-β-D-吡喃葡萄糖基-（1→4）-O-[α-L-吡喃鼠李糖基-（1→6）]-β-D-吡喃葡萄糖苷。

【药理毒理研究】

1. 消炎杀菌 消炎杀菌、收敛止泻是牛尾草最重要的功效，因为牛尾草中含有多种天然药用成分，能消灭人类肠道中的敏感菌和致病菌，并能阻止人类肠道中炎症滋生，它对人类经常出现的肠炎、腹泻和腹痛等症都有明显治疗作用。

2. 利湿退黄 牛尾草在入药后还能立时退房，能加快人体内湿度代谢，它能防止湿热黄疸出现。

牛膝

【拉丁名】Achyranthis Bidentatae Radix.

【别名】怀牛膝、牛髁膝、山苋菜、对节草、红牛膝、杜牛膝、土牛膝（野生品）。

【科属】苋科牛膝属植物。

【药用部位】干燥根入药。冬季茎叶枯萎时采挖，除去须根及泥沙，捆成小把，晒至干皱后，将顶端切齐，晒干。

【药材性状】本品呈细长圆柱形，稍弯曲，上端稍粗，下端较细，长15~50（90）cm，直径0.4~1cm。表面灰黄色或淡棕色，有略扭曲而细微的纵皱纹、横长皮孔及稀疏的细根痕。质硬而脆，易折断，受潮则变柔软，断面平坦，黄棕色，微呈角质样而油润，中心维管束木部较大，黄白色，其外围散有多数点状的维管束，排列成2~4轮。气微，味微甜而稍苦涩。

【性味与归经】味苦、甘、酸，性平；归肝、肾经。

【功能与主治】补肝肾，强筋骨，逐瘀通经，引血下行。用于腰膝酸痛、筋骨无力、经闭症瘕、肝阳眩晕。

【用法与用量】4.5~9g。

【化学成分】根含皂苷，并含脱皮甾酮和牛膝甾酮。

【药理毒理研究】牛膝总皂苷对子宫平滑肌有明显的兴奋作用，怀牛膝苯提取物有明显的抗生育、抗着床及抗早孕的作用，抗生育的有效成分为脱皮甾醇。牛膝醇提取物对实验小动物心脏有抑制作用，煎剂对麻醉犬心肌亦有抑制作用。煎剂和醇提液有短暂的降压和轻度利尿作用，并伴有呼吸兴奋作用。怀牛膝能降低大鼠全血黏度、血细胞比容、红细胞聚集指数，并有抗凝作用。蜕皮甾酮有降脂作用，并能明显降低血糖。牛膝具有抗炎、镇痛作用，能提高机体免疫功能。煎剂对小鼠离体肠管呈抑制，对豚鼠肠管有加强收缩作用。

毒理作用：小鼠腹腔注射，蜕皮甾酮的 LD_{50} 为 6.4g/kg，牛膝甾酮为 7.8g/kg。怀牛膝煎剂 75g/kg 灌胃，观察 3 天，未见小鼠有任何异常，其 LD_{50} 为 146.49g/kg。亚急性毒性试验，60g/（kg·d），连续 7 天，或 48g/（kg·d），连续 30 天，小鼠的进食、体重、活动、被毛、血象、肝肾功能及组织学检查均无异常，表明毒性很低。蜕皮甾酮与牛膝甾酮合剂 200~2000mg/（kg·d）灌胃，连续 35 天，未产生任何毒性反应。

【民间应用】牛膝丝瓜汤、牛膝拌海蜇。

牛至

【拉丁名】Origani Herba.

【别名】江宁府茵陈、小叶薄荷、满坡香、土香薷、白花茵陈、香草、五香草、山薄荷、暑草、对叶接骨丹、土茵东、黑接骨丹、滇香薷、香薷、小甜草、止痢草、琦香、满山香。

【科属】唇形科牛至属植物。

【药用部位】全草入药。

【药材性状】

1. **性状鉴别** 全草长 23~50cm。根较细小，略弯曲，直径 2~4mm，表面灰棕色；质略韧，断面黄白色。茎呈方柱形，紫棕色至淡棕色，密被细毛，节明显，节间长 2~5cm。叶对生，多皱褐或脱落，暗绿色或黄绿色，完整者展开后叶卵形或宽卵形，长 1.5~3cm，宽 0.7~1.7cm，先端钝，基部圆形，全缘两面均有棕黑色腺点及细毛。聚伞花序顶生；苞片倒长卵形，黄绿色或黄褐色，有的先端带紫色；花萼钟状，先端 5 裂，边缘密生白色细柔毛。小坚果扁卵形，红棕色。气微香，味微苦。以叶多、气香浓者为佳。

2. **显微鉴别** 茎横切面：呈方形。表皮细胞方形或略切向延长，外被角质层，有非腺毛，为 2~8 细胞，长 110~320μm，外壁具疣点，并有少数腺鳞及小腺毛。皮层细胞 4~5 列，四角部位有厚角细胞 6~10 列；内皮层细胞 1 列，整齐，较大。韧皮部较窄。

木质部导管、木纤维及木薄壁细胞均木化。髓大，细胞多角形。壁微木化，有单纹孔，老茎髓部呈空腔。叶表面观：上、下表皮细胞垂周壁均略波状弯曲；腺鳞较多，腺头扁球形，由 4~8 个分泌细胞组成，直径 80~90μm，腺头角质屋与分泌细胞之间，贮有淡黄色油；柄短，单细胞，尚有头部与柄部均为单细胞的小腺毛，腺头直径 18~22μm。非腺毛 3~4 细胞，于叶脉及叶缘处较多，长 17~320μm，基部直径 40~60μm，可见疣点。下表皮气孔多，直轴式[1]。

【分布】生态环境：生于海拔 500~3600m 的山坡、林下、草地或路旁。资源分布：分布于西南及陕西、甘肃、新疆、江苏、安徽、浙江、江西、福建、台湾、河南、湖北、湖南、广东、西藏等地。

【性味与归经】味辛、微苦、性凉。

【功能与主治】解表，理气，清暑，利湿。主感冒发热、中暑、胸膈胀满、腹痛吐泻痢疾、黄疸、水肿、带下、小儿疳积、麻疹、皮肤瘙痒、疮疡肿痛、跌打损伤。

【用法与用量】内服：煎汤，3~9g，大剂量用至 15~30g；或泡茶。外用：适量，煎水洗；或鲜品捣敷。

【化学成分】全草含水苏糖（stachyose）和挥发油，油中主要含百里香酚（thymol)，香荆芥酚（carvacrol)，乙酸牛儿醇酯（geranyl acetate）及聚伞花素（cymene）等，叶还含熊果酸（ursolic acid)[1]。

【药理毒理研究】

1. 抗菌抑菌作用 牛至挥发油的抗菌作用主要通过对细菌细胞膜结构的变性和凝固来实现。活性成分具有很强的表面活性和脂溶性，能迅速穿透致病微生物细胞膜，使其细胞成分渗透，造成致病微生物水分失衡而导致死亡。牛至的挥发油中的有效抗菌成分是酚类及其合成前体、萜醇及萜烯等[1]。

2. 毒性 牛至煎剂腹腔注射小鼠的 LD_{50} 为（0.78 ± 0.13）ml/kg。但 1ml/kg 剂量以上，就出现阵颤、抽搐等明显中毒症状。

【民间应用】牛至煎茄片。

【参考文献】

[1] 李俊杰，李蓉涛. 牛至的研究现状[J]. 光谱实验室，2013，30（1）：171-176.

女萎

【拉丁名】Clematidis Apiifoliae Herba.

【别名】蔓楚、牡丹蔓、山木通、木通草、白木通、穿山藤、苏木通、小叶鸭脚力刚、钥匙藤、花木通、菊叶威灵仙。

【科属】毛茛科铁丝莲属植物。

【药用部位】以根、茎藤或全株入药。秋季采收，扎成小把，晒干。

【药材性状】

1. 性状鉴别 茎类方形，长可达数米，缠绕或切段，直径 1~5mm。表面灰绿色或棕绿色，通常有6条较明显的纵棱，被白色柔毛，质脆，易断，断面不平坦，木部黄白色，可见多数细导管孔，髓部疏松。叶对生，三出复叶，叶片多皱缩破碎，完整的叶片卵形或宽卵形，顶生小叶片较两侧小叶片大，常呈不明显的3浅裂，边缘有缺刻状粗锯齿或牙齿，暗绿色，两面有短柔毛。总叶柄长2~9cm，常扭曲。有的带有花果。气微，味微苦涩。

2. 显微鉴别 茎横切面：为六角形。表皮细胞类长方形，切向延长。皮层较狭。中柱鞘纤维1~2层，断续相接成环（嫩茎无纤维）；无限外韧型维管束，大小相间排列，形成层不明显，导管类图形或长圆形，多单个排列，直径50~250μm。髓部较小，占茎的1/4~1/2，细胞类圆形。

【分布】生态环境：生于海拔150~1000m的山野林边。资源分布：分布于江苏南部、安徽大别山以南、浙江、江西、福建、湖南。

【性味与归经】味辛、性温、小毒；归肝、脾、大肠经。

【功能与主治】祛风除湿，温中理气，利尿，消食。主治风湿痹证、吐泻、痢疾、腹痛肠鸣、小便不利、水肿。

【用法与用量】内服：煎汤，15~30g。外用：适量，鲜品捣敷；或煎水熏洗。

【化学成分】根含乙酰齐墩果酸（acetyl oleanolic acid），齐墩果酸（oleanoic acid），常春藤皂苷元（hederagenin），豆甾醇（stigrnasterol），β-谷甾醇（β-sitosterol）；花、叶含槲素（quercetin），山柰酚（kaempferol）等黄酮类化合物。

女贞子

【拉丁名】Ligustri Lueidi Fructus.

【别名】女贞实、冬青子、爆格蚤、白蜡树子、鼠梓子。

【科属】木犀科植物。

【药用部位】女贞的果实。

【药材性状】

1. 性状鉴别 果实呈卵形、椭圆形或肾形，长6~8.5mm，直径3.5~5.5mm。表面黑紫色或棕黑色，皱缩不平，基部有果梗痕或具宿萼及短梗。外果皮薄，中果皮稍厚而松软，内果皮木质，黄棕色，有数条纵棱，破开后种子通常1粒，椭圆形；一侧扁平或微弯曲，紫黑色，油性。气微，味微酸，涩。以粒大、饱满、色黑紫者为佳。

2. 显微鉴别 果实横切面：外果皮为1列细胞，外壁及侧壁加厚，其内常含油滴。中果皮为12~25列薄壁细胞，近内果皮处有7~12个维管束散在。内果皮为4~8列纤维组成棱环。种皮最外为1列切向延长的表皮细胞，长68~108μm，径向60~80μm，常含油滴。内为薄壁细胞，棕色。胚乳较厚，内有子叶。

3. 理化鉴别

（1）取粉末约0.5g，加乙醇5ml，振摇5分钟，滤过。取滤液少量，置蒸发皿中蒸干，滴加三氯化锑三氯甲烷饱和溶液，再蒸干，呈紫色。（检查三萜类）

（2）取粉末1g，加乙醇3ml，振摇5分钟，滤过。滤液置蒸发皿中，蒸干，残渣加醋酐 1ml 使溶解，加硫酸 1 滴，先显桃红色，继变紫红色，最后呈污绿色；置紫外光灯（365nm）下观察，显黄绿色荧光。（检查三萜皂苷）

（3）薄层色谱取本品粉末 5g，加 7% 硫酸的乙醇－水（1：3）溶液 50ml，加热回流 2 小时，放冷后，用三氯甲烷振摇提取 3 次（50ml、25ml、25ml），三氯甲烷液以水振摇洗涤后，用无水硫酸钠脱水，滤过。三氯甲烷液蒸干，以甲醇 1ml 溶解作供试液。另取齐墩果酸三氯甲烷溶液作对照液，分别点样于硅胶 G 薄板上，以三氯甲烷－乙醚（1：1）展开，喷以 20% 硫酸，于 105℃烘烤显色，供试品色谱与对照品色谱在相应的位置上显相同颜色的斑点。

【分布】生态环境：生于海拔 2900m 以下的疏林或密林中，亦多栽培于庭院或路旁。资源分布：分布于陕西、甘肃及长江以南各地。

【性味与归经】甘、苦、性凉；归肝、肺、肾三经。

【功能与主治】补益肝肾，清虚热，明目。主头昏目眩、腰膝酸软、遗精、耳鸣、须发早白、骨蒸潮热、目暗不明。

【用法与用量】内服：煎汤，6~15g；或入丸剂。外用：适量，敷膏点眼。清虚热宜生用，补肝肾宜熟用。

【化学成分】果实含齐墩果酸（oleanolic acid），乙酰齐墩果酸（acetyloleanolic acid），熊果酸（ursolic acid），乙酸熊果酸（acetylursolic acid），对－羟基苯乙醇（p–hydroxyphenethyl alcohol），3, 4–二羟基苯乙醇（3, 4–dihydroxyphenethyl alcohol），β–谷甾醇（β–sitosterol），甘露醇（mannitol），外消旋－圣草素（eriodictyol），右旋－花旗松素（taxifolin），槲皮素（quercetin），女贞苷（ligustroside），10–羟基女贞苷（10–hydroxy ligustroside），女贞子苷（nuezhenide），橄榄苦苷（oleuropein），10–羟基橄榄苦苷（10–hydroxy oleuropein），对－羟基苯乙基–β–D–葡萄糖苷（p–hydroxyphenethyl–β–D–glucoside），3, 4–二羟基苯乙基–β–葡萄糖苷（3, 4–dihydroxyphenethyl–β–D–glucoside），甲基–α–D–吡喃半乳糖苷（methyl–α–D–galactopyranoside），洋丁香酚苷（acteoside），新女贞子苷（neonuezhenide），女贞苷酸（ligustrosidic acid），橄榄苦苷酸（oleuropeinic acid）及代号为 GI–3 的裂环烯醚萜苷。还含有由鼠李糖，阿拉伯糖，葡萄糖，岩藻糖组成的多糖，及总量为 0.39% 的 7 种磷脂类化合物，其中以磷脂酰胆碱（phosphatidyl choline）含量最高，占总量的 56.52% ±1.34%。并含有钾、钙、镁、钠、锌、铁、锰、铜、镍、铬、银等 11 种元素，其中铜、铁、锌、锰、铬、镍为人所必需微量元素。

女贞种子含女贞子酸（ligustrin）（其结构为五环三萜酸，具有免疫激活作用）。女贞含 8–表金银花苷（8–epikingiside）。

【药理毒理研究】

1. 降血脂及抗动脉硬化 女贞子粗粉按每只 20g 拌入食料中喂饲，对试验性高脂血症兔可降低血清胆甾醇及甘油三酯含量，并使主动脉脂质斑块及冠状动脉粥样斑块形成消减。女贞子成分齐墩果酸 30mg/kg 拌入饮料喂饲大鼠，0.4% 齐墩果酯混悬液 0.5ml 给兔灌胃，对高脂血症大鼠、兔均有降血脂作用。齐墩果酸 30、60mg/kg 加于饲料中喂饲日本鹌鹑8周，明显降低血清总胆甾醇、过氧化脂质、动脉壁总胆甾醇含量，降低动脉粥样硬化的发生率。

2. 降血糖 齐墩果酸50、100mg/kg皮下注射，连续7日，可降低正常小鼠血糖，对四氧嘧啶引起的小鼠糖尿病有预防及治疗作用，也能对抗肾上腺素或葡萄糖引起的小鼠血糖升高。

3. 抗肝损伤 齐墩果酸30、50、100mg/kg皮下注射，可抑制四氯化碳引起的大鼠血清谷丙转氨酶（SgPT）的升高，对未经四氯化碳处理的大鼠，齐墩果酸50、100mg/kg皮下注射，也可使SgPT下降。齐墩果酸70mg/kg皮下注射，可减轻四氯化碳造成的肝损伤，组织学观察，肝细胞空泡变性、疏松变性、肝细胞坏死、小叶间质炎症，均较相应的对照组轻。每只皮下注射齐墩果酸2mg，连续6~9周，对高脂食物及四氯化碳造成的大鼠肝硬化有防治作用。电镜观察对四氯化碳肝损伤大鼠，每只皮下注射齐墩果酸20mg，可使肝细胞的线粒体肿胀与内质网囊泡变均减轻。

4. 对机体免疫功能的影响

（1）对非特异性免疫的影响

①升高外周白细胞数：女贞子能显著升高外周白细胞数目，其有效成分为齐墩果酸。醇提取物能回升环磷酰胺（cy）所致小鼠白细胞减少。蒸女贞子480mg/kg对正常小鼠白细胞无影响，但可纠正强的松龙（25mg/kg，ip）所致白细胞下降。

②对网状内皮系统的吞噬功能的影响：通过血液中异物的廓清速度，观察巨噬细胞活力。发现ig蒸女贞子240mg/kg×5d能显著提高小鼠对iv碳粒的廓清指数，增强网状内皮系统的活性；女贞子480mg/kg，作用不明显。女贞子煎剂12.5g/kg×7d，对廓清指数无明显影响，而25g/kg×7d则明显抑制网状内皮系统的吞噬活性。

（2）对特异性免疫的影响

①对细胞免疫功能的影响：女贞子能明显提高T淋巴细胞功能。女贞子的水提液在体外明显增强其适量PHA、ConA和PWM引起的淋巴细胞增殖，还明显地增强异种（人）淋巴细胞引起的大鼠局部移植物抗宿主反应（GVHR）。此外，在体内外女贞子多糖刺激在一定浓度范围内能直接刺激小鼠脾T淋巴细胞的增殖或协同刺激有丝分裂原PHA或ConA促进小鼠脾T淋巴细胞的增殖，但是多糖的作用呈现为剂量依赖的双向调节作用，即低浓度下激活增殖，高浓度时抑制作用增强。

②对体液免疫功能的影响：女贞子具有增强体液免疫功能的作用。女贞子煎剂12.5~25g/kg连续7日灌胃，可使鼠免疫器官胸腺、脾脏重量增加；大剂量可使成年鼠脾脏重量增加。蒸女贞子240mg/kg、480mg/kg×7日可明显使C57BL小鼠脾脏、胸腺、腹腔淋巴结，肾上腺增重。女贞子多糖每天注射1次，共7日，100mg/kg使LACA小鼠脾脏重量较对照组增加约40%，50mg/kg使小鼠脾脏重量较对照组增加约30%。女贞子煎剂能明显提高小鼠血清溶血素抗体活性，亦能升高正常小鼠血清IgG含量，且对抗Cy的免疫抑制作用；蒸女贞子可明显对抗强的松龙的免疫抑制作用，亦能升高小鼠血清IgG，并能使强的松龙免疫抑制小鼠的IgG含量升高，尚能明显提示小鼠记清净血素抗体活性；女贞子多糖对抗Cy50mg/kg腹腔注射所造成的荷瘤小鼠（S180）的淋巴细胞

增殖反应的抑制低下作用，女贞子多糖明显对抗 Cy 的免疫抑制作用。

（3）对变态反应的抑制作用　女贞子煎剂 12.5g/（kg·d），25g/kg 灌胃小鼠 7 天；同剂量灌胃大鼠 5 天，不同剂量女贞子对小鼠或大鼠被动皮肤过敏反应（PCA）均表现明显的抑制作用。女贞子煎剂能降低大鼠颅骨膜肥大细胞脱颗粒百分率，对抗组胺引起的大鼠皮肤毛细血管通透性增高；抗原攻击前给药，可抑制 DNCB 所致小鼠接触性皮炎；女贞子 25g/kg 于抗原攻击后给药亦能明显抑制 DNCB 引起的小鼠接触性皮突；减轻大鼠主动及反向被动 Arthus 反应；女贞子 20g/kg 显著降低豚鼠血清补体总量。说明女贞子对Ⅰ、Ⅱ、Ⅳ型变态反应具有明显抑制作用。

5. 抗炎作用　采用多种试验炎症模型证实女贞子 12.5g/（kg·d），25g/（kg·d），连续 5 日，对二甲苯引起小鼠耳廓肿胀、乙酸引起的小鼠腹腔毛细血管通透性增加及时角叉菜胶、蛋清、甲醛性大鼠足垫肿胀均有明显抑制作用；女贞子 20g/kg×3 日灌胃，可显著降低大鼠炎症组织 PGE 的释放量；女贞子 20g/kg×7 日可抑制大鼠棉球肉芽组织增生，同时伴有肾上腺重量的增加。其抗炎机制可能涉及以下几个方面：①激活垂体一肾上腺皮质系统，促进皮质激素的释放；②抑制 PGE 的合成或释放。另外女贞子能降低豚鼠血清补体活性，对抗炎症介质组胺引起的大鼠皮肤毛细血管通透性增高，因此女贞子的抗炎机制可能也包括上述作用。

6. 抗癌、抗突变　齐墩果酸对小鼠肉瘤 –180 有抑瘤作用。女贞子煎剂 12.5g/kg、25g/kg 灌胃，齐墩果酸 50g/kg、100mg/kg 皮下注射，对环磷酰胺及乌拉坦引起的小鼠骨髓微核率增多有明显抑制作用。

7. 对内分泌系统的作用　研究表明，女贞子中既有雌激素样物质，也有雄激素样的物质存在，经放射免疫测定，女贞子含睾酮 428.31pg/g，雌二醇 139.02pg/g。证明女贞子既有睾酮样也有雌二醇样的激素类似物，即同一药物具有双向调节作用。用女贞子等补肾滋阴的药用资源在无势小白鼠阴道黏膜上产生了雌激素样作用，服药组兔卵巢的大卵泡数明显增多，雌激素升高。

8. 对造血系统的影响　女贞子对红系造血有促进作用。应用扩散盒血浆凝块法，女贞子能促进 CFU–E 生长。CFU–E/5×14 为 128.6±11.4（8），CFU–E/ 股骨为 62040±5450（8），股骨中 CFU–E 较 NS 组明显为高，而 CFU–D 却显著减少。对用药后小鼠骨髓细胞形态学分析，女贞子组红系细胞百分数为 47.3±2.99（6），较 NS37.3±2.86（6）组增高，粒系细胞百分数 37.6±3.96（6）较 NS 组 46.6±6.26（6）减少，粒红比值亦相应变化。

9. 对环磷酰胺及乌拉坦引起染色体损伤的保护作用　微核试验法证明女贞子水煎剂 12.5g/（kg·d），25.0g/（kg·d），口服 6 天，齐墩果酸皮下注射 50mg/（kg·d），100mg/（kg·d）×7，对环磷酰胺腹腔注射 50mg/（kg·d）×2、乌拉坦腹腔注射 500mg/（kg·d）×4，引起的小鼠染色体损伤有保护作用，能降低其微核率。

10. 抗 HpD 光氯化作用　女贞子能够对抗 HpD 的光氧化作用，体内应用能够明显减轻 HpD 对小鼠的皮肤光敏反应。女贞子 60mg 生药 /ml，能明显减少 HpD5μg/ml 合并照光 10 分钟引起的红细胞丙二醛含量的增加，抑制率为 57.7%，明显对抗红细胞膜乙酰胆碱酯酶活力的抑制，对抗率为 49.0%，120mg/ml 时，对抗率为 53.3%，小鼠腹腔注射 HpD20mg/kg，照光 4 小时，女贞子 20g 生药 /kg，腹腔注射 1 次，明显减轻耳的光敏反应。女贞子对 O_2 产生的效率比对照组低 3.5×10^{-4} 倍。

11. 其他作用　女贞子尚有强心、扩张冠状血管、扩张外周血管等心血管系统作用；利尿、止咳、缓泻、抗菌等作用。齐墩果酸有某些强心、利尿作用；甘露醇则有缓下作用；还含有多量的葡萄糖；这些可能与其强壮作用有关。

【民间应用】女贞子炖猪肉、女贞子枣茶。

枇杷

【拉丁名】Eriobotryae Folium.

【别名】芦橘、又名金丸、芦枝。

【科属】蔷薇科枇杷属植物。

【药用部位】以枇杷叶晒干入药。

【药材性状】果实圆形或椭圆形，直径 2~5cm，外果皮黄色或橙黄色，具柔毛，顶部具黑色宿存萼齿，除去萼齿可见一小空室。基部有短果柄，具糙毛。外果皮薄，中果皮肉质，厚 3~7mm，内果皮纸膜质，棕色，内有 1 至多颗种子。气微清香，味甘、酸。

【分布】各地广行栽培，四川、湖北有野生者。日本、印度、越南、缅甸、泰国、印度尼西亚也有栽培。

【性味与归经】甘、酸；凉；无毒。归肺胃经。

【功能与主治】润肺下气，止渴。主肺热咳喘、吐逆、烦渴。

【用法与用量】内服：生食或煎汤，30~60g。

【化学成分】果实含隐黄质（cryptoxanthin），新 -β- 胡萝卜素（neo-β-carotene）及 DL- 乳酸（DL-lactic acid）及酒石酸（tartaric acid），未成熟果实含转化糖，蔗糖（sucrose），游离枸橼酸（citric acid），苹果酸（malic acid），成熟果实含转化糖，蔗糖，苹果酸。此外尚含有果胶（pectin）3.3%，戊糖，苹果酸，琥珀酸（succinic acid），氧化酶，淀粉酶，苦杏仁酶及转化梅。果肉及果皮还含有六氢西红柿烃（phytofluene），顺式 - 新 -β- 胡萝卜素，β- 胡萝卜素，γ- 胡萝卜素，β- 胡萝卜素氧化物（mutatochrome），隐黄质 5, 6, 5′, 6′- 二氧化物（cryptoxanthin5, 6, 5′, 6′-diepoxide），隐黄质 5, 6- 环氧化物（cryptoxanthin5, 6-epoxide），隐黄质，隐黄质 5, 6, 5′, 8′- 二环氧化物（cryptoxanthin5, 6, 5′, 8′-diepoxide），隐黄素（cryptoflavin），叶黄素（lutein），顺 - 叶黄素（cisliutein），异叶黄素（isolutein），堇黄质（violaxanthin），菊黄质（crysanthemxanthin），黄体呋喃素（luteoxanthin），新黄素（neoxanthin）。

【药理毒理研究】抗氧化、止咳化痰、免疫调节、抗病毒、抗炎、抑菌、抗癌、降血糖[1]。

【民间应用】枇杷糖浆，食用。

【参考文献】

［1］冯航．枇杷主要药效成分及药理作用研究进展［J］．西安文理学院学报，2015（10）：02-0014-03.

升麻

【拉丁名】Cimicifugae Rhizoma.

【别名】绿升麻。

【科属】毛茛科升麻属植物。

【药用部位】以根茎入药。

【药材性状】根茎为不规则的长形块状，多分枝，呈结节状，长10~20cm，直径2~4cm。表面黑褐色或棕褐色，粗糙不平，有坚硬的细须根残留，上面有数个圆形空洞的茎基痕，洞内壁显网状沟纹；下面凹凸不平，具须根痕。不易折断，断面不平坦，有裂隙，纤维性，黄绿色或淡黄白色。气微，味微苦而涩。

【分布】在我国分布于西藏、云南、四川、青海、甘肃、陕西、河南西部和山西。生于海拔1700~2300m间的山地林缘、林中或路旁草丛中。在蒙古和苏联西伯利亚地区也有分布。

【性味与归经】味辛、微甘，微寒；归肺、胃、大肠经。

【功能与主治】升麻在《神农本草经》中列为上品，用根状茎，治风热头痛、咽喉肿痛、斑疹不易透发等症（药用资源志）。也可作土农药，消灭马铃薯块茎蛾、蝇蛆等（中国土农药志）。

【用法与用量】内服：煎服，3~9g。发表透疹、清热解毒宜生用，升阳举陷宜炙用。

【化学成分】主要成分为苯丙素类化合物和环羊毛脂烷型三萜皂苷或其苷元（后者是升麻属的特征成分），另外还有色酮类、含氮化合物和挥发油等。苯丙素类化合物主要是阿魏酸、异阿魏酸等咖啡酸衍生物[1]。

【药理毒理研究】

1. 抗肿瘤作用 升麻三萜类化合物体外具有明显的抗肿瘤细胞增殖作用，口服升麻提取物可明显抑制小鼠肝癌H22的生长，升麻抗肿瘤活性与诱导肿瘤细胞凋亡相关[2]。升麻在体内可明显抑制S180肉瘤及裸鼠移植人肺癌A549的生长，诱导体内肿瘤细胞凋亡；体外可明显抑制A549、HL-60等多种肿瘤细胞的增殖[3]。

2. 抗炎作用 一般认为升麻属植物中的酚酸类化合物是其抗炎作用的活性成分，如阿魏酸、异阿魏酸、咖啡酸等均被证明具有抗炎作用[4]。升麻苷能够抑制IL-6和TNF-α的分泌从而减少对心脏微血管内皮细胞损伤。升麻素对异硫氰酸荧光素（FITC）诱导的小鼠Th2型变应性接触性皮炎有抑制作用。

3. 抗病毒作用 升麻能有效抑制呼吸道合胞体病毒引起的空斑形成，并能抑制病毒吸附及增强肝素对病毒吸附的作用。

4. 抗骨质疏松作用 升麻有效成分具有抑制破骨细胞的形成和抑制破骨细胞发挥骨吸收作用的能力，能够有效保护去势小鼠的骨密度。

5. 抗过敏作用 升麻中升麻素能显著降低2型细胞因子IL-4、IL-9、IL-13水平，对FITC诱导的Th2型变应性接触性皮炎有抑制作用，具有抗过敏作用。

6. 抗氧化作用 升麻多糖具有良好的清除羟基自由基的能力，抗氧化能力强。

7. 其他作用 升麻水提物及其三氯甲烷萃取部分可抑制腹泻小鼠模型的总排便数、稀便数、稀便率和腹泻指数。升麻苷H-1可以抑制脑缺血时兴奋性氨基酸的过度释放，并增加抑制性氨基酸的浓度。升麻苷H-1不仅能透过血-脑屏障，同时可调节脑缺血兴奋性氨基酸神经递质的功能紊乱，可能对缺血脑组织神经元有一定的保护作用。

【临床应用研究】

1. 传统方剂配伍治疗多种疾病 《脾胃论》的“补中益气汤”中，升麻配柴胡为佐使之药，能引参、芪、术、草之补药上行，助参芪升提清阳，以求浊降清升，共达益气举陷之功。“清胃散”中，升麻既能清热解毒，善治口舌生疮，可协助黄连清泻邪火；又可辛凉散火解毒，并兼作阳明引经使药，引导诸药直达病所。

2. 现代制剂治疗围绝经期综合征 升麻现代制剂“希明婷片”其成分为升麻总皂苷，用于治疗围绝经期综合征，改善烘热汗出、烦躁易怒、失眠、胁痛、头晕耳鸣、腰膝酸痛、忧郁寡欢等症状。

【参考文献】

[1] 张建英，梁玲，聂坚，等. 升麻止泻作用的实验研究[J]. 中医药学报，2016，44(3)：21-23.

[2] 孙启泉，左爱侠，张婷婷. 升麻属植物化学成分、生物活性及临床应用研究进展[J]. 中草药，2017，48(14)：3005-3016.

[3] 符春平. 双白升麻汤治疗直肠炎临床观察[J]. 四川中医，2014，32(2)：113-114.

[4] 马翠翠，马融，张喜莲. 升麻临床应用体悟[J]. 江西中医药，2012，43(9)：41-42.

紫玉兰

【拉丁名】 Magnoliae Flos.

【别名】 辛夷（江苏），木笔（花镜）。

【科属】 木兰科木兰属植物。

【药用部位】 树皮、叶、花蕾均可入药。

【分布】 产于福建、湖北、四川、云南西北部。生于海拔300~1600m的山坡林缘。模式标本采自华中。

【性味与归经】 辛，温。归肺、胃经。

【功能与主治】 发散风寒，通鼻窍。主治风寒感冒、鼻塞、鼻渊。

【用法与用量】 煎服，3~10g。辛夷有毛，易刺激咽喉，入汤剂宜用纱布包煎。外用适量。

【化学成分】 辛夷的化学成分可概括为脂溶性成分和水溶性成分两大类。主要有挥发油类、木脂素类、生物碱类等[1]。

1. 挥发油类 桉油精的含量为17.72%，α-蒎烯（6.40%）、β-水芹烯（16.03%）、β-蒎烯（33.27%）和β-石竹烯（2.56%）的含量就占了挥发油总量的58.26%[1]。

2. 木脂素类 分离鉴定了18个木脂素类化合物，分别鉴定为木兰脂素（1），表木兰脂素（2），桉脂素（3），kobusin（4），aschantin（5），里立脂素B二甲醚（6），松脂素单甲醚（7），(+)-de-O-methylmagnolin（8），isoeucommin A（9），丁香树脂醇4-O-β-D-葡萄糖苷（10），连翘脂素（11），落叶松脂醇-4′-O-β-D-葡萄糖苷（12），conicaoside（13），3, 5′-二甲氧基-4′, 7-环氧-8, 3′-新木脂素-4, 9, 9′-三醇（14），（7R*，8S*)-3, 3′-二甲氧基-9, 9′-二羟基-苯骈呋喃木脂素-4-O-β-D-葡萄糖苷（15），7S, 8R-顺式-7, 9, 9′-三羟基-3, 3′-二甲氧基-8-O-4′-新木脂素-4-O-β-D-葡萄糖苷（16），7S, 8R-顺式-4, 9, 9′-三羟基-3, 3′-二甲氧基-8-O-4′-新木脂素-7-O-β-D-葡萄糖苷（17）和（+)-异落叶松树脂醇（18）[2]。

【药理作用】

1. 抗炎作用 通过多环节对急慢性炎症起到作用[3]。对二甲苯导致的小鼠耳肿胀、角叉菜胶导致的大鼠足肿胀、组胺导致的大鼠毛细管通透性增加等，具有明显的抑制和改善作用。辛夷挥发油体外可抑制大鼠胸腔白细胞花生四烯酸代谢酶5-LO的活性，降低LTB4与5-HETE合成水平，提示其抗炎作用可能与抑制5-LO活性，减少致炎代谢产物的生成有关[3]。

2. 抗过敏作用 紫玉兰挥发油对磷酸组织胺（HA）和氯化乙酰胆碱（Ach）所致豚鼠离体回肠收缩及卵白蛋白（OA）引起的致敏豚鼠离体回肠和大鼠肥大细胞脱颗粒均有较好的抑制作用，证明了辛夷挥发油具有较强的抗过敏作用。

3. 抗菌作用 辛夷提取物对灰葡萄孢菌的菌丝生长和孢子萌发有较好的抑制作用[4]。辛夷挥发油对金黄色葡萄球菌、单增李斯特氏菌、大肠埃希菌、鼠伤寒沙门氏菌均有抑制作用，其中对革兰阴性菌的抑制效果较好[5]。

4. 平喘作用 辛夷雾化液对支气管哮喘具有一定的平喘止咳作用。临床应用研究证明复方辛夷口服液治疗中度、重度支气管哮喘具有明显改善肺功能的作用[9]。辛夷挥发油明显抑制试验性哮喘豚鼠气道浸润Eos细胞数，减轻哮喘气道的炎症反应。

此外，还有研究表明辛夷挥发油具有一定的抗氧化活性、明显的镇痛作用及对酒精性肝损伤的保护作用。辛夷挥发油有可能存在低毒[6]。

【临床应用研究】辛夷具有散风寒、通鼻窍之功，用于风寒头痛、鼻塞流涕、鼻渊，为治疗鼻渊之要药。目前市场上以辛夷为君药主要用于治疗各种鼻炎的药剂有辛夷鼻炎丸、鼻渊丸、鼻炎康片、鼻舒适片、通窍鼻炎颗粒、辛芳鼻炎胶囊等。

【参考文献】

[1] 赵东方，赵东欣．朱砂玉兰及其变种辛夷挥发油的化学成分比较分析[J]．化学研究，2017，28（3）：359-363.

[2] 冯卫生，何玉环，郑晓珂．中国药用资源杂志．2018，43（5）：970-976

[3] 曾蔚欣，刘淑娟，王弘，等．标准望春花油的抗炎作用研究[J]．中国药学杂

志，2013，48（5）：349-354.
［4］李凡海，王桂清．辛夷六种溶剂平行提取物对黄瓜灰霉病菌的抑制作用［J］．北方园艺，2015（2）：108-111.
［5］张婷婷，郭夏丽，黄学勇，等．辛夷挥发油 GC-MS 分析及其抗氧化、抗菌活性［J］．食品科学，2016，37（10）：144-150.
［6］孙蓉，钱晓路，吕莉莉．辛夷不同组分抗过敏作用活性比较研究［J］．中国药物警戒，2013，10（2）：71-73.

紫薇

【学名】 *Lagerstroemia indica* L.

【别名】 痒痒花（山东），痒痒树（河南、陕西），紫金花、紫兰花（广西），蚊子花、西洋水杨梅（广东），百日红（海南圃史），无皮树（灌囿草木识）。

【科属】 千屈菜科紫薇属植物。

【药用部位】 根或树皮入药。

【药材性状】 根呈圆柱形，有分枝，长短大小不一。表面灰棕色，有细纵皱纹，栓皮薄，易剥落，质硬，不易折断，断面不整齐，淡黄白色，无臭，味淡微涩。树皮呈不规则的卷筒状或半卷筒状，长 4~20cm，宽 0.5~2cm，厚约 1mm。外表面为灰棕色，具有细微的纵皱纹，可见因外皮脱落而留下的压痕。内表面灰棕色，较平坦，质地轻松脆，易破碎。无臭，味淡微涩。

【分布】 我国广东、广西、湖南、福建、江西、浙江、江苏、湖北、河南、河北、山东、安徽、陕西、四川、云南、贵州及吉林均有生长或栽培；半阴生，喜生于肥沃湿润的土壤上，也能耐旱，不论钙质土或酸性土都生长良好。原产亚洲，现广植于热带地区。

【性味与归经】 根：味微苦，性微寒。树皮：味苦、性寒。根归肝、大肠经；树皮归肝、胃经。

【功能与主治】 树皮、叶及花为强泻剂；根和树皮煎剂可治咯血、吐血、便血。

【用法与用量】 根内服：煎汤，10~15g。根外用：适量，研末调敷，或煎水洗。树皮内服：煎汤，10~15g；或浸酒；或研末。根外用：适量，研末调敷；或煎水洗。

【化学成分】 其成分主要包括：酚类化合物、萜类、生物碱类、鞣质类及鞣花酸类等其他类型化合物。酚类化合物主要包括单宁类、黄酮类和香豆素类；萜类化合物主要有二萜类、五环三萜酸及其同分异构体等；其他主要有一些饱和脂肪酸和不饱和脂肪酸等。大叶紫薇的甲醇溶液分离出了 1-O- 苄基 -6-O-E- 咖啡酰 -β-d- 吡喃葡萄糖苷和 1-O-（7S，8R）- 硬脂酰基甘油 -（6-O-E- 咖啡酰基）-β-d- 吡喃葡萄糖苷两种新的酚类化合物。从大叶紫薇叶中提取分离出印车前明碱、紫薇花素 B、旌节花素、木麻黄鞣宁、木麻黄鞣质、epipunicacortein A 和 2, 3-（S）- 六羟基二苯酰基 -α-D- 葡萄糖等 7 种鞣花单宁类化合物；3-O- 甲基鞣花酸、3-O- 甲基 - 鞣花酸 -4′- 硫酸盐、3, 3′- 二 -O- 甲基鞣花酸、3, 4, 3′- 三 -O- 甲基鞣花酸等 4 种甲基鞣花酸衍生物和 3, 4, 8, 9, 10- 五羟基二苯并［b，d］吡喃-6-酮，同时从中分离出的其他已知化合物包括没食子酸、4-羟基苯甲酸、3-O-甲基原儿茶酸、咖啡酸、对香豆酸、山柰酚，以及黄酮类化合物槲皮素和异槲皮苷。脂肪酸类化合物：大叶紫薇含有9-酮基-十八碳-顺式-11-烯酸、油酸、亚油酸、亚麻酸等不饱和脂肪酸和棕榈酸等饱和脂肪酸。

【药理毒理研究】

1. 抗糖尿病作用 大叶紫薇的抗糖尿病作用主要通过抑制α-葡萄糖苷酶、保护胰岛β细胞等机制降低血糖[1]。

2. 抗病毒作用 大叶紫薇的活性成分具有抗人鼻病毒（human rhinovirus，HRV）和抗人类免疫缺陷病毒1 (HIV-1）感染的作用[1]。

3. 心脏保护作用 科罗索酸的大叶紫薇叶提取物对异丙肾上腺素诱导的心肌损伤小鼠心脏具有保护作用，并通过抑制心肌抗氧化水平抑制细胞凋亡，预防心肌细胞氧化应激[2]。

4. 抗氧化作用 大叶紫薇热水提取物对1, 1-二苯基-2-辛基腙（1, 1-diphenyl-2-picrylhydrazyl，DPPH）自由基和超氧化物自由基（O_2-）具有清除作用。

5. 肾保护作用 Priya等报道大叶紫薇叶乙酸乙酯提取物（50和250mg/kg）对顺铂诱导的BALB/c小鼠急性肾损伤具有保护作用，提取物剂量依赖性地降低了顺铂诱导的小鼠尿素和肌酐水平。

6. 其他药理作用 大叶紫薇叶提取物还具有止咳、降脂、抗菌、抗高尿酸血症及溶栓等药理作用。

【参考文献】

［1］冯卫军，李海兰，朴光春. 国际药学研究杂志. 2017，44（10）：941-946.

［2］SAHU BD，KUNCHA M，RACHAMALLA SS，et al.Cardiovasc Toxicol，2015，15（1）：10-22.

紫藤

【学名】*Wisteria Sinensis* (Sims) Sweet.

【别名】朱藤、招藤、招豆藤、藤萝。

【科属】豆科紫藤属植物。

【药用部位】以茎皮、花及种子入药。夏秋采，分别晒干。

【药材性状】本品茎粗壮，分枝多，茎皮灰黄褐色，复叶羽状，互生，有长柄，叶轴被疏毛；小叶7~13，叶片卵形或卵状披针形，先端渐尖，基部圆形或宽楔形，全缘，幼时两面有白色疏柔毛；小叶柄被短柔毛。

【分布】产于河北以南黄河长江流域及陕西、河南、广西、贵州、云南。

【性味与归经】味甘、苦，性微温；归肾经。

【功能与主治】紫藤花能解毒、消肿、止泻；紫藤茎皮有祛风通络功效；紫藤瘤能止痛、解毒、杀虫；紫藤根通络祛风、补心；紫藤种子杀虫，止痛，解毒。

【用法与用量】内服；煎汤，9~15g。

【化学成分】酚类、黄酮类、凝集素类、三萜皂苷、紫藤皂苷 D、紫藤皂苷 G 和脱氢大豆皂苷。

【药理作用】

1. 抗氧化作用　紫藤花中的酚类物质、黄酮类化合物不仅能清除氧化反应链反应引发阶段的自由基，而且可以直接捕捉自由基反应链中的自由基，阻断自由基链反应，从而起到预防和断链的双重作用。

2. 凝集作用　紫藤中提取的凝集素类物质，不具有植物凝集素所共有的影响糖运输、储存物质的积累以及细胞分裂的调控等作用外，还有以下特性：①不具专一性，可凝集人的各种血型和数种动物血；②受抑制作用较小，仅 N- 乙酰氨基半乳糖胺对其活力有强烈抑制作用，故在临床免疫及细胞遗传研究中有一定的应用前景。

3. 抑菌作用　紫藤叶片丙酮溶剂提取物对香瓜枯萎病、白菜软腐病等细菌性病害的病菌具显著的抑制作用，作为植物源抑菌剂越来越受关注，也可作为绿化保健型树种。

4. 抗肿瘤作用　多花紫藤的胆汁提取物可通过抑制癌细胞的 mRNA 表达和抑制 GTP-Rho A 蛋白质的活性来限制小鼠黑色素瘤 B16F1 细胞的转移。紫藤皂苷 D、紫藤皂苷 G 和脱氢大豆皂苷能抑制由癌促进剂 12-O- 十四烷酰佛波醇 -13- 乙酸乙酯所诱发的 EB 病毒早期抗原的活化。紫藤黄酮可抑制疱疹病毒活性，有希望作为皮肤肿瘤抑制剂。

5. 蛋白酶抑制剂　研究显示，从多花紫藤种子中分离的半胱氨酸蛋白酶抑制剂，能通过抑制鞘翅目和半翅目昆虫消化道内的巯基蛋白水解酶达到杀虫目的。

【临床应用】紫藤花性微温味甘，具有利水消肿、散风止痛的功效，主治腹水浮肿、小便不利、关节肿痛及痛风等；根性温味甘，入药活络筋骨，治风湿骨痛；茎、皮入药；止痛杀虫；果实性微温味甘，有小毒，入药治筋骨疼痛。

【使用注意】紫藤根（30~50g）和种子（2~5 粒）能引起中毒（表现出恶心、呕吐、腹痛、腹泻、面部潮红、流涎、腹胀、头晕、四肢乏力、语言障碍、口鼻出血、手脚发冷甚至休克等症状），入药时应注意用量或给予特殊炮制以去毒。

【民间应用】紫藤花水煎服用于治疗腹水肿胀；紫藤瘤和其他药材配伍治疗胃癌；紫藤根配其他痛风药水煎服用治疗痛风，紫藤根配伍其他药材水煎米酒兑服治疗关节炎；将紫藤种子炒透泡酒服治疗筋骨疼痛；紫藤子炒熟与鱼腥草和醉鱼草配伍水煎服用，治疗腹痛、吐泻、食物中毒和蛲虫病；民间还将紫藤子炒熟研细撒入酒中用于防腐。紫藤种子有毒，必须要进行炮制除毒，炒熟炒透后方能入药。

紫檀

【拉丁名】Lignum Pterocarpi Indici.

【别名】紫檀青龙木（植物学大辞典），黄柏木（松树植物名录）、蔷薇木、花榈木、羽叶檀。

【科属】豆科紫檀属植物。

【药用部位】取心材入药。

【**药材性状**】通常为长条状的块片，长约1m，宽7~15cm，树皮及边材已剥除，内外均呈鲜赤色，久与空气接触，则呈暗色以至带绿色的光泽。导管大形，横切面成孔点，纵切面呈线条；有红色的树脂样物质，呈油滴状，散布于木纤维、柔细胞及导管中，易溶于醇。质致密而重。以水煮之，无赤色溶液。气微，味淡。

【**分布**】产于台湾、广东和云南（南部）。生于坡地疏林中或栽培于庭园。印度、菲律宾、印度尼西亚和缅甸也有分布。

【**性味与归经**】味咸，性平。归肝经。

【**功能与主治**】祛瘀和营，止血定痛，解毒消肿。主治头痛、心腹痛、恶露不尽、小便淋痛、风毒痈肿、金疮出血。

【**用法与用量**】内服：煎汤，3~6g；或入丸、散。外用：适量，研末敷；或磨汁涂。

紫苏叶

【**拉丁名**】Periuae Folium.

【**别名**】紫苏（通称）苏，桂荏（尔雅），荏，白苏（名医别录，植物名实图考），荏子（银子）（甘肃，河北），赤苏（山西，福建），红勾苏（广东），红（紫）苏（河北，江苏，广东，广西），黑苏（江苏），白紫苏（西藏），青苏（浙江），鸡苏（湖南，江西，福建），香苏（东北，河北），臭苏（广东），野（紫）苏（子）（湖南，江西，四川，云南），（野）苏麻（湖北，四川），大紫苏（湖北），假紫苏（广东），水升麻（湖北），野藿麻（云南），聋耳麻（广东），薄荷（湖北），香荽（广东），孜珠（四川），兴帕夏噶（西藏藏语），药材名：子为（紫）苏子，叶为（紫）苏叶，梗为（紫）苏梗，头为（紫）苏头（蔸）。

【**科属**】唇形科紫苏属植物[1]。

【**药用部位**】以茎、叶入药。

【**药材性状**】叶片多皱缩蜷曲、破碎，完整者卵圆形，先端长尖或急尖，基部圆形或宽楔形，边缘具圆锯齿。两面紫色或上面绿色，下面紫色，疏生灰白色毛，下面有多数凹点状腺鳞。叶柄紫色或紫绿色。质脆易碎。带嫩枝者，枝直径2~5mm，断面中部有髓。气清香，味微辛。

【**分布**】全国各地广泛栽培。不丹，印度，中南半岛，南至印度尼西亚（爪哇），东至日本，朝鲜也有。模式标本采自日本[1]。

【**性味与归经**】味辛、辣，性微热；入冷经。

【**功能与主治**】解表散寒，行气宽中，安胎，解鱼蟹毒。用于风寒感冒，脾胃气滞、胸闷呕吐，胎气上逆、胎动不安，七情郁结、痰凝气滞之梅核气证，进食鱼蟹中毒而致腹痛吐泻等。或西医诊为感冒、流行性感冒属于风寒表证者，消化不良及其他胃机能之疾患、胃炎及二指肠炎、未明示之胃炎及十二指肠炎、习惯性呕吐、恶心及呕吐、妊娠期之过度呕吐等属于脾胃气滞者。

【**用法与用量**】紫苏叶内服：煎汤，5~10g；外用：捣敷、研末掺或煎汤洗。紫苏梗内服：煎汤，5~10g；或入散剂。

【化学成分】包括挥发油类、脂肪酸类、黄酮类、酚酸类及色素等成分。此外还含有无机元素及维生素。

1. 挥发油 紫苏的主要活性成分及其特异香气的来源，其中成分比较复杂，包括萜类、芳香族和脂肪族化合物。

2. 脂肪酸类 紫苏中含大量的必需脂肪酸，以紫苏子所含种类最多，包括α-亚麻酸、亚油酸、油酸等，尤以α-亚麻酸含量最高。

3. 黄酮类 紫苏中富含黄酮类化合物，主要有黄酮类、黄烷醇类，并以黄酮类结构类型为主。

4. 酚酸类及苯丙酸类 紫苏中含有较多的酚酸类化合物，以迷迭香酸为代表。苯丙酸类化合物包括阿魏酸、咖啡酸等。

5. 色素 紫苏叶中含有丰富的色素成分，主要为花色苷类物质，目前已从紫苏中提取分离出的色素包括丙二酰基紫苏宁、紫苏宁、天竺葵苷、芍药素-3-（6′-乙酰）葡萄糖苷、飞燕草素-3-阿拉伯糖苷[2]。

6. 三萜类化合物 紫苏叶中含有常见的三萜类化合物，如熊果烷型的熊果酸、科罗索酸，齐墩果烷型的齐墩果酸、香树脂醇等。

7. 苷类化合物 紫苏叶中含有较多种类的苷类化合物，包括紫苏苷A~E、野樱苷、接骨木苷等。

8. 甾体类化合物 紫苏叶中已分离出的甾体类化合物有β-谷甾醇（β-sitosterol)、胡萝卜苷（daucosterol)、豆甾醇（stigmasterol)、20-异戊烷-孕甾-3β，14β-二醇（20-isopentane-pregna steroid-3β，14β-glycol)、菜油甾醇（campesterol）等。

9. 氨基酸 紫苏作为药食同源植物，其含有丰富的游离氨基酸，目前从其叶或子中检测到的有20种，其中包含人体必需的8种氨基酸，具有较高的营养价值和保健作用。

10. 其他 紫苏中富含Fe、Mn、Mg、Hg、Ca、Na、K、As、Pd、Cr、Al、B、Cu、Ba、Be、Cd、Ni、P、Sr、Ti、V、Co、Cv等无机元素，此外还含少数维生素，包括维生素C、烟酸、维生素E、维生素D_2、维生素D_3、维生素K_1。

【药理毒理研究】

1. 对中枢神经系统的影响

（1）镇静作用 紫苏水提取物可降低正常小鼠的自发活动，对戊巴比妥钠促进动物睡眠有一定的协同促进作用，对戊四氮致小鼠惊厥潜伏期有一定的延长作用[3]。

（2）改善记忆作用 紫苏子油能促进小鼠脑内核酸及蛋白质的合成，调节小鼠脑内单胺类神经递质水平。

（3）抗氧化作用 紫苏中含有丰富的多酚类化合物，具有较高的抗氧化活性，能够显著抑制偶氮基自由基诱导或内皮细胞介导的低密度脂蛋白（LDL）氧化，增加内皮细胞中抗氧化酶mRNA和蛋白表达水平[4]。紫苏叶黄酮对OH·和DPPH·均有较好的清除效果。此外，紫苏叶提取物（PLE）能够显著抑制基底和紫外（UV）诱导的基质金属蛋白酶-1 (MMP-1）、MMP-3的表达并呈剂量依赖性，减少UV引起的细胞外信号调节激酶和c-Jun氨基末端激酶的磷酸化。表明PLE具有对抗紫外诱导的致真皮损伤的作用[5]。

（4）抗抑郁作用　迷迭香酸可以促进小鼠大脑海马齿状回细胞的增殖，继而减轻抑郁模型小鼠的抑郁症状。

2. 对心血管系统的影响

（1）止血作用　紫苏明显缩短动物的出、凝血时间，缩短凝血酶原时间，持续缩小微小动脉的直径，增加离体动物器官的灌流阻力。外用紫苏能够显著缩短蟾蜍肠系膜微动脉及小鼠微血管口径，发挥凝血作用。

（2）抗血栓作用　苏子油复方制剂可调节血栓素 A_2 与前列腺素 I_2 的平衡，从而减轻动脉粥样硬化及冠状动脉硬化性心脏病的发生和发展。紫苏油能够显著抑制胶质原和凝血酶原所诱导的血小板聚集，延迟 $FeCl_3$ 所诱导的动脉栓塞，且抑制作用随剂量的增加而增强，作用与阿司匹林相近[6]。

（3）降血压作用　紫苏油能够显著降低高血压模型大鼠尾动脉收缩压，且对其心率的影响较小。紫苏油能够降低原发性高血压的幼鼠的舒张压，降低幼鼠生长期脑溢血的发生率，延长其存活时间。

（4）抗炎、抗过敏作用　紫苏能够有效调节 N- 甲酰 -L- 甲硫氨酰 -L- 白氨酰 -L- 苯丙氨酸（f MLF）激活的人体中性粒细胞的炎症活动，它在活化的中性粒细胞中的抗炎作用是通过激活 2 个独立信号通路介导的 Src 家族蛋白激酶（SFKs）及动员细胞内 Ca^{2+} 实现的[7]。紫苏总黄酮能降低气囊炎模型小鼠血清中细胞因子白细胞介素 -6（IL-6）、肿瘤坏死因子 -α（TNF-α）、炎症部位一氧化氮（NO）的量，从而降低减轻因子、氧自由基对机体的攻击损伤[8]。紫苏水提物具有很强的抗特应性皮炎的活性，可迅速降低 2，4- 二硝基氟苯所诱导的小鼠耳肿胀度，降低邻近皮肤组织的嗜酸性粒细胞水平[9]。

（5）保肝作用　紫苏可能通过抑制肝组织 IL-6、TNF-α 及诱导型一氧化氮合酶（i NOS) mRNA 的表达水平减少炎症递质释放，降低乙醇对肝细胞的损伤程度。紫苏水提物可使叔丁基过氧化氢（t-BHP）所致的大鼠氧化性肝损伤程度明显好转。

（6）抗肿瘤作用　联合应用紫苏异酮与 X 射线放疗（IR）照射作用于 Huh7 和 Huh7-HBx 细胞，发现紫苏异酮对肝癌放疗具有较明显的增敏作用，对乙肝表面抗原（HBsAg）阳性以及阴性的肝癌细胞增殖可以起到良好的抑制作用，其机制可能与促进凋亡蛋白的表达、抑制增殖蛋白表达有关[10]。紫苏挥发油能够明显抑制 LTEP-α-2 细胞的增长。

（7）调节糖脂代谢作用　紫苏总黄酮提取物能显著降低四氧嘧啶所致糖尿病小鼠的血糖及其血脂中 TC、TG 含量，有良好的调节糖脂代谢作用[11]。紫苏叶提取物能显著降低雄性肥胖小鼠体质量、内脏脂肪量及附睾脂肪量，调节肝功及血脂、血糖、胰岛素水平，改善胰岛素抵抗[12，13]。

（8）毒性　紫苏使用安全范围较大，但不同地区所产的紫苏作用存在一定差异。有研究显示，一定剂量的湖北产紫苏叶挥发油灌胃给予小鼠后产生较大毒性，并呈剂量依赖性，无性别差异。

【功能与主治】供药用和香料用。入药部分以茎叶及子实为主，叶为发汗、镇咳、芳香性健胃利尿剂，有镇痛、镇静、解毒作用，治感冒，因鱼蟹中毒之腹痛呕吐者有卓效；梗有平气安胎之功；子能镇咳、祛痰、平喘、发散精神之沉闷。叶又供食用，和肉类煮熟可增加后者的香味。种子榨出的油，名苏子油，供食用，又有防腐作用，供工业用。

【参考文献】

［1］何育佩，郝二伟，谢金玲，等. 紫苏药理作用及其化学物质基础研究进展［J］. 中草药，2018，49（16）：3957–3968.

［2］霍立娜，王威，刘洋，等. 紫苏叶化学成分研究［J］. 中草药，2016，47（1）：26–31.

［3］金建明，王正山. 紫苏水提取物对小鼠镇静催眠作用的实验研究［J］. 泰州职业技术学院学报，2012，12（6）：102–104.

［4］SAITA E，KISHIMOTO Y，TANI M，et al. Antioxidant activities of perilla frutescens against low–density lipoprotein oxidation in vitro and in human subjects［J］. J Oleo Sci，2012，61（3）：113–120.

［5］BAE J S，HAN M, SHIN H S，et al.Perilla frutescens leaves extract ameliorates ultraviolet radiation–induced extracellular matrix damage in human dermal fibroblasts and hairless mice skin［J］. J Ethnopharm，2017，doi：10.1016/j.jep.2016.11.039.

［6］JANG J Y，KIM T S, CAI J，et al. Perilla oil improves blood flow through inhibition of platelet aggregation and thrombus formation［J］Laborat Animal Res，2014，30（1）：21–27.

［7］CHEN C Y, LEU Y L, FANG Y，et al.Anti–inflammatory effects of Perilla frutescens in activated human neutrophils through two independent pathways：Src family kinases and Calcium［J］. Sci Rep，2015，doi：10.1038/srep18204.

［8］郎玉英，张琦. 紫苏总黄酮的抗炎作用研究［J］. 中草药，2010，41（5）：791–794.

［9］HEO JC，NAM DY，SEO M S，et al.Alleviation of atopic dermatitis–related symptoms by Perilla frutescensBritton［J］. Int J Mol Med，2011，28（5）：733–737.

［10］王颖. 紫苏异酮对肝癌细胞的放疗增敏及其作用机制探讨［D］. 广州：南方医科大学，2013.

［11］袁芃，牛晓涛，宋梦薇，等. 紫苏挥发油对人肺癌细胞的体外抑制作用研究［J］. 食品科技，2017，42（2）：235–238.

［12］何佳奇，李效贤，熊耀康. 紫苏总黄酮提取物对四氧嘧啶致糖尿病小鼠糖脂代谢及抗氧化水平的影响［J］. 中华中医药学刊，2011，29（7）：1667–1669.

［13］朴颖，费宏扬，权海燕. 紫苏叶提取物对肥胖小鼠的影响及作用机制［J］. 中华中医药杂志，2017，32（9）：3992–3996.

紫苜蓿

【**学名**】*Medicago Sativa* L.

【**别名**】苜蓿。

【**科属**】豆科苜蓿属植物。

【**药用部位**】以根入药。

【**药材性状**】根圆柱细长，直径 0.5~2cm，分枝较多。根头部较粗大，有时具地上茎残基。表面灰棕色至红棕色，皮孔且不明显。质坚而脆，断面刺状。气微弱，略具刺激性，味微苦。

【**分布**】全国各地都有栽培或呈半野生状态。生于田边、路旁、旷野、草原、河岸及沟谷等地。欧亚大陆和世界各国广泛种植为饲料与牧草。

【**性味与归经**】味苦、微涩，性平。

【**功能与主治**】清湿热，利尿。治黄疸、尿路结石、夜盲。

【**用法与用量**】内服：煎汤，25~50g；或捣汁。

【**化学成分**】黄酮类、皂苷类、挥发油、香豆素等化合物。

1. 黄酮类　结构类型有黄酮及其苷类、异黄烷类、黄酮醇及其苷类、紫檀烷类、异黄酮类、二氢异黄酮类、花色素（Anthocynidin）等。

（1）黄酮及其苷类　芹菜素 –4′–O–［2′–O–E– 阿魏酰基 –O–β–D– 吡喃葡萄糖醛酸（1→2）–O– 吡喃葡萄糖醛酸苷］、芹菜素 –7–O–β–D– 吡喃葡萄糖醛酸 –4′–O–［2′–O–E– 阿魏酰基 –O–β–D– 吡喃葡萄糖醛酸（1→2）–O–β–D– 吡喃葡萄糖醛酸苷］、芹菜素 –7–O–β–D– 吡喃葡萄糖醛酸 –4′–O–［2′–O–p–E– 香豆酰基 –O–β–D– 吡喃葡萄糖醛酸（1→2）–O–β–D– 吡喃葡萄糖醛酸苷］等。

（2）黄酮醇及其苷类　山柰酚 –3, 7– 二葡萄糖苷、山柰酚 –3– 刺槐糖苷、槲皮素 –3, 7– 二葡萄糖苷、山柰酚 –3–O– 葡萄糖苷和槲皮素 –3–O– 葡萄糖苷。

（3）异黄酮类　大豆苷、刺芒柄花素苷（ononoside)、刺芒柄花素（formononetin）和大豆素。

（4）异黄烷类　(–)– 维斯体素（vestitol)、苜头素（sativan)、7– 羟基 –2′, 3′, 4′– 三甲氧基异黄烷、7– 羟基 –2′, 4′, 5′– 三甲氧基异黄烷和 7, 5′– 二羟基 –2′, 3′, 4′– 三甲氧基异黄烷。

（5）二氢异黄酮类　(±)–7, 2′– 二羟基 –4′– 甲氧基二氢异黄酮（vestitone）和 7– 羟基 –4′– 甲氧基二氢异黄酮 –2′–O– 甲酯（sativanone)。

（6）紫檀烷类　美迪紫檀素（medicarpin)、4–methoxymedicarpin、methylnissolin（10–methoxymedicarpin)、美迪紫檀素 –3–O–β–D– 葡萄糖苷、美迪紫檀素 –3–O–glucoside–6′–O–malonate。

2. 多种维生素　苜蓿草化学成分包括维生素，特别是各种 B 族维生素、维生素 E、维生素 C、胡萝卜素、维生素 K 及叶酸含量高[1]。

3. 皂苷类　皂苷是由皂苷元和糖、糖醛酸，也可能还有其他有机酸所组成。该属主要包含皂苷类成分有大豆皂苷Ⅰ、Ⅵ，大豆甾醇A、B、B1、C、E、G、D、F，苜蓿酸（medica-genicacid），3-O-(α-L-arabinopyranosyl)，苜蓿皂苷P1、P2等。

4. 挥发油类 主要以醇、酮、醛、酯类化合物为主，另外还有少量酸、烃及萜类化合物。其中含量质量分数较高的组分有：植醇（13.36%）、棕榈酸（7.25%）、1-庚烯-3-酮（7.00%）、(E)-2-正己醛（5.59%）、苯基乙醇（5.31%）、β-紫罗兰酮（3.38%）、2-戊基-呋喃（3.04%）和棕榈酸甲酯（2.99%）等。

5. 香豆素类 苜蓿酚（sativol）、迈考斯托醇（coumestrol）和紫花苜蓿酚（dicoumarol）等香豆素类化合物。

6. 其他类 紫花苜蓿种子中含有天冬氨酸、酪氨酸、赖氨酸、苏氨酸、苯丙氨酸、丝氨酸、谷氨酸、组氨酸、丙氨酸、精氨酸、胱氨酸、色氨酸、缬氨酸、脯氨酸、蛋氨酸、甘氨酸、异亮氨酸、亮氨酸等18种氨基酸和K、Ca、Mg、Na、P、Fe、Zn、Mn、Cu、Al、Ti、Mo、Cd、S、Co、B、Si、Sr、As、Hg、V、Ni、Cr等23种矿质元素。除此之外，紫花苜蓿中还检测到类胡萝卜素、甾醇和多糖等成分。

【药理毒理研究】

1. 降血脂、抗动脉粥样硬化的作用 苜蓿皂苷同胆固醇形成的复合物，有助于降低动物血清胆固醇含量。对冠状动脉内膜下平滑肌细胞增生反应明显抑制，对改善右冠状动脉主干及大支的阻塞程度疗效显著，但对中、小支的阻塞未见明显改善。

2. 免疫调节作用 苜蓿多糖有显著的免疫增强作用，体外试验于31~500g/L质量浓度可显著增强植物血凝素、刀豆球蛋白A、脂多糖及美洲商陆诱导的淋巴细胞有增殖反应。此外苜蓿多糖还有促进免疫器官的发育，显著提高T淋巴细胞转化率、提高血清中鸡新城疫抗体的滴度和巨噬细胞的吞噬指数。

3. 其他 苜蓿素有轻度雌激素样作用及抗氧化作用，可防止肾上腺素的氧化，还能抑制离体兔小肠收缩。分得的槲皮素也有抗氧化作用。此外本品全草的提取物可抑制结核分枝杆菌生长，对小鼠脊髓灰质炎有效。

4 不良反应 对肝、肾、造血功能等有明显毒性，小鼠灌服的LD_{50}为（26.6±3.6）g/kg。

【参考文献】

[1] 阿米尔·艾力，阿依古丽·吐热克，艾克白尔·买买提．维吾尔药苜蓿草的化学成分与药理作用研究进展［J］．中国民族医药杂志 2017，23（8），56-57.

紫茉莉

【学名】 *Mirabilis jalapa* L.

【别名】 紫茉莉（草花谱）胭脂花（草花谱），粉豆花（植物名实图考），夜饭花（上海）、状元花（陕西），丁香叶、苦丁香、野丁香（滇南本草）。

【科属】 紫茉莉科紫茉莉属植物。

【药用部位】 叶、根均可入药。

【药材性状】 叶：叶片多卷缩，完整者展平后呈卵状或三角形，长4~10cm，宽约4cm，先端长尖，基部楔形或心形，边缘微波状，上表面暗绿色，下表面灰绿色，叶柄较长，具毛茸。

根：性状鉴别很长圆锥形或圆柱形，有的压扁，有的可见支根，长5~10cm，直径1.5~5cm。表面灰黄色，有纵皱纹及须根痕。顶端有茎基痕。质坚硬，不易折断，断面不整齐，可见环纹。经蒸煮者断面角质样。无臭，味淡，有刺喉感。

【分布】原产于热带美洲。我国南北各地常栽培，为观赏花卉，有时逸为野生。

【性味与归经】叶：气微，味甘平；根：甘苦，平。

【功能与主治】有清热解毒、活血调经和滋补的功效。种子白粉可去面部癍痣粉刺。

【用法与用量】①叶。内服：适量，鲜品捣敷或取汁外搽。②根。内服：煎汤，15~25g（鲜者25~50g）。外用：捣敷。

【化学成分】种子中含有β-谷甾醇、β-香树素、β-谷甾醇-D-葡萄糖和β-香树素-3-O-α-L-鼠李糖-O-β-D-葡萄糖等[2]。根中化学成分包括甜菜素、豆甾醇、β-谷甾醇、葫芦巴碱、萜类等生物活性成分，以及氨基酸、有机酸、脂肪酸、半乳糖、淀粉等营养成分。近年来分离得到对羟基苯甲酸、香草酸、二十三碳酸单甘油酯、金色酰胺醇酯、mirabijalone A、大黄素甲醚和大黄酚。balanoinvolin、β-谷甾醇、胡萝卜苷、boeravinone D、氯苯、boeravinone B和天师酸等[1]。

【药理毒理研究】

1. 抗肿瘤活性　鱼藤酮类化合物和苯丙酰类化合物在体内外具有显著抗肿瘤活性。苯丙氨酸衍生物（E）-3-（4-OH-2-甲氧苯基）-丙烯酸4-OH-3-甲氧苯基能够抑制Hep G2细胞增殖，诱导此细胞的凋亡[1]。

2. 避孕作用　喜马拉雅紫茉莉乙醇提取物具有抗生育活性。

3. 抑菌活性　紫茉莉根提取物和茎提取物对西瓜炭疽病菌和梨黑斑病菌这两种病菌的菌丝生长具有抑制作用，并且对这两种病菌及其草莓灰霉病菌孢子的萌发具有抑制作用。

4. 降血糖作用　紫茉莉根醇提物高剂量对葡萄糖诱导的糖尿病小鼠及肾上腺素诱导的糖尿病小鼠有降血糖作用。

5. 杀虫作用　紫茉莉茎不同极性溶剂的提取物和萃取物对菜粉蝶幼虫的拒食活性、胃毒作用以及毒杀活性，发现紫茉莉茎三氯甲烷提取物对菜粉蝶幼虫的拒食和毒性效果最佳，紫茉莉茎三氯甲烷提取物正己烷萃取物对幼虫的胃毒作用比其他极性萃取物强。

6. 抗病毒作用　从紫茉莉根中分离出一种抗病毒蛋白（MAP），MAP是一种核糖体失活蛋白（RIP），和其他核糖体失活蛋白一样具有高度特异的糖苷酶活性，能够抑制HIV-1病毒在受感染的吞噬细胞和T淋巴细胞内复制，因此，MAP具有很好的应用前景。

7. 子宫平滑肌收缩　紫茉莉总提物对正常大鼠离体子宫平滑肌自发性收缩和催产素诱发性收缩有抑制作用，表现为张力减小和频率降低，且抑制作用随着剂量的增大而增大。

8. 治疗酒精性肝损伤　紫茉莉提取物生药浓度≥8mg/ml时，丙二醛（MDA）含量降低，受损细胞培养液中谷丙转氨酶（ALT）和谷草转氨酶（AST）活性降低，超氧化物歧化酶（SOD）活性增强，说明紫茉莉提取物对酒精性肝损伤具有一定的保护作用[1]。

【民间应用】糖尿病、痔疮、急性关节炎、对于脾虚白带、宫颈糜烂、疥疮、崩漏下血等妇科疾病有很好的临床效果。

【参考文献】

［1］罗爱莲，程胜邦，沈磊，等．紫茉莉提取物对乙醇诱导 L-02 肝细胞损伤的影响［J］．大理大学学报，2016，1（10）：5-8.

紫花前胡

【拉丁名】Peucedani Decursivi Radix.

【别名】土当归（江苏、安徽、江西、湖南）、野当归（西南各省）、独活（浙江、江西）、麝香菜（安徽、甘肃）、鸭脚前胡、鸭脚当归、老虎爪（湖南）。

【科属】伞形科当归属植物。

【药用部位】干燥根入药。

【分布】产自辽宁、河北、陕西、河南、四川、湖北、安徽、江苏、浙江、江西、广西、广东、台湾等地。生长于山坡林缘、溪沟边或杂木林灌丛中。分布于日本、朝鲜和苏联远东地区。模式标本采自日本。

【性味与归经】性微寒，味辛、苦；归肺、脾经。

【功能与主治】根称前胡，入药。为解热、镇咳、祛痰药，用于感冒、发热、头痛、气管炎、咳嗽、胸闷等症。果实可提制芳香油、具辛辣香气。幼苗可作春季野菜。

【化学成分】从紫花前胡 95% 乙醇提取物的醋酸乙酯萃取物中分离得到 12 个化合物，分别鉴定为异佛手柑内酯、佛手柑内酯、茴芹内酯、异茴芹内酯、二氢欧山芹醇乙酯、6- 牛防风素、前胡香豆素 E、花椒毒素、甲氧基欧芹酚、阿魏酸、β- 谷甾醇、补骨脂素[1]。

【用法与用量】内服：煎汤，7.5~25g；或入丸、散。

【药理毒理研究】紫花前胡苷是药用资源紫花前胡抗血小板活化因子（PAF）的主要活性成分之一。紫花前胡素能降低大鼠肾小管上皮细胞活性氧并抑制顺铂诱导的细胞凋亡，其机制可能是降低 NRK-52E 细胞 ROS 水平并抑制顺铂诱导的 NRK-52E 细胞凋亡[2]。

【临床应用研究】哮喘病。

【民间应用】风热咳嗽痰多，痰热喘满，咯痰黄稠。

［1］孙希彩，张春梦，李金楠，等．紫花前胡的化学成分研究［J］．中草药，2013，44（15）：2044-2047.

［2］李翠琼，李健春，樊均明，等．紫花前胡素能降低大鼠肾小管上皮细胞活性氧并抑制顺铂诱导的细胞凋亡［J］．细胞与分子免疫学杂志，2017，33（10）：1328-1334.

紫花地丁

【拉丁名】Violae Herba.

【别名】辽堇菜（中国植物图鉴），野堇菜（东北师范大学科学研究通报），光瓣堇菜（中国高等植物图鉴）。

【科属】堇菜科堇菜属植物。

【药用部位】全草药用。

【分布】产自黑龙江、吉林、辽宁、内蒙古、河北、山西、陕西、甘肃、山东、江苏、安徽、浙江、江西、福建、台湾、河南、湖北、湖南、广西、四川、贵州、云南。朝鲜、日本、苏联远东地区也有。生于田间、荒地、山坡草丛、林缘或灌丛中。在庭园较湿润处常形成小群落。

【性味与归经】味苦、辛、寒。归心、肝经。

【功能与主治】具有清热解毒、凉血消肿、清热利湿的作用。主治疔疮、痈肿、瘰疬、黄疸、痢疾、腹泻、目赤、喉痹、毒蛇咬伤。

【化学成分】黄酮、香豆素类、挥发油、含氮化合物、有机酸等化合物。

1. 黄酮类 黄酮类成分包括黄酮单糖苷、二糖苷及黄酮苷元，主要为黄酮二糖苷。黄酮单糖苷成分包括：山柰酚-3-鼠李糖苷、异荭草素、槲皮素-3-O-β-D-葡萄糖苷等；黄酮苷元成分主要有芹菜素、金圣草素、柚皮素和木犀草素等[1]。

2. 香豆素类 从紫花地丁中分离得到的香豆素类化合物主要为：dimeresculetin、秦皮甲素、秦皮乙素、东莨菪内酯、菊苣苷、早开堇菜苷等[1]。

3. 挥发油类 主要有邻苯二甲酸二丁酯、十四烷、肉豆蔻酸、植物醇、甲酯-9，12，15-十八碳三烯酸、邻苯二甲酸二丁酯和1，19-二十烷二烯[1]。

4. 生物碱类 从该植物中分离得到的含氮化合物主要为环肽和酰胺类成分。环肽类成分：varv peptide E、cycloviolacin Y5和cycloviolacin VY1。酰胺类化合物：二十四酰对羟基苯乙胺、金色酰胺醇和金色酰胺醇酯[2]。

5. 倍半萜类 从该植物中分离得到10个倍半萜，分别为：yedoensins A、yedoensins B、versicolactone B、aristolactone、madolin U、madolinW、aristoyunnolin E、isobicyclogermacrenal、madolin Y和madolin R。

6. 其他类 从该植物中分离得到的其他类成分包括有机酸、甾体、脂肪醇等，主要鉴定的有软脂酸、对羟基苯甲酸、反式对羟基桂皮酸等[2]。

【药理毒理研究】

1. 抑菌作用 紫花地丁石油醚和乙酸乙酯提取物对枯草芽孢杆菌和烟草野火杆菌有很强的抑制作用。紫花地丁水煎剂和乙醇提取物的乙酸乙酯部位对大肠埃希菌、金色葡萄球菌、表皮葡萄球菌和沙门氏菌有较强的抑菌作用。紫花地丁黄酮类化合物对金黄色葡萄球菌、无乳链球菌、停乳链球菌、乳房链球菌、沙门氏菌及大肠埃希菌都有良好的抑制作用。

2. 抗病毒作用 紫花地丁体内、外均有抗乙型肝炎病毒（HBV）活性[3]。磺化多聚糖具有很高的抗Ⅰ型艾滋病毒活性。此外，紫花地丁二甲亚砜提取物、甲醇提取物有很强的体外抗Ⅰ型艾滋病毒活性。紫花地丁总生物碱有抗鸡新城疫病毒作用[4]。紫花地丁黄酮类化合物能明显抑制鸡传染性支气管炎病毒（IBV）的致病变作用。紫花地丁还有抗呼吸道合胞病毒（respiratory syncytial virus，RSV）活性。

3. 抗炎作用 紫花地丁水提物和正丁醇提取物能明显抑制二甲苯致小鼠耳肿胀及角叉菜胶致小鼠足肿胀，不同程度地降低角叉菜胶致炎小鼠血清 IL-1、TNF-α 和 PGE2 的含量。紫花地丁水煎剂通过下调刀豆蛋白 A 诱导的小鼠脾淋巴细胞 IL-2、TNF-α 的分泌调控免疫细胞功能，减少巨噬细胞炎症介质的释放，能抑制 LPS 诱导的正常近交系 C57 小鼠脾 B 淋巴细胞的增值，下调抗体生成。

4. 抗氧化活性 紫花地丁 95% 乙醇提取物中分离得到了 11 个化合物，这些化合物都表现出一定的抗氧化活性[5]。

5. 抗肿瘤活性 紫花地丁水提物和醇提物对 U14 宫颈癌细胞抑瘤率分别为 40.62%、34.00% 和 29.31%、35.33%[6]。

6. 降脂作用 紫花地丁中分离出一种高效的脂肪酶激活剂，可明显增强胰脂肪酶的活力，促进甘油三酯在肠胃中的分解和吸收。

7. 抗凝血作用 紫花地丁提取物双七叶内酯、七叶内酯和二氢木犀草素具有抗凝血作用。

【参考文献】

[1] 吴强，高燕萍. 紫花地丁化学成分和药理活性研究概况 [J]. 中国民族民间医药，2017，26（22），35-38.

[2] 刘忞之，杨燕，张书香，等. 紫花地丁中抗甲型 H1N1 流感病毒的环肽 [J]. 药学学报，2014，49（6）：905-912.

[3] 王玉，吴中明，敖弟书. 紫花地丁抗乙型肝炎病毒的实验研究 [J]. 中药药理与临床，2011，27（5）：70-74.

[4] 杨佳冰，丁大旺，赵金香，等. 紫花地丁总生物碱抗病毒与抑菌试验 [J]. 中兽医医药杂志，2011，30（4）：8-10.

[5] 曹捷，秦艳，尹成乐，等. 紫花地丁化学成分及抗氧化活性 [J]. 中国实验方剂学杂志，2013，19（21）：77-81.

[6] 张涛，苍薇，田黎明，等. 紫花地丁对 U14 荷瘤鼠抑瘤作用的实验研究 [J]. 时珍国医国药，2011，22（12）：2926-2927.

紫丁香叶

【拉丁名】 Syringae Oblatae Folium.

【别名】 华北紫丁香（中国树木分类学），紫丁白（河南）。

【科属】 木犀科丁香属植物。

【药用部位】 叶或树皮可入药。

【分布】 产于东北、华北、西北（除新疆）以至西南达四川西北部（松潘、南坪）。

生于山坡丛林、山沟溪边、山谷路旁及滩地水边，海拔300~2400m。长江以北各庭园普遍栽培。最初是根据栽种在我国北方庭园中的植物发表的。

【性味与归经】苦、性寒；入胃、肝、胆三经。

【功能与主治】清热、解毒、利湿、退黄。主急性泻痢、黄疸型肝炎、火眼、疮疡。

【用法与用量】内服：煎汤，2~6g。

【化学成分】叶中分离出D-甘露醇（D-mannitol），酪醇（ty-rosol），反式-对-羟基肉桂酸（E-p-hydroxy cinnamic acid），3，4-二羟基苯乙醇（3，4-dihydroxyphenethyl alcohol），3，4-二羟基苯甲酸（3，4-dihydroxybenzoic acid）及丁香苦苷（syringopicroside）。

【药理毒理研究】具有抗菌消炎、抗病毒、镇咳祛痰和降压等药理作用。

紫草

【拉丁名】Arnebiae Radix.

【别名】硬紫草，大紫草，茈草，紫丹，地血，鸦衔草，紫草根，山紫草。

【科属】紫草科紫草属植物。

【药用部位】以根入药。

【分布】产自辽宁、河北、山东、山西、河南、江西、湖南、湖北、广西北部、贵州、四川、陕西至甘肃东南部。生于山坡草地。朝鲜、日本也有分布[1]。

【性味与归经】性寒，味甘、咸；入手、足厥阴经[1]。

【功能与主治】治麻疹不透、斑疹、便秘、腮腺炎等症；外用治烧烫伤。

【化学成分】主要是由萘醌类、单萜苯酚及苯醌类、酚酸及其盐类、生物碱类、脂肪族及酯类化合物等。其主要有效成分为萘醌类化合物，包含紫草素类和阿卡宁类。紫草素类化合物包括去氧紫草素、β,β-二甲基丙烯酰紫草素、乙酰紫草素、紫草素、丙酰紫草素、异丁酰紫草素、异戊酰紫草素、β-乙酰氧基-异戊酰紫草素、β-羟基-异戊酰紫草素；阿卡宁类化合物包括β,β-二甲基丙烯酰阿卡宁、β-乙酰氧基异戊酰阿卡宁、乙酰阿卡宁、β-羟基异戊酰阿卡宁[1]。

【药理毒理研究】

1. 抗肿瘤作用　紫草的有效成分紫草素及其衍生物对多种肿瘤都有抑制作用，如对小鼠胶质瘤细胞C6、小鼠腹腔积液肉瘤S180、自发性乳腺肿瘤、恶性葡萄胎、人宫颈癌细胞等多种肿瘤均有抑制作用[1]。

2. 紫草的免疫作用　紫草具有调节机体免疫的功能。从紫草根水煎剂中提取出的有效成分紫草多糖可以增强腹腔巨噬细胞的吞噬功能，促进脾脏中T淋巴细胞数量和T淋巴细胞功能[2]。

3. 抗免疫缺陷作用　从紫草根中分离得出的咖啡酸四聚体单钠和单钾盐有显著抗人类免疫缺陷病毒活性的功能，因此证明了钠、钾盐对增强抗人类免疫缺陷病毒活性的重要性。另报道，紫草根热水提取物的抗人类免疫缺陷病毒活性也很高。

4. 抗氧化作用　乙酰紫草醌和紫草醌具有明显的抗氧化活性，如与维生素E一起使用，会显示出较好的协同增效作用。去氧紫草素、β, β- 二甲基丙烯酰紫草素、异丁酰紫草素、紫草素、甲基紫草素和咖啡酸脂肪醇酯具有较强的抗氧化作用。

【临床应用研究】

1. 治疗小儿性早熟 紫草能降低促卵泡生成素和促黄体激素的浓度，切断了垂体与卵泡之间的联系，从而减缓了卵泡的发育与成熟，表现出抗生育效应[2]。

2. 小儿支气管哮喘的治疗 紫草对白三烯和前列腺素的生物合成有明显的抑制作用。

3. 外用治疗鹅口疮 紫草具有较好的祛腐生肌的作用，常用于小儿尿布性皮炎，烧伤、烫伤等外伤。紫草不但可抑制白色念珠菌的生长活性，还对口腔创面有保护和促进健康恢复的功效，可达到标本兼治的目的。

紫草与其他药合用治疗皮肤病：湿疹、皮炎、下肢溃疡为湿热毒邪蕴结肌肤致泛发皮疹，气血运行不畅，肌肤失养致皮肤破损不愈合而成溃疡。

【参考文献】

[1] 徐景怡，吴硕，李玉环，等. 新疆紫草及其活性成分抗病毒作用研究进展[J]. 中国医药生物技术，2019，14（6）：549–552，499.

[2] 王一全，吕鹏. 紫草药理作用及应用现状[J]. 吉林医药学院学报，2019，40（5）：373–375.

第二节 动物资源

白蜂蜡

【简介】白蜂蜡系由蜂蜡（蜜蜂分泌物的蜡）氧化漂白精制而得。因蜜蜂的种类不同，由中华蜜蜂分泌的蜂蜡俗称中蜂蜡（酸值为 5.0~8.0），由西方蜂种（主要指意蜂）分泌的蜂蜡俗称西蜂蜡（酸值为 16.0~23.0）。

【性状】本品为白色或淡黄色固体，无光泽，无结晶。无味且不黏牙，气特异。

【应用】药用辅料。可用于增加乳膏和软膏的稠度，稳定油包水型乳剂等，也用于打光糖衣片和调节栓剂的熔点，也用作缓释片的薄膜包衣。蜂蜡微球用在口服剂型中，可抑制活性成分被胃吸收，使绝大多数吸收发生在肠道。用本品包衣可控制药物从离子交换树脂球中释放。

白僵菌

【拉丁学名】*Beauveria.*

【科属】虫草菌科白僵菌属。

【分布】海拔几米至 2000 多米的高山均发现过白僵菌的存在。

【化学成分】白僵菌生物制剂以活体孢子作为有效成分[1]。球孢白僵菌中抗菌成分主要为白僵菌素[2]。

【药理毒理研究】球孢白僵菌 YFCCFQ001 提取物对 4 种耐药性致病细菌（溶血性

葡萄球菌、大肠埃希菌、粪肠球菌、金黄色葡萄球菌）和 8 种普通致病细菌均有抗菌活性[2]。抗肿瘤：在体外试验中一定浓度的白僵菌多糖能够促进 B 淋巴细胞增殖，抑制 CT26.WT 细胞增殖，进而达到保护机体的作用[3]。

【参考文献】

［1］阙生全，喻爱林，刘亚军，等．白僵菌应用研究进展［J］．中国森林病虫，2019，38（2）：29–35.

［2］李娟，虞泓，王毅．球孢白僵菌发酵液抗人体致病细菌活性研究［J］．西部林业科学，2019，48（1）：18–22，28.

［3］宋志强，丁祥，朱淼，等．白僵菌多糖对肿瘤细胞及免疫细胞作用的研究［J］．现代农业科技，2019（7）：187–188.

菜花蛇（王锦蛇）

【拉丁学名】 *Elaphe carinata.*

【别名】 臭王蛇、黄喉蛇、黄颌蛇、王蛇（四川）、锦蛇、黄蟒蛇、王蟒蛇、油菜花、臭黄蟒、棱锦蛇（黑龙江）、棱鳞锦蛇（福建）、菜蛇、王字头（贵州）、菜花蛇（湖南、湖北）、松花蛇（贵州、四川）、臭青公\母（台湾）、菜花蛇（江苏，浙江，江西，四川）。

【科属】 游蛇科锦蛇属。

【药用部位】 全身用药。蛇全身都是宝，古代文献中有用蛇胆、蛇蜕、蛇肉、蛇皮、蛇鞭、蛇血、蛇油和蛇毒等的药用记载，其中《本草纲目》中已记载 17 种蛇的形态和药用功效[1]。

【分布】 菜花蛇主要分布在浙江、江西、安徽、江苏、福建、湖南、湖北、广西、广东、云南、贵州、陕西、河南、甘肃及台湾等省（市，自治区），是典型的无毒蛇。

【性味与归经】 性平，味甘、咸，有毒，入肝、脾两经。

【功能与主治】 早在《神农本草经》就有记载，蛇蜕"主小儿惊痫瘈疭，寒热肠痔，虫毒"；《药性论》载"治喉痹"；《日华子本草》"止呃逆，治小儿惊悸客忤，催生，疬疡，白癜风"；《本草纲目》载能"祛风，杀虫；烧末服，治妇人吹奶，大人喉风，退目翳，消木舌，敷小儿重舌，重腭，唇紧，解颅，面疮，月蚀，天泡疮，大人疔肿，漏疮肿毒，煮汤洗诸恶虫伤"。

【药理毒理研究】 现代临床发现，蛇蜕在治疗流行性腮腺炎、角膜炎、中耳炎、带状疱疹、颈淋巴结核、等方面疗效确切。研究表明，王锦蛇蛇蜕水提物具有一定抗菌活性[1]。研究发现，王锦蛇血清是尖吻蝮蛇毒的强抑制剂，可能成为未来新的蛇伤治疗药物的原料。

【参考文献】

［1］蓝巧帅，高丽娜，蒋宇飞，等．王锦蛇蛇蜕提取物抗菌、抗炎活性分析［J］．食品安全导刊，2017，3：79–80.

蚕丝

【简介】蚕丝是熟蚕结茧时所分泌丝液凝固而成的连续长纤维，也称天然丝，是一种天然纤维。人类利用最早的动物纤维之一。蚕丝是古代中国文明产物之一，中国劳动人民发明生产为极早之事，相传黄帝之妃嫘祖始教民育蚕；甲骨文中有丝字及丝旁之字甚多。

据考古发现，约在4700年前中国已利用蚕丝制作丝线、编织丝带和简单的丝织品。商周时期用蚕丝织制罗、绫、纨、纱、绉、绮、锦、绣等丝织品。蚕有桑蚕、柞蚕、蓖麻蚕、木薯蚕、柳蚕和天蚕等。由单个蚕茧抽得的丝条称茧丝。

【性状】优质蚕丝为乳白色略黄，蚕丝表面有柔和光泽，不发黑、不发涩、丝质绵长，拉开表面蚕丝后，内部无成团的絮状碎蚕丝。

【应用】

1. 衣料领域 可发挥其优质的纤维功能。

2. 医疗领域 作为构成绢丝成分的丝素和丝胶，通过浓硫酸处理，能获得与肝磷脂相同的物质，具有抗凝血活性、延缓血液凝固时间的作用，可开发血液检查用器材或抗血栓性材料。用同样方法改变若干加工条件，可得到有吸水与保水性能的绢丝，加工成高级水性材料或其他生理保健用品。此外，将绢丝通过高分子化学合成处理，使钙或磷与绢丝凝聚，可开发出骨科治疗上的“接骨材料”。同样通过化学处理之后，也可开发人工肌健或人工韧带。以绢丝为原料的丝素膜，还可制成治疗烧伤或其他皮伤的创面保护膜。

3. 工业领域 加工成微粒的丝粉，除用于化妆品或保健食品的添加剂外，还可制成含丝粉的绢纸或食品保鲜用的包装材料和具有抗菌性的丝质材料。丝素膜除用于加工隐形眼镜片外，还可将细至0.3μm的丝粉与树脂混合，开发出被称为“丝皮革”的新产品。将丝粉调入某些涂料中制成的高级涂料，用来喷涂家具用品，能增加器物的外观高雅与触感良好的效果，广泛用于各种室内装潢。

4. 美容领域 天然蚕丝织物面膜，引领美容新趋势。天然蚕丝的结构与人体肌肤极相似，故又有人体“第二皮肤”的美称。蚕丝美容在中国已有悠久的历史，早在我国明代，蚕丝因其重要的药用价值，被宫廷贵妃们用于日常美容养生。据《本草纲目》记载：蚕丝蛋白粉可以消除皮肤黑斑，治疗化脓性皮炎。现代医学试验进一步证明，蚕丝的蛋白质含量大大高于珍珠，其中含氮量比珍珠高37倍，主要氨基酸含量高达10倍以上。这些氨基酸能直接为人体毛发，皮肤吸收与吸附。即在人体表皮的外层更容易渗透，加速皮肤的新陈代谢。丝缩氨基酸还能有效地抑制皮肤中黑色素的生成。从2000年以来，在返璞归真、回归自然绿色革命的倡导下，蚕丝越来越受到人们的关注和追捧。从昂贵的蚕丝被到蚕丝枕，蚕丝内衣，再到医学界上的蚕丝医用缝合线、丝蛋白人工皮肤等，蚕丝的作用越来越大。如今，美容界更是掀起了一股蚕丝美容风潮，以蚕丝为原料研制而成的丝素化妆品，成了无数爱美女性的护肤首选。

5. 其他 用于天然超亲水蚕丝纳米纤维膜的制备[1]。

【参考文献】
［1］刘志，胡金辉，夏丽，等. 天然超亲水蚕丝纳米纤维膜制备及其水过滤性能［J］. 河南工程学院学报（自然科学版），2019，31（4）：10–14.

蜂王浆

【别名】蜂皇浆、蜂皇乳、蜂王乳、蜂乳。

【简介】蜂王浆是蜜蜂巢中培育幼虫的青年工蜂咽头腺的分泌物，是供给将要变成蜂王的幼虫的食物，也是蜂王终生的食物。

【化学成分】蜂王浆成分相当复杂，除了含有维持人类正常生命活动所需要的多种氨基酸和维生素之外，还有无机盐、有机酸、酶、激素等多种生物活性物质。

【药理毒理研究】蜂王浆具有调节免疫功能、延缓衰老、抗菌抗炎、抗肿瘤、调节血压、降低血脂和血糖、抗氧化等功效，除了极少数机体会产生过敏外，没有发现其他的毒副作用[1]。

【禁忌人群】

（1）过敏体质者。即平时吃海鲜易过敏或经常药物过敏的人。因为蜂王浆中含有激素、酶、异性蛋白。

（2）长期患低血压与低血糖者。蜂王浆中含有类似乙酰胆碱的物质，而乙酰胆碱有降压、降血糖的作用。

（3）肠道功能紊乱及腹泻者。因蜂王浆可引起肠管强烈收缩，诱发肠功能紊乱，导致腹泻、便秘等症。

（4）肝阳亢盛及湿热阻滞者，或是发高热、大吐血、黄疸性肝病者。不宜服用蜂王浆。

（5）患有乳腺疾病、卵巢子宫疾病的患者。如乳腺增生、乳腺纤维瘤、乳腺癌、子宫肌瘤、子宫息肉等，否则会加重病情。这些患者体内雌激素水平本来就不稳定，再喝蜂王浆等于火上浇油。

（6）妊娠期女性。女性怀孕后，体内激素水平会发生变化，此时，雌激素水平较低，孕激素水平较高，喝了蜂王浆后会改变雌激素水平，不仅不利于胎儿的生长发育，还会增加流产或早产的概率。

（7）刚做完手术者。手术后虚不受补，喝蜂王浆易使患者肝阳亢盛、气阻热旺而引起五官出血。

（8）发育正常的小孩。主要是由于小孩服用蜂王浆后易促进性器官发育，性早熟。

【参考文献】
［1］姜建辉，张静，赵俭波，等. 新疆黑蜂蜂王浆水溶性蛋白酶解产物的抗氧化活性［J］. 食品工业，2019，40（11）：133–137.

龟甲

【学名】*Chinemys reevesii* (Gray).

【别名】乌龟壳、乌龟板、龟板（下甲）。

【科属】龟科乌龟属。

【药用部位】为龟科动物乌龟的背甲及腹甲。

【药材性状】背甲及腹甲由甲桥相连，背甲稍长于腹甲，与腹甲常分离。背甲呈长椭圆形拱状，长 7.5~22cm，宽 6~18cm；外表面棕褐色或黑褐色，脊棱 3 条；颈盾 1 块，前窄后宽；椎盾 5 块，第 1 椎盾长大于宽或近相等，第 2~4 椎盾宽大于长；肋盾两侧对称，各 4 块；缘盾每侧 11 块；臀盾 2 块。腹甲呈板片状，近长方椭圆形，长 6.4~21cm，宽 5.5~17cm；外表面淡黄棕色至棕黑色，盾片 12 块，每块常具紫褐色放射状纹理，腹盾、胸盾和股盾中缝均长，喉盾、肛盾次之，肱盾中缝最短；内表面黄白色至灰白色，有的略带血迹或残肉，除净后可见骨板 9 块，呈锯齿状嵌接；前端钝圆或平截，后端具三角形缺刻，两侧残存呈翼状向斜上方弯曲的甲桥。质坚硬。气微腥，味微咸。

【分布】产于江苏、上海、浙江、安徽、湖北、广西等地。常栖于江河、湖沼或池塘中。

【性味与归经】味咸、甘，性微寒。归肝、肾、心经。

【功能与主治】滋阴潜阳，益肾强骨，养血补心，固经止崩。用于阴虚潮热、骨蒸盗汗、头晕目眩、虚风内动、筋骨痿软、心虚健忘、崩漏经多。

【相关配伍】

1. 治降阴火、补肾水 黄柏（炒褐色）、知母（酒浸，炒）各四两，熟地黄（酒蒸）、龟甲（酥炙）各六两。上为末，猪骨髓、蜜为丸。服七十丸，空心，盐白汤下。（《丹溪心法》大补阴丸）

2. 治痿厥，筋骨软，气血俱虚甚者 黄柏（炒）、龟甲（酒炙）各一两半，干姜二钱，牛膝一两，陈皮半两。上为末，姜汁和丸，或酒糊丸。每服七十丸，白汤下。（《丹溪心法》补肾丸）

3. 治心矢志善忘 龟甲（炙）、木通（锉）、远志（去心）、菖蒲各半两。捣为细散，空心酒服方寸匕，渐加至二钱匕。（《圣济总录》龟甲散）

【用法与用量】9~24g，先煎。

海参

【学名】*Salmo salar.*

【性味与归经】味甘咸。

【功能与主治】补肾、益精髓、摄小便、壮阳疗痿，其性温补。

【化学成分】含有海参多糖、海参皂苷、海参胶原蛋白、海参多肽、多种氨基酸、微量元素及脂类物质[1]。

【药理毒理研究】具有抗肿瘤作用、抗氧化作用、免疫调节作用、抗菌、抗病毒作用、降血糖作用、抗凝血作用，能抑制体内脂肪囤积，显著降低肾周脂肪含量，还能明显降低血清和肝脏中血清总胆固醇（TC）、甘油三酯（TG）浓度，海参皂苷、多糖对脂肪酸合成酶具有直接抑制作用[1]。

【参考文献】

［1］韦豪华，张红玲，李兴太．海参化学成分及生物活性研究进展［J］．食品安全质量检测学报，2017，8（6）：2054–2061.

蛇胆

【学名】 *Zaocys dhumnades* Contor.

【来源】 游蛇科动物乌风蛇或其他种蛇的胆囊。取出胆囊，通风处晾干[1]。

【药材性状】 蛇胆呈椭圆形或卵圆形，囊体较直。胆管形状：蛇胆管细长质地软而有韧性，附连在囊体上。

【性味】 甘、微苦，凉[1]。

【功能与主治】 清热解毒，化痰镇痉。用于小儿肺炎、百日咳、支气管炎、咳嗽痰喘、痰热惊厥、急性风湿性关节炎[1]。

【用法与用量】 1~2 个，入丸、散剂或兑酒服[1]。

【化学成分】 蛇胆中的胆汁酸为其主要功效成分，主要为牛磺胆酸（TCA），此外还包括牛磺鹅去氧胆酸（TCDCA）、牛磺去氧胆酸（TDCA）、牛磺蟒胆酸、甘氨胆酸（GCA）及胆酸（CA）等，分为游离型胆酸及结合型胆酸两大类。游离型胆汁是由胆固醇在动物体内，经肝脏的各种酶代谢而成的。游离型胆酸再通过酰胺键与甘氨酸或牛磺酸结合形成甘氨型结合胆汁酸或牛磺型结合胆汁酸[2]。

【毒理研究】 生吃蛇胆易引发中毒性疾病，轻则恶心、呕吐、头晕，重则危及生命。这是因为蛇胆含有胆汁毒素、组胺、胆盐及氰化物等物质，进入人体胃肠道后，其毒性成分被吸收并进入肝脏，再由肾排出。因此，中毒患者以急性肾衰竭和肝损害的发生率最高，其次表现为胃、肠、心脏、脑等脏器受累，若不及时抢救，死亡率很高。

蛇胆导致中毒甚至致命的原因：许多人误认为将蛇胆连同白酒一道吞服就能起到杀菌的作用，但在不刺破蛇胆的情况下，白酒对胆汁中所含的病菌根本无能为力[1]。反而只会促进胃肠道对胆汁的吸收，加剧毒副作用。另一方面，胆汁中含有许多由肝脏输出的有毒物质，有严重肝毒性偏向，其中还可能含有引发免疫机制作用的药物成分。在吞服蛇胆的同时，也就将这些有毒物质同时吞入体内，加重了自身肝脏、肾脏、胆囊的排毒压力，极易损伤体内各器官的功能，诱发肝、肾衰竭。

【民间应用】 蛇胆酒。

【参考文献】

［1］王国强．全国中草药汇编［M］．北京：人民卫生出版社，2014.

［2］陈晓颙，张洁，范叶琴，等．蛇胆药材及其成方制剂质量控制方法研究［J］．中国药学杂志，2019，54（17）：1380–1386.

鹿血

【来源】 为鹿科动物梅花鹿或马鹿的血液。拉丁植物动物矿物名：*Cervus nippon* Temminck。宰鹿或锯鹿茸时取血，凉颖后，风干成紫棕色块片状即成。

【药材性状】性状鉴别，呈不规则的薄片状，紫黪以，有角质样光泽，质地坚实，酥脆，气腥，味甘、咸。

【性味】味甘；咸；性温。

【功能与主治】养血益精，止血，止带。主精血不足、腰痛、阳痿遗精、血虚心悸、失眠、肺痰吐血、鼻衄、崩漏带下、痈肿折伤。

【用法与用量】内服：酒调，3~6g；或入丸、散。

【化学成分】鹿血是动物马鹿等的血，用颈静脉穿刺法取3月龄以上的雄、雌鹿的血样分析，结果表明：血清中，γ-谷酰氨转移酶（γ-glutamyltransferase）19.5U/L，天冬氨酸转氨酶（glutamicoxalacetic transaminase）43.0U/L，肌酸磷酸激酶（creatin phosphokinase）197.9U/L，血浆中胃蛋白酶原（pepsinogen）0.91U/L，血尿氮（blood urea N）8.56mol/L，血清葡萄糖（6.9mol/L），碳2.13mol/L，镁0.74mol/L，钾4.43mol/L及钠138.5mol/L。上述结果在不同性别和不同年龄组（3~8月、9~18月及18月以上组）的动物间，无显著差异。

【药理毒理研究】

1. 对血压的影响 给麻醉猫静脉注射鹿茸血精制剂和鹿茸精制剂，均能使猫血压降低34%~37%。

2. 抗创伤 给家兔放血10%和从左侧胸腰区削下皮肉0.72~0.75g，造成兔体衰弱和外伤。然后，对照组注射生理盐水，给药组皮下注射鹿茸血精0.5ml/kg，每日给药1次，连续给药18天，结果表明，给药组体重增长明显超过对照组，血浆蛋白含量和红细胞数也较对照组高，但与对照组无明显差异。

第三章
含药用资源化妆品的研发案例

1. CN201410295928 一种美白化妆品及其制备方法

【产品配方】

米糠提取物 3%、红景天提取物 0.2%、银杏叶提取物 0.2%、茶多酚 0.02%、柠檬汁液 0.8%、壳聚糖 0.2%、葛根提取物 0.2%、魔芋精粉 0.2%、向日葵花盘提取物 0.3%、向日葵籽仁提取物 0.3%、皂角仁 0.5%、半纤维素 0.3%、蜂蜜 0.3%、甘油 2%、1，3-丙二醇 2%、角鲨烷 2%、透明质酸钠 0.1%、卡波姆 0.5%、三乙醇胺 0.5%、尿囊素 0.1%、二氧化钛 0.1%、胶原蛋白粉 0.8%、抗菌剂苯氧乙醇 0.1%、阿魏酸异辛酯 2%、谷胱甘肽 1%、剩余为水。

【制备方法】

（1）将透明质酸钠 0.1%、尿囊素 0.1% 和阿魏酸异辛酯 2% 加入甘油 2%、米糠提取物 3% 和 1，3- 丙二醇 2% 的混合油相中，搅拌混匀待用。

（2）将红景天提取物 0.2%、银杏叶提取物 0.2%、茶多酚 0.02%、葛根提取物 0.2%、向日葵花盘提取物 0.3%、向日葵籽仁提取物 0.3%、二氧化钛 0.1%、胶原蛋白粉 0.8% 和谷胱甘肽 1% 加入容器中，再按固液比 1∶15 加入水，在搅拌速度 50r/min、时间 30 分钟的条件下，搅拌均匀待用。

（3）将魔芋精粉 0.2% 和半纤维素 0.3% 加入容器中，再按固液比 1∶15 加入水，再加热至温度为 70℃，搅拌速度 50r/min、时间 10 分钟的条件下，搅拌至完全溶解待用。

（4）取皂角仁 0.5% 干燥后，磨碎至 300 目，在 40℃温水中按固液比 1∶15 浸泡，时间 24 小时，用 200 目滤网过滤后收集滤液待用。

（5）取壳聚糖 0.2% 用柠檬汁液 0.8% 按固液比 1∶4 充分溶解，待用。

（6）将步骤（2）、步骤（3）、步骤（4）和步骤（5）中获得的溶液或混合物加入步骤（1）中的混合油相中，在时间 0.5 小时、搅拌转速 30r/min 下混合均匀。

（7）在步骤（6）中获得的混合物中加入角鲨烷 2% 搅拌混合均匀，再加入卡波姆 0.5% 和三乙醇胺 0.5% 搅拌混合均匀。

（8）在步骤（7）中获得的混合物中加入蜂蜜 0.3% 和抗菌剂苯氧乙醇 0.1%，再补加剩余水量，搅拌混合均匀。

（9）将步骤（8）中获得的混合物抽入均质机中，抽真空在 -0.04MPa、搅拌、均质 5 分钟后、均质机转速为 1000r/min。

（10）对步骤（9）中获得的混合物在常温下进行密闭陈化，陈化时间 12 小时，陈化完成后即可获得一种美白化妆品。

【检测方法】采用常规检测方法对使用本实施例方法后的相关指标进行测定，其中酪氨酸酶活性测定方法采用 Mushroom 酪氨酸酶多巴速率氧化法，分别用分光光度法测定超氧阴离子自由基的清除作用和对羟自由基清除作用，具体指标数据如下。

试验项目	酪氨酸酶活力抑制	对超氧阴离子自由基的清除作用	对羟基自由基清除作用
抑制率（%）	85.8	34.6	53.2

另外，对其 PFA 值（防晒化妆品长波紫外线防护指数）和 SPF 值（防晒系数）进

行测定，PFA 值和 SPF 值分别为 PFA7、SPF15。

【检测结果】结果表明，长期使用该美白化妆品能够有效抑制酪氨酸酶的活性和清除自由基的作用，有效减缓黑色素的合成速度，对紫外线的吸收和皮肤防晒具有良好的作用，同时还具有补水、保湿、护肤和亮白的作用，且对人体皮肤具有安全性和无刺激性。

2. CN201610566011 化妆品组合物及其应用和化妆品精华液

【产品配方】

A 相：水 86.48%，丁二醇 2.00%，甘油 3.00%，透明质酸钠 0.05%，黄原胶 0.15%，海藻糖 1.00%，甜菜碱 1.00%，尿囊素 0.20%，尼泊金甲酯 0.15%，卡波姆 0.15%。

B 相：精氨酸 0.12%，水 2.00%。

C 相：苯氧乙醇 0.20%，化妆品组合物 3.00%，香料 0.50%。

【制备方法】

（1）化妆品组合物的制备

原料：生物糖胶 –4（40g），白桦茸植物肽（5g），燕麦多肽（8g），1, 2– 戊二醇（5g），丁二醇（25g），黄原胶（0.2g），水（16.8g）。

制备方法：按配比将黄原胶在 1, 2– 戊二醇、丁二醇在水中分散及溶解后，再按配比向其中加入生物糖胶 –4、白桦茸植物肽及燕麦多肽，搅拌混匀即可。

（2）准确称取 A 相的各组分，加入反应锅中，加热搅拌至 80~85℃，搅拌至均匀且完全溶解。

（3）准确称取 B 相的各组分，混合至溶解完全得到 B 相，将 B 相投入反应锅中和，搅拌均匀后，停止加热并开启冷却水降温。

（4）准确称取 C 相的各组分，混合均匀得到 C 相，待反应锅降温至 40~45℃时，将 C 相投入反应锅中，搅拌均匀，降温得到化妆品精华液。

3. 植粹清颜 – 祛痘调理精华

【产品配方】成分：水、甘油、水解小核菌胶、透明质酸钠、1, 3– 丙二醇，薏苡仁提取物、甘草酸二钾、罗勒提取物、聚山梨醇酯 –20、海藻糖、1, 2– 戊二醇、甘油辛酸酯。该配方中所用化妆品原料应在《已使用化妆品原料名称目录（2015 版）》中收录，无须申报化妆品新原料。

【产品功效】蕴含罗勒提取物，质地温和易吸收，为肌肤注入充盈的水分和营养，并持久保温滋润，能够缓解干燥粗糙肌肤，细致毛孔，控油祛痘，平滑肌肤，使肌肤变得水嫩饱满，恢复肌肤健康活力。

【生产工艺】

原料

A 相原料：海藻糖 2%、1, 3– 丙二醇 3%、透明质酸钠 0.1%；水解小核菌胶 0.2%、甘油 4%、去离子水 81.08%。

B 相原料：薏苡仁提取物 4%、甘草酸二钾 0.4%。

C 相原料：罗勒提取物 0.02%、聚山梨醇酯 –20 0.1%、1, 2– 戊二醇 5%、甘油辛酸酯 0.1%。

工艺：

a. 将 A 相组分加入搅拌锅搅拌（25~35r/min）升温至（80 ± 2）℃，料体均匀后保温 20 分钟。

b. 搅拌降温至（45 ± 2）℃加入 B 相原料搅拌（25~35r/min）均匀。

c. 将 C 相原料预先混合均匀后加入搅拌锅搅拌（25~35r/min）均匀。

d. 继续搅拌降温至（40 ± 2）℃，检验合格后过滤出料。

【产品检验】有害物质限值要求汞＜ 1ppm，铅＜ 10ppm，砷＜ 2ppm，镉＜ 5ppm。

化妆品中微生物指标应符合下表中规定的限值。

微生物指标	限值	备注
菌落总数（CFU/g 或 CFU/ml）	≤ 500	眼部化妆品、口唇化妆品和儿童化妆品
	≤ 1000	其他化妆品
霉菌和酵母菌总数（CFU/g 或 CFU/ml）	≤ 100	
耐热大肠菌群 /g（或 ml）	不得检出	
金黄色葡萄球菌 /g（或 ml）	不得检出	
铜绿假单胞菌 /g（或 ml）	不得检出	

毒理学试验项目

化妆品按下表做毒理学试验。

试验项目	发用类	护肤类		彩妆类			指（趾）甲类	芳香类
	易触及眼睛的发用产品	一般护肤产品	易触及眼睛的护肤产品	一般彩妆品	眼部彩妆品	护唇及唇部彩妆品		
急性皮肤刺激性试验	○						○	○
急性眼刺激性试验	○		○		○			
多次皮肤刺激性试验		○	○	○	○	○		

【使用方法】早晚洁面爽肤后，取适量本品均匀涂抹于脸部，轻轻按摩至吸收即可。配合本系列祛痘产品使用效果更佳。

【生产厂家】广州市婷采化妆品有限公司，广州市白云区嘉禾街 3 号，粤妆 20160712。

【保质期】保质期为三年。

除此之外，利用药用资源研发的化妆品还有皇后片仔癀珍珠膏、茱莉蔻玫瑰花卉水、snailwhite 蜗牛霜、healthycare 金箔羊胎素精华液、相宜本草四倍蚕丝面膜、春雨补水保湿蜂蜜面膜、美加净人参活肤精华霜等，这些产品都是大家所熟知并在市场上销售的，产生了很好的经济效益。

参考文献

[1] 国家食品药品监督管理总局化妆品标准专家委员会编. 化妆品安全技术规范［M］. 北京：人民卫生出版社，2015.

[2] 张庆生，王钢力.《化妆品安全技术规范》读本［M］. 北京：人民卫生出版社，2018.

[3] 王建新. 化妆品植物原料大全［M］. 北京：中国纺织出版社，2012.

[4] 李丽，董银卯，郑立波. 化妆品配方设计与制备工艺［M］. 北京：化学工业出版社，2018

[5] 董银卯，李丽，刘宇红，等. 化妆品植物原料开发与应用［M］. 北京：化学工业出版社，2019.

[6] 刘纲勇. 化妆品原料［M］. 北京：化学工业出版社，2017.

[7] 高瑞英. 化妆品管理与法规［M］. 北京：化学工业出版社，2008.

[8] 秦钰慧. 化妆品安全性及管理法规［M］. 北京：化学工业出版社，2013.

[9] 董银卯，李丽，孟宏，等. 化妆品配方设计7步［M］. 北京：化学工业出版社，2016.

[10] 董银卯，孟宏，马来记.皮肤表观生理学［M］. 北京：化学工业出版社，2018.

[11] 刘红菊. 化妆品品牌策划与创意［M］. 北京：人民邮电出版，2015.

[12] 王培义. 化妆品：原理·配方·生产工艺［M］. 3版. 北京：化学工业出版社，2014.

[13] 裘炳毅，高志红. 现代化妆品科学与技术（上中下册）［M］. 北京：中国轻工业出版社，2016.

[14] 高瑞英. 化妆品质量检验技术（高瑞英）［M］. 2版. 北京：化学工业出版社，2015.

[15] 王建新. 化妆品天然成分原料手册［M］. 北京：化学工业出版社，2016.

[15] 宋晓秋. 化妆品原料学［M］. 北京：中国轻工业出版社，2018.

[16] 曹高. 化妆品功效评价实验［M］. 北京：科学出版社，2019.

[17] 冯居秦，赵丽，杨国峰. 中草药化妆品［M］. 武汉：华中科技大学出版社，2019.